新时代高等职业教育精品教材

互联网+新形态一体化教材

油品分析实训

主编◎李　会　张含平　主审◎胡洪涛

中国石油大学出版社
CHINA UNIVERSITY OF PETROLEUM PRESS
山东·青岛

图书在版编目（CIP）数据

油品分析实训 / 李会，张含平主编. -- 青岛：中国石油大学出版社，2024.1

ISBN 978-7-5636-8066-5

Ⅰ.①油… Ⅱ.①李… ②张… Ⅲ.①石油产品—分析 Ⅳ.①TE626

中国国家版本馆CIP数据核字（2023）第235174号

书　名：油品分析实训

YOUPIN FENXI SHIXUN

主　编：李　会　张含平

统筹策划：吕华华（电话　0532-86981529）

责任编辑：陈亚亚　吕华华（电话　0532-86981529）

责任校对：朱纪寒

封面设计：孙晓娟

出 版 者：中国石油大学出版社

（地址：山东省青岛市黄岛区长江西路 66 号　邮编：266580）

网　　址：http://www.uppbook.com.cn

电子邮箱：Q20160035@upc.edu.cn

排 版 者：济南海讯图文有限公司

印 刷 者：日照日报印务中心

发 行 者：中国石油大学出版社（电话　0532-86981529　86983437）

开　　本：787 mm × 1 092 mm　1/16

印　　张：17.5

字　　数：365 千字

版 印 次：2024 年 1 月第 1 版　2024 年 1 月第 1 次印刷

书　　号：ISBN 978-7-5636-8066-5

定　　价：42.80 元

编委会

主　编： 李　会（滨州职业学院）
张含平（淄博职业学院）

副主编： 吴宗强（滨州职业学院）
成文文（滨州职业学院）
李腾飞（滨州职业学院）
王小龙（滨州职业学院）
李　飞（阳信县职业中专）

参　编： 王晓霞（东营科技职业学院）
董玉林（山东省淄博市工业学校）
杜嵩松（鲁北技师学院）
刘晓山（陕西省石油化工学校）
刘　倩（东营职业学院）
贾顺杰（东营科技职业学院）
陆宝成（滨州职业学院）
刘光艳（滨州职业学院）
毕艳亮（滨州职业学院）
高明杰（滨州职业学院）
陈海波（滨州职业学院）
杨惠宇（滨州职业学院）
韩方欣（滨州职业学院）
徐长绘（山东轻工职业学院）
李　媛（鲁中职业学院）
韩德红（山东科技职业学院）
吴朝华（常州工程职业技术学院）
常　兵（山东滨化滨阳燃化有限公司）
丁　煜（滨化集团股份有限公司）
李翼飞（富海集团东营华联石油化工厂有限公司）
侯新峰（山东京博石油化工有限公司）
夏攀登（山东省产品质量检验研究院）
腾　达（中国石油山东销售分公司检验检定中心）
殷春照（中海沥青有限责任公司）
张含海（中石化胜利油田胜利采油厂地质研究所）

主　审： 胡洪涛（滨州职业学院）

前言

《油品分析实训》包括21个实训项目，所选项目均来自现行的国家标准和行业标准，结合教材可进行油料密度测定、水含量测定、馏程测定、闪点测定、凝点测定、黏度测定、酸度和酸值测定、水溶性酸及碱试验、铜片与银片腐蚀试验、水反应试验、固体颗粒污染物测定、电导率测定、胶质含量测定、四乙基铅含量测定，润滑脂游离碱和游离有机酸测定、锥入度测定、滴点测定、分油量测定等典型项目的学习和操作训练。

《油品分析实训》可作为高职高专院校石油化工、油气储运、工业分析与检验、炼油技术和其他相关专业的实训教材，也可作为油品检验、油品质量管理、油品应用等岗位的工作参考书以及相关岗位的技术培训参考教材。

本政校企结合教材建设团队依据工作领域的优势和特点分配编写任务，质检部门的全国化学标准化技术委员会专家负责新标准、新规范和新技术内容的编写，高职院校教师负责理论知识的编写，大型石油化工企业的高级专业技术人员负责生产任务的编写，由全国石油和化学行业资深专家负责审核。团队共建配套数字化资源和在线课程。在本书的编写过程中，编者参考了众多现行标准。考虑到标准的不断更新，本书中的标准引用未注明年份。读者可根据标准号查询其最新版本。另外，编者在引用标准时，根据现场应用进行了些许调整，读者可以根据实际情况灵活应用。本教材在建设过程中得到了编者所在单位和企业的大力支持和帮助。同时，中国石油大学出版社也为本教材的出版做了大量工作。教材内容参考和汲取了国内外优秀教材、著作和最新学术研究成果的精华。在此，向为本教材编撰与出版做出贡献的单位、企业和同行表示谢意。书中难免有不妥之处，敬请指正。

编　者

2023年12月

目录

项目一　石油产品取样

情境描述

某石化公司调度室安排对1号罐区某储罐内柴油、出厂前桶装车用汽油进行质量检测，依据国家标准GB/T 4756和行业标准SH/T 0635、SH/T 0229，采取生产线装置馏出口样品、1号罐区某储罐内样品和出厂前桶装样品。

一、学习目标

（1）了解石油产品取样规定与方法。

（2）了解石油产品取样器的结构，掌握其使用方法。

（3）掌握正确快速的取样操作和安全措施。

（4）能依据评分细则分析误差产生的原因，并解决试验中出现的问题，同时提出某些改进措施。

（5）具有一丝不苟地依据标准进行检验和判定的职业素养。

二、项目概述

引用标准：GB/T 4756《石油液体手工取样法》、SH/T 0635《液体石油产品采样法（半自动法）》和SH/T 0229《固体和半固体石油产品取样法》。

在油样质量检验中，取样检验方法有全数检验和抽样检验2种。只是在其中几个容器中取样，就是抽样检验。目前，三级油料化验室采用最多的是抽样检验法。

取样是质量检验的第一步，是否按规定取样，对质量检验的准确性影响极大。若取样不按规定，则会使检验结果产生严重的误差。如果采用抽样检验方法，那么即使化验全部合格，也不能肯定每罐（桶）油料均合格。因此，我们必须重视采样并正确理解取样。

三、仪器及试剂

仪器：取样器（包括取样管）、试样容器等。取样笼、底部取样器、其他取样器如图1-1~图1-3所示。

试样容器要求：配有合适的帽、塞、盖或阀，不渗漏油品，能耐溶剂，具有足够的强度，容量通常为 0.25~5 L。常用的试样容器有玻璃瓶、油听、塑料瓶（桶）等。

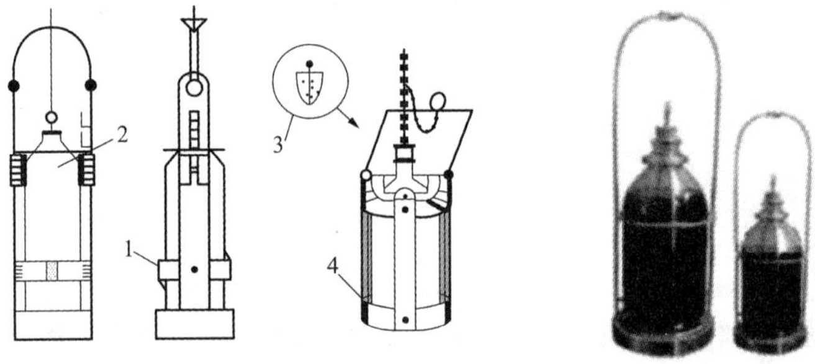

图 1-1 取样笼示意图

1—转动环；2—试样瓶；3—软木塞详图；4—加重的瓶子保持架。

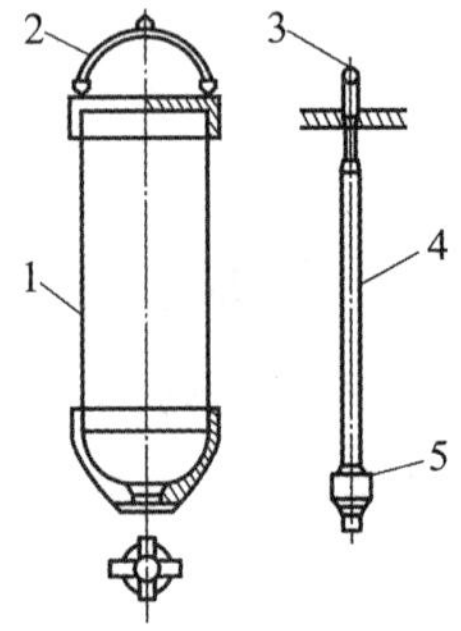

图 1-2 底部取样器

1—外壳；2—挂钩；3—放空提手；4—内芯；5—重物。

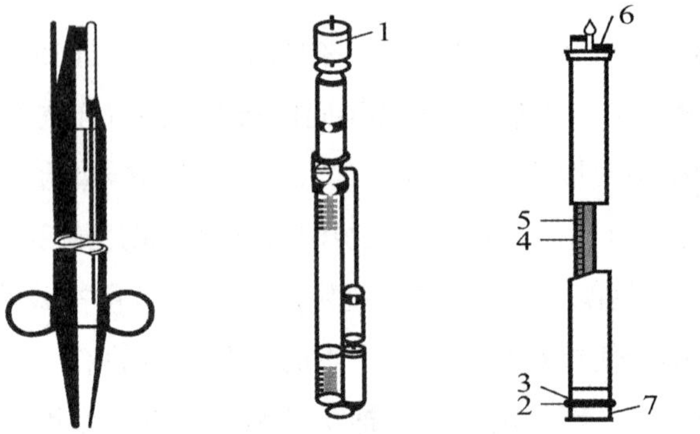

（a）取样管　（b）界面取样器　（c）全层取样器

图 1-3 其他取样器示意图

1—触发关闭机构的重物；2—底座充油孔；3—夹紧底座的滚花的环；4—停止杆；5—温度计；6—搬倒开关；7—接触线。

管线取样位置如图 1-4 所示。

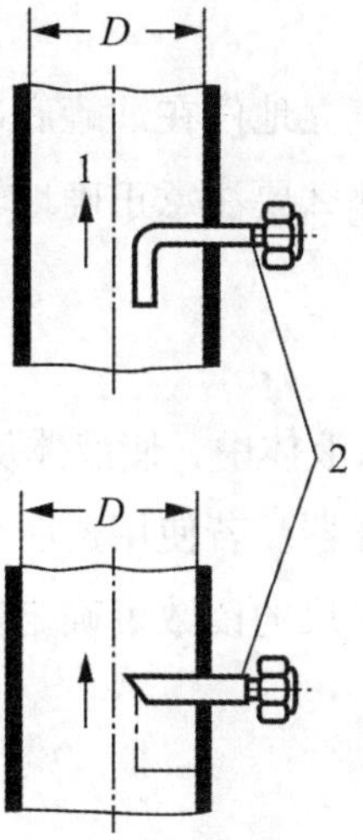

图 1-4　管线取样位置示意图

1—流体流动方向；2—带阀的取样管线。

四、操作步骤

按 GB/T 4756 和 SH/T 0229 的不同要求取相应的油样。除非另有规定，否则应按适用于特定用途的规定方法采集多点样品。这些样品通常是上部样、中部样和下部样或者上部样、中部样和出口液面样。

（一）GB/T 4756《石油液体手工取样法》

石油产品取样

1. 油罐取样

（1）立式油罐取样。

a. 点样。

降落取样器或瓶和笼，直到其口部达到要求的深度，用适当的方法打开塞子，在要求的液面处保持取样器具稳定直至充满。当采取顶部试样时，要小心地降落不带塞子的取样器，直到其颈部刚刚高于液体表面。随后，迅速将取样器降到液面下 150 mm 处，当气泡停止冒出表明取样器充满时，将其提出。当在不同液面取样时，要从顶部到底部依次取样，这样可避免扰动下部液面。

b. 组合样。

组合样应包括未分样的初始取样装置内采集的所有物质。为使初始取样装置的内容物全部加到运输容器中其他子样的体积中，应选择初始取样装置采集的样品量。

为制备各种组合样，首先将代表各样品的子样转移到组合样品的容器内，然后把它们慢慢混合在一起。子样应按照它们各自代表的数量进行体积加权。这些操作应在可控的实验室条件下进行。

c. 底部样。

降落底部取样器，将其直立地停在油罐底部。提出取样器之后，如果需要将其内含物转移进试样容器内，那么要注意正确地转移全部试样，其中包括会黏附到取样器内壁上的水和固体。

d. 界面取样。

将打开阀门的取样器放入液体中，使液体从其内部流过。达到所需液体深度时，关闭阀门，从液体中提出取样器。若使用透明管，则可通过取样管的管壁观察到当前界面，通过与之连接的取样尺的读数可确定其在罐内的对应位置。确认阀门完全关闭，否则应重复取样。

e. 阀门（罐侧）取样。

这种方法不是油品交接和库存管理中使用的最好方法，只应在没有其他取样方法可用时使用。取样点的阀门应具有 12.5 mm 的最小直径，且应按规定间隔安装在油罐的侧面，其连接管应深入罐内至少 150 mm，但不能安装连接管的浮顶罐除外。

在采样前，用被取样的产品冲洗阀门连接管，随后将样品采入容器或接收器。

（2）卧式油罐。

在没有其他要求时，应按表 1-1 规定的位置采集点样。若准备制备组合样，则组合比例应符合表 1-1 的规定。

注：经各方同意，在装油体积一半的位置采集一个点样也是可行的。

表 1-1　卧式油罐的取样

液体深度（直径百分数）/%	取样位置（罐底以上直径的百分数）/%			组合样（各部分的比例）		
	上部	中部	下部	上部	中部	下部
100	80	50	20	3	4	3
90	75	50	20	3	4	3
80	70	50	20	2	5	3
70	—	50	20	—	6	4
60	—	50	20	—	5	5
50	—	40	20	—	4	6
40	—	—	20	—	—	10
30	—	—	15	—	—	10
20	—	—	10	—	—	10
10	—	—	5	—	—	10

（3）油船舱。

对于一艘由多个舱室构成且装载相同原油和液体石油产品的油船，应尽可能在每个舱室取样。由于各种因素的限制，当不能在所有舱室进行取样时，经交接各方协商，也可随机取样，但应包括首舱取样。

（4）铁路罐车。

对于一列装有相同产品的铁路罐车，各方就接受从有限数目罐车中采样达成一致，应按照通用方法的取样计划从据此选择的罐车上取样，但应包括首车取样。

（5）汽车罐车。

汽车罐车取样可按铁路油罐车取样方法进行。

2. 管线取样

管线样分为流量比例样和时间比例样 2 种。推荐使用流量比例样，因为它和管线内的流量成比例。

在采取管线样之前，要彻底冲洗取样管线，确保除去管线中的残留物。取样时，试样管线出口应伸到试样容器底附近。如果被取的油料是挥发性的，那么要将试样容器冷却到适当温度，必要时使用在线冷却器。如果被取试样是高倾点的，则必须对取样管线保温，或者对取样管线提供加热设施，防止油料凝固。

对于输油管线中输送的石油或液体石油产品，应按照表 1-2 的规定从取样口采取流量比例样，而且要把所采取的试样以相等的体积掺合成一份组合样。

表 1–2　流量比例样

输油数量 /m^3	取样规定
≤ 1 000	在输油开始时①和结束时②各取 1 次
> 1 000，≤ 10 000	在输油开始时取 1 次，以后每隔 1 000 m^3 取 1 次
> 10 000	在输油开始时取 1 次，以后每隔 2 000 m^3 取 1 次

注：① 输油开始时，指罐内油品流到取样口时；② 输油结束时，指停止输油前 10 min。

对于时间比例样，可按照表 1-3 的规定从取样口采取试样，并把所采取的试样以相等的体积掺合成一份组合样。

表 1–3　时间比例样

输油时间 /h	取样规定
≤ 1	在输油开始时①和结束时②各取 1 次
>1，≤ 2	在输油开始、中间和结束时各取 1 次

续表 1-3

输油时间 /h	取样规定
＞2，≤ 24	在输油开始时取 1 次，以后每隔 1 h 取 1 次
＞24	在输油开始时取 1 次，以后每隔 2 h 取 1 次

注：① 输油开始时，指罐内油品流到取样口时；② 输油结束时，指停止输油前 10 min。

（二）SH/T 0229《固体和半固体石油产品取样》

本方法适用于固体和半固体石油产品取样。

1. 膏状石油产品取样

采取同批同牌号的膏状石油产品，按容器总件数的 2%（但不应小于 2 件）分别采取试样，取出的试样要以相等体积掺合成一份平均试样。

如润滑脂取样时，先用刮刀刮去表面直径约 200 mm、厚约 5 mm 的表层。用螺旋式取样器取样时，将取样器旋入润滑脂中，达到容器底部，然后取出取样器，用刮刀刮下润滑脂作为试样；用活塞式取样器取样时，将套管插入润滑脂中，用力转动 180°，使穿孔器下口的金属丝切断润滑脂，取出穿孔器，用活塞挤出试样。

从大桶中采取试样时，取样器下端 5 mm 以内的润滑脂不作为试样。

2. 可熔性固体石油产品取样

采取同批同牌号的可熔性固体石油产品，按容器总件数的 2%（但不应小于 2 件）分别采取试样，并将采取的试样以大约相等的体积混合成一份平均试样。取样时，先用刮刀刮去表面直径约 200 mm、厚约 10 mm 的表层，利用灼热的刮刀割取约 1 kg 的块状试样，从每块试样的上、中、下部分别割取 3 块体积相等的小试样，然后将割取的试样放入清洁、干燥的容器中熔化，搅拌均匀。

五、样品处理

样品处理是指在样品取出点到分析点或储存点之间对样品的均化、转移等过程。样品处理要保证保持样品的性质和完整性。

含有挥发性物质的油样应用初始样品容器直接送到试验室，不能随意转移到其他容器中，若必须就地转移，则要冷却和倒置样品容器；具有潜在蜡沉淀的液体在均化、转移过程中要保持一定的温度，防止出现沉淀；含有水或沉淀物的不均匀样品在转移或试验前一定要做均化处理。常用高剪切机械混合器和外部搅拌器循环的方法均化试样。

六、试样的保存

(1)试样保存数量。

液体石油产品为 1 L，固体石油产品为 0.5 kg。

(2)试样保留时间。

燃料油类（汽油、煤油、柴油等）保存 3 个月，润滑油类（各种润滑油、润滑脂及特殊油品等）保存 5 个月，固体石油产品类（沥青、石蜡、地蜡、石油焦等）保存 3 个月，有些样品的保存期在供需双方协商后可适当缩短或延长。

试样在整个保存期间应保持签封完整无损，超过保存期的样品由实验室适当处置。

七、注意事项

(1)应彻底检查取样设备，保证清洁、干燥，采取油品试样时，至少用被取样产品冲洗 1 次。试样容器应至少留出 10% 的用于膨胀的无油空间，然后立即用塞子塞上容器，或者关闭收集器的阀。

(2)采取的试样要分装在 2 个清洁干燥的瓶子里。第一份试样送往化验室作分析用，第二份试样留存发货人处，供仲裁试验使用。仲裁试验用样品必须按规定保留一定的时间。

(3)试样容器应贴上标签，并用塑料布将瓶塞瓶颈包裹好，然后用细绳捆扎并铅封。标签上的记号应是永久的，应使用专用的记录本作取样详细记录。

(4)为在油罐中降落及提升取样器具，应使用导电、不打火花材料制成的绳（不能完全用人造纤维制作，最好用天然纤维如剑麻制作）或链。

油样标签填写示例如图 1-5 所示。

油 样 标 签

油样名称　3 号喷气燃料

油样标号　F-2023-001

取样地点　10 号罐

取样方法　GB/T 4756

油样数量　1 000 mL

化验类别　入库

留样期限

取样人 ××× 　**取样日期** ××年××月××日

图 1–5　油样标签填写示例

八、项目考核

石油产品取样评分细则见表 1-4。

表 1-4　石油产品取样评分细则

操作时间：20 min

序号	考试内容	评分要素	配分	评分标准	扣分	得分	备注
1	准备工作	工具、用具准备齐全	5	未准备工具、用具不得分，少准备一件扣 2 分			
		选择取样绳、取样器及样品瓶	15	取样器选择错误扣 5 分，取样绳选择得不合适扣 5 分，样品瓶选择得不合适扣 5 分			
		在规定位置消除静电	10	未消除静电扣 10 分，消除静电位置不正确扣 5 分			
		站在取样处的上风口	5	站立方向不正确扣 5 分			
2	取样操作	根据样品批量确定一次取样方案，明确样品数	5	样品数确定不正确扣 5 分			
		取样，用待取油品冲洗取样设备、样品瓶至少一次	4	未用待取油品冲洗取样设备、样品瓶扣 4 分			
		在油品深度 1/2 处取样	10	取样位置不正确扣 10 分			
		取样操作方法： ① 将取样绳沿罐车检尺口放入和提出取样器； ② 待取样器到规定位置后以急速的动作拉动绳子，打开取样器的塞子，充满油后提出取样器； ③ 每次取样后及时盖上瓶塞	6	① 取样绳放入和提出位置不正确扣 2 分； ② 取样器到达规定位置操作不正确每次扣 2 分； ③ 向样品瓶倒入油样后未及时盖上瓶塞扣 2 分			

续表 1-4

序号	考试内容	评分要素	配分	评分标准	扣分	得分	备注
2	取样操作	按比例组合样品	5	组合比例不正确扣 5 分			
		组合样品 2 L，动作迅速，防止轻组分挥发	5	组合样品不正确扣 5 分			
		样品容器保留至少 10% 的膨胀空间	5	膨胀空间不正确扣 5 分			
		样品不得洒漏	5	样品洒漏扣 5 分			
		用棉纱或抹布将样品瓶壁及洒落油样擦拭干净	2	瓶壁及洒落油样未擦拭干净扣 2 分			
		封存 1 L 样品，样品标签信息填写齐全，按要求贴好标签	10	封存样品操作不正确扣 3 分，样品标签漏填一项扣 2 分，标签粘贴位置不正确扣 3 分			
		1 L 样品用于化验分析，做好检验状态标识	3	未做检验状态标识扣 3 分			
		整理采样绳及附件	5	未整理扣 5 分			
3	清理现场	打扫操作现场		未打扫现场从总分中扣 3 分，打扫不干净扣 1 分			
4	安全文明操作	按国家或企业颁发有关安全规定执行操作		每违反一项规定从总分中扣 5 分，严重违规者取消考试资格			
5	考试时限	在规定时间内完成		每超时 1 min 从总分中扣 5 分，超时 3 min 停止操作			
合　计			100				
考核人签名： 日期：							

项目二 石油产品密度测定

情境描述

油品的理化性质是组成油品的各种化合物性质的综合表现，这些性质的测定对评价产品质量、控制石油炼制过程的工艺参数具有指导作用，测定密度可近似地评定石油产品的质量和化学组成。

现有罐装汽油、煤油、柴油，某石化公司计量处要计量其质量，故需测定其密度。依据国家标准 GB/T 1884，正确使用密度计测定油品密度。为符合国际标准，再将测定的视密度换算成标准密度、相对密度、相对密度指数。

一、学习目标

（1）掌握液体石油产品密度测定方法和原理。

（2）能将测得的视密度快速、准确地换算成标准密度。

（3）能按照执行标准规范完成操作，并出具合格的原始记录表，依据评分细则分析误差产生的原因，并提出某些改进措施。

（4）具有认真负责、实事求是、坚持原则、一丝不苟地依据标准进行检验和判定的职业素养。

二、项目概述

引用标准：GB/T 1884《原油和液体石油产品密度实验室测定法（密度计法）》。

测量时，使试样处于规定温度，将其倒入温度大致相同的密度计量筒中，将合适的密度计放入已调好温度的试样中，让它静止。当温度达到平衡后，读取密度计刻度读数和试样温度。用《石油计量表》把观察到的密度计读数换算成标准密度。如果需要，那么将密度计量筒及内装的试样一起放在恒温浴中，避免在测定期间温度变动太大。

在任意温度下用密度计测出石油产品的密度（即视密度）后，必须将其换算为标准密度。我国、苏联及东欧各国均以 20 ℃为标准温度。国际标准化组织（ISO）已推广以 20 ℃作标准温度。在非 20 ℃时测定的石油产品密度换算为 20 ℃时的密度，目前我国采用 GB/T 1885《石油计量表》进行换算。

三、原理分析

密度计法的方法原理是以阿基米德定律为基础的。当密度计沉入液体中时，排开一部分液体，同时受到一个自下而上的浮力的作用。当被密度计所排开的液体质量等于密度计本身的质量时，密度计处于平衡状态，漂浮于液体石油产品中。液体密度越大，密度计漂浮得越高；液体密度越小，密度计沉得越深。

四、仪器及试剂

（1）石油密度计：型号为 SY-02 或 SY-Ⅰ、SY-Ⅱ。不同型号的密度计如图 2-1 所示，石油密度计结构如图 2-2 所示。

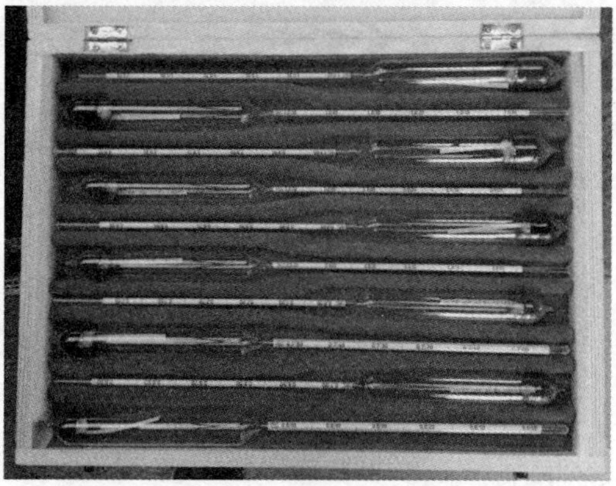

图 2-1　一组不同型号的密度计

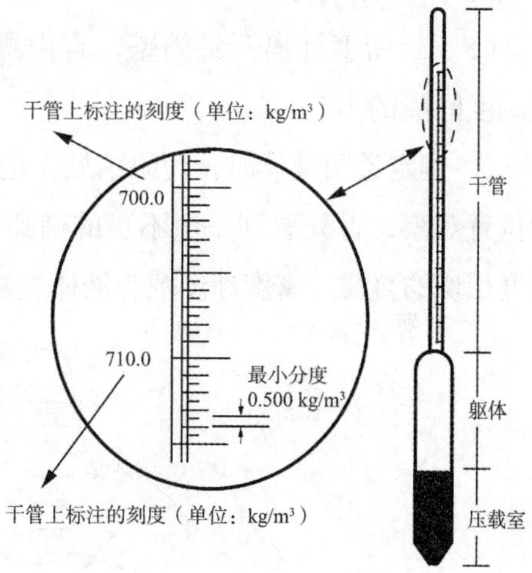

图 2-2　石油密度计结构示意图

（2）1 000 mL 量筒：可用内径至少比所用密度计的外径大 25 mm，高度能使密度计漂浮在试样中时密度计底部与量筒底部距离大于 25 mm 的由塑料、金属材料制成的量筒。

（3）温度计：使用分度值为 0.2 ℃的全浸式温度计。

五、操作步骤

按 GB/T 1884《原油和液体石油产品密度实验室测定法（密度计法）》测定石油产品的密度。

石油产品
密度测定

（1）在试验温度下把试样转移到温度稳定、清洁的密度计量筒中，避免试样飞溅或生成空气泡，并要减少轻组分的挥发。若试样表面上有气泡，则用一片清洁的滤纸除去。

（2）把装有试样的量筒垂直地放在没有空气流动的地方。在整个试验期间，环境温度变化应不大于 2 ℃。当环境温度变化大于 2 ℃时，应使用恒温浴，以免温度变化太大。

（3）用合适的温度计或搅拌棒做垂直旋转运动搅拌试样（若使用电阻温度计，则要用搅拌棒搅拌），使整个量筒中试样的密度和温度分别一致。当记录温度与试验温度相差不大于 0.1 ℃时，从密度计量筒中取出温度计或搅拌棒。

（4）把合适的密度计放入液体中，达到平衡位置时放开，让密度计自由地漂浮，要注意避免弄湿液面以上的干管。把密度计按到平衡点以下 1~2 mm，并让它回到平衡位置，观察弯月面形状。若弯月面形状改变，则应清洗密度计干管，重复此项操作直到弯月面形状保持不变。

（5）当密度计离开量筒壁，自由漂浮并静止时，读取密度计刻度值，读到最接近刻度间隔的 1/5。

① 测定透明液体时，使眼睛处于稍低于液面的位置，随后慢慢地升到与表面水平的位置观察，首先看到一个不正的椭圆，然后看到这个不正的椭圆变成一条与密度计刻度相切的直线。密度计读数为液体主液面与密度计刻度相切的那一点（见图 2-3）。

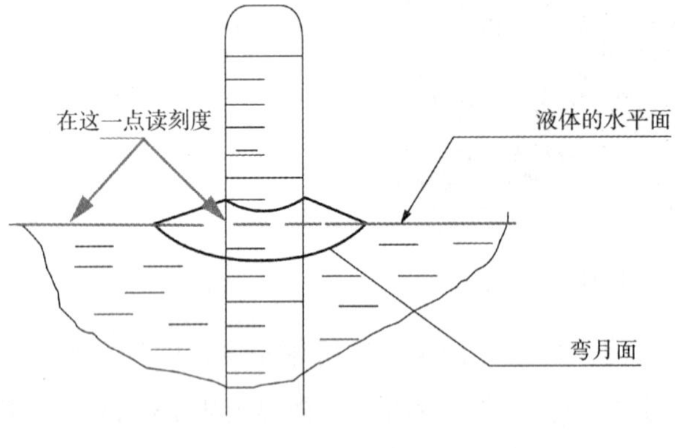

图 2-3　透明液体的密度计刻度读数

② 测定不透明液体时，使眼睛处于稍高于液面的位置观察。密度计读数为液体弯月面上缘与密度计刻度相切的那一点（见图 2-4）。

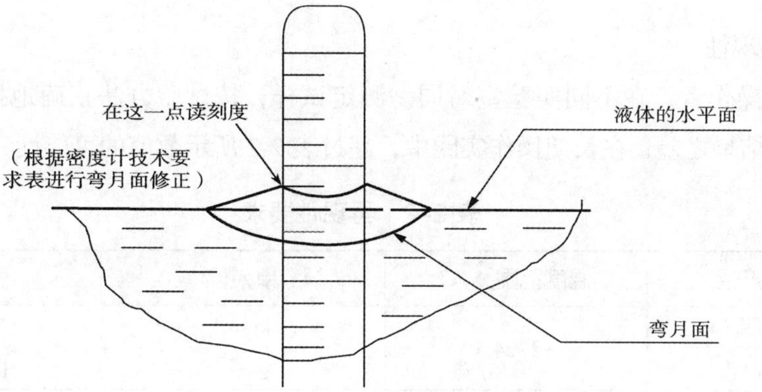

图 2-4　不透明液体的密度计刻度读数

（6）记录密度计读数后，立即小心地取出密度计，并用温度计垂直地搅拌试样。记录温度与试验温度相差不大于 0.1 ℃，若这个温度与开始试验温度相差大于 0.5 ℃，则应重新读取密度计和温度计读数，直到温度变化稳定在 ±0.5 ℃以内。若不能得到稳定的温度，则把密度计量筒及其内容物放在恒温浴内，再返回步骤（2）操作。在温度高于 38 ℃的情况下使用铅弹蜡封型密度计后，要将其垂直地晾干和冷却。

对观察到的密度计读数做有关修正，并将修正后的读数记录至精度为 0.1 kg/m^3（0.000 1 g/cm^3）。按不同的试验油品，用 GB/T 1885 中的表 59A（原油）、表 59B（石油产品）或表 59D（润滑油）把修正后的密度计读数换算成 20 ℃下的标准密度。若需将 20 ℃时的密度与 15 ℃时的密度进行换算，则可使用 GB/T 1885 中的表 E1 和表 E2。

（7）报告结果。

① 取重复测定 2 次结果的算术平均值作为试样的密度。

② 密度最终结果报告为 20 ℃时的值，精度为 0.1 kg/m^3（0.000 1 g/cm^3）。

（8）精密度。

① 重复性。

同一操作者用同一仪器在恒定的操作条件下对同一种测定试样，按试验方法正确地操作所得连续测定结果之间的差，在长期操作实践中，超过表 2-1 所示数值的可能性只有 1/20。

表 2–1　重复性要求

石油产品	温度范围 / ℃	单　位	重复性
透明 低黏度	−2~24.5	kg/m^3	0.5
		g/cm^3	0.000 5
不透明	−2~24.5	kg/m^3	0.6
		g/cm^3	0.000 6

② 再现性。

不同操作者，在不同实验室对同一测定试样，按试验方法正确地操作得到的 2 个独立的结果之差，在长期操作实践中，超过表 2-2 所示数值的可能性只有 1/20。

表 2-2　再现性要求

石油产品	温度范围 / ℃	单　位	再现性
透明 低黏度	−2~24.5	kg/m^3 g/cm^3	1.2 0.001 2
不透明	−2~24.5	kg/m^3 g/cm^3	1.5 0.001 5

六、注意事项

（1）密度计在使用前要用脱脂棉或其他质软的物品擦拭干净，擦拭后不要握最高分数线以下部分，以免影响读数。

（2）密度计是易损的玻璃制品，使用时要轻拿轻放，取出和放入时，要拿密度计的上部，清洗时应拿其下部，切勿横着拿取密度计细管这一端，以防折断。

（3）当测定 50℃黏度不大于 200 mm^2/s 的石油产品时，应使试样的温度与周围环境的温度相差不超过 ±5 ℃（必要时，可将试样加热到 40 ℃）。

（4）测定透明液体时，使眼睛处于稍低于液面的位置，随后慢慢地升到与表面水平的位置观察，首先看到一个不正的椭圆，然后看到这个不正的椭圆变成一条与密度计刻度相切的直线。

七、质检报告单

石油产品密度测定原始记录见表 2-3。

表 2-3　石油产品密度测定原始记录表

记录编号 ________ 油料批号 ________ 化验类别 ________ 检定日期 ________	执行标准 ________ 油样编号 ________ 室　　温 ________ 温度计编号 ________		油料名称 ________ 取样地点 ________ 密度计编号 ________ 检定日期 ________
试验次数		一	二
视密度	视密度 / $(kg \cdot m^{-3})$		
	密度计修正值 / $(kg \cdot m^{-3})$		
	修正后视密度 / $(kg \cdot m^{-3})$		

续表 2-3

<table>
<tr><td colspan="4">记录编号 ________ 执行标准 ________ 油料名称 ________
油料批号 ________ 油样编号 ________ 取样地点 ________
化验类别 ________ 室　温 ________ 密度计编号 ________
检定日期 ________ 温度计编号 ________ 检定日期 ________</td></tr>
<tr><td colspan="2">试验次数</td><td>一</td><td>二</td></tr>
<tr><td rowspan="4">试样油温</td><td>第一次测量时油温 /℃</td><td></td><td></td></tr>
<tr><td>第二次测量时油温 / ℃</td><td></td><td></td></tr>
<tr><td>温度计修正值 / ℃</td><td></td><td></td></tr>
<tr><td>修正后油温 /℃</td><td></td><td></td></tr>
<tr><td rowspan="2">换算</td><td>密度尾数修正值 /（$kg \cdot m^{-3}$）</td><td></td><td></td></tr>
<tr><td>标准密度 /（$kg \cdot m^{-3}$）</td><td></td><td></td></tr>
<tr><td colspan="2">平均值 /（$kg \cdot m^{-3}$）</td><td></td><td></td></tr>
<tr><td rowspan="2">重复性</td><td>允许差值 /（$kg \cdot m^{-3}$）</td><td></td><td></td></tr>
<tr><td>实测差值 /（$kg \cdot m^{-3}$）</td><td></td><td></td></tr>
<tr><td colspan="2">质量指标</td><td></td><td></td></tr>
<tr><td colspan="2">结　论</td><td></td><td></td></tr>
<tr><td colspan="4">备注（计算）：</td></tr>
</table>

试验者 △△△　　审核者 △△△　　××年 × 月 × 日

八、项目考核

石油产品密度测定评分细则见表 2-4。

表 2-4 石油产品密度测定评分细则

操作时间：30 min

序号	考试内容	评分要素	配分	评分标准	扣分	得分	备注
1	准备工作	工具、用具准备齐全	4	未准备工具、用具不得分，少准备一件扣 2 分			
		检查密度计分度值	2	未检查扣 2 分			

续表 2-4

序号	考试内容	评分要素	配分	评分标准	扣分	得分	备注
1	准备工作	检查温度计测量范围及水银是否断柱，唱读	4	未检查温度计测量范围及水银是否断柱各扣 2 分			
		检查密度计、温度计检定是否超期	4	未检查密度计和温度计检定是否超期各扣 2 分			
2	测定	摇动试样瓶	2	未摇动试样瓶扣 2 分			
		正确向量筒倒取试样	9	未正确向量筒倒取试样扣 3 分，倒油洒落扣 3 分			
		密度计底部离量筒底部至少 25 mm	3	密度计底部离量筒底部不足 25 mm 扣 3 分			
		用滤纸除净试样表面气泡	2	未除净气泡扣 2 分			
		使用前后对仪器进行正确擦拭	6	未正确擦拭每次扣 1 分			
		用温度计正确搅拌试油，正确读取油温 3 次	10	未用温度计正确搅拌试油扣 4 分，未正确读数扣 6 分（每次扣 2 分）			
		拿取密度计时应垂直移动	4	拿取密度计时每发现一次未垂直移动扣 1 分			
		放入密度计时符合要求	2	密度计上下浮动超出 5 mm 扣 2 分			
		将密度计按到平衡点以下 1~2 mm	2	超范围扣 2 分			
		读数前应将密度计轻轻转动，正确读取密度 2 次	4	密度读数不正确扣 2 分，读数前未将密度计轻轻转动扣 2 分			
		读数时密度计不能贴壁	4	贴壁读数扣 4 分			
		取出温度计、密度计时油样不洒落	3	每洒落一次扣 1 分			
		前后 2 次测定温度差大于 0.5 ℃时应重新测定温度	4	每大于 0.5 ℃没有重测温度扣 2 分			
		判断是否使用恒温水浴	2	未正确判断是否使用恒温水浴扣 2 分			

续表 2-4

序号	考试内容	评分要素	配分	评分标准	扣分	得分	备注
3	计算和记录	对温度、密度进行正确修正	12	每错一处扣 3 分			
		将视密度换算成标准密度	10	计算结果不准确扣 10 分			
		记录及时、准确，无漏项，书写工整，无涂改	5	记录不符合要求一处扣 1 分			
4	仪器归位	试验完毕及时处理“三废”，仪器复位，物放有序	2	未处理“三废”扣 1 分，仪器未复位扣 1 分			
5	清理现场	打扫操作现场		未打扫现场从总分中扣 3 分，打扫不干净扣 1 分			
6	安全文明操作	按国家或企业颁发有关安全规定执行操作		每违反一项规定从总分中扣 5 分，严重违规者取消考试资格			
7	考试时限	在规定时间内完成		每超时 1 min 从总分中扣 5 分，超时 3 min 停止操作			
		合　　计	100				

考核人签名：

日期：

附录样表

某石油产品密度测定原始记录见表 2-5。

表 2-5　某石油产品密度测定原始记录表

记录编号 2023002　执行标准 GB/T 1884

油料名称 3 号喷气燃料　油料批号 ______　油样编号 ______　取样地点 15 号罐

化验类别 出 库　室　温 26 ℃　密度计编号 1088

检定日期 2023.1.16　温度计编号 1014　检定日期 2023.2.17

试验次数		一	二
视密度	视密度 / （$kg \cdot m^{-3}$）	781.2	781.0
	密度计修正值 / （$kg \cdot m^{-3}$）	0.23	0.23
	修正后视密度 / （$kg \cdot m^{-3}$）	781.4	781.2

续表 2-5

记录编号 2023002	执行标准 GB/T 1884		
油料名称 3 号喷气燃料	油料批号	油样编号	取样地点 15 号罐
化验类别 出 库	室 温 26 ℃	密度计编号 1088	
检定日期 2023.1.16	温度计编号 1014	检定日期 2023.2.17	

试验次数		一	二
试样油温	第一次测量时油温 /℃	26.4	26.4
	第二次测量时油温 /℃	26.4	26.5
	温度计修正值 /℃	0.2	0.2
	修正后油温 /℃	26.6	26.7
换算	密度尾数修正值 /（$kg \cdot m^{-3}$）	0.4	0.2
	标准密度 /（$kg \cdot m^{-3}$）	786.2	786.2
平均值 /（$kg \cdot m^{-3}$）		786.2	
重复性	允许差值 /（$kg \cdot m^{-3}$）	0.5	
	实测差值 /（$kg \cdot m^{-3}$）	0.0	
质量指标		密度 775~830 kg/m^3	
结　论		按执行标准，合格	

备注（计算）：

$$\text{密度尾数修正值}=\frac{(787.8-785.8)\times(781.4-781.0)}{783.0-781.0}=0.4$$

$\rho_1=785.8+0.4=786.2\ (kg/m^3)$

$\rho_2=786.0+0.2=786.2\ (kg/m^3)$

试验者 △△△　　　　审核者 △△△　　　　×× 年 × 月 × 日

项目三 石油产品水含量测定

情境描述

某地销售公司油库需要通过公路油罐车发出一批车用柴油，需测定油品水含量。采用标准 GB/T 260，研读试验标准、设计试验方案，按标准规定准备试验所需的仪器设备及试剂，按标准规定量取试样、组装测定器，依据标准规定进行石油产品水含量测定。

一、学习目标

（1）掌握石油产品水含量测定的基本原理及测定意义。

（2）掌握水含量测定方法和计算方法。

（3）熟悉影响测定结果的因素及其对水含量的影响。

（4）能按照执行标准规范完成操作并出具合格的原始记录表，依据评分细则分析误差产生的原因，并提出某些改进措施。

（5）具有认真负责、实事求是、坚持原则、一丝不苟地依据标准进行检验和判定的职业素养。

二、项目概述

引用标准：GB/T 260《石油产品水含量的测定　蒸馏法》。

石油产品中一般不含水分，但在储存、运输、加注过程中容易混入水分，因此，水含量是石油产品标准中限制的重要的质量指标之一。石油产品标准一般要求用目测法定性检测其水含量，当目测结果有争议时，则应依据参考标准采用定量法测定石油产品中的水含量。

石油产品中的水分主要来源于以下情况：

（1）在运输、储存和使用过程中，可能由于各种原因从而导致石油产品中混入水分。

（2）石油产品有一定的吸水性，能从大气中（尤其在空气中湿度增大时）或在与水接触时，吸收和溶解一部分水。油品中芳香烃含量增加也使其溶水性增强。

三、原理分析

汽油、煤油几乎不能与水混合，但仍可溶有不超过 0.01%（质量分数）的水，而且要把这类极少的溶解水完全除去是比较困难的。水在石油产品中的存在状态有游离态、乳化态、溶解态 3 种。测定时，要先经过各种预处理，再进行测定。

基本原理是将一定量的试样与无水溶剂混合，在规定的容器中进行蒸馏，将溶剂和水一起蒸出并冷凝在一个接收器中，使其不断分离。由于水的密度比溶剂大，水在接收器的下部，溶剂返回烧瓶进行回流。根据试样的用量和蒸出水分的体积，计算试样中水分的含量。

四、仪器及试剂

（1）水分测定器。如图 3-1 所示，水分测定器包括圆底玻璃烧瓶（容量为 500 mL）、接收器和直管式冷凝管（长度为 250~300 mm）。

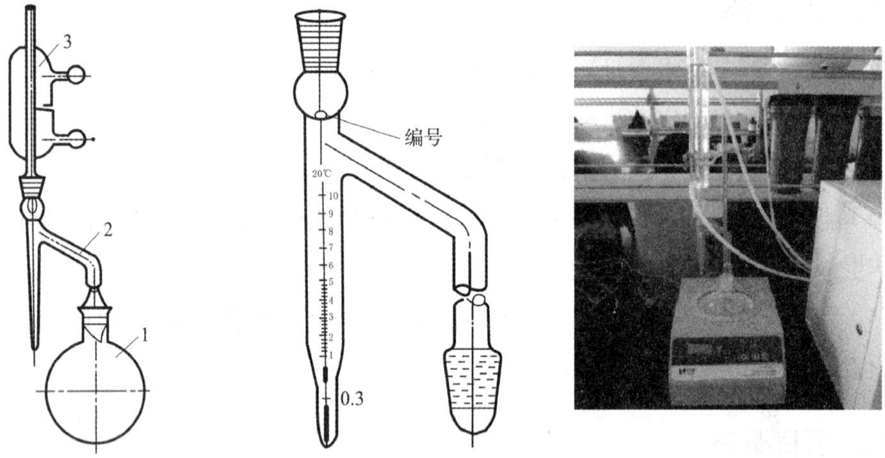

图 3-1　水分测定器

1—圆底烧瓶；2—接收器；3—直管式冷凝管。

水分测定器的各部分连接处可以用磨口塞或软木塞连接（仲裁试验时必须用磨口塞连接）。接收器的刻度在 0.3 mL 以下设有 10 等分的刻线，0.3 mL 与 1 mL 之间设有 7 等分的刻线，1 mL 与 10 mL 之间每分度为 0.2 mL。

（2）电热套。

（3）溶剂。溶剂为工业溶剂油或直馏汽油在 80 ℃以上的馏分。溶剂在使用前必须脱水和过滤。

（4）无釉瓷片、浮石或一端封闭的玻璃毛细管。在使用前必须经过烘干。

五、操作步骤

石油产品
水含量测定

按 GB/T 260《石油产品水含量的测定　蒸馏法》测定石油产品水含量。

1. 准备试样

将试样摇动 5 min，黏度大的或含蜡石油产品应预先加热至 40~50 ℃再摇匀。在天平上向清洁干燥的圆底烧瓶称入摇匀的试样 100 g，称准至 0.1 g。随后加入 100 mL 溶剂，将圆底烧瓶中的混合物摇匀后，放入几片干燥的浮石或玻璃毛细管。

注意：黏度小的试样可以用量筒量取 100 mL，注入圆底烧瓶中，再用这只未经洗涤的量筒量取 100 mL 溶剂。圆底烧瓶中的试样质量等于试样的密度乘以 100。如果试样的水分超过 10%，那么试样的量应酌量减小，要求蒸出的水不超过 10 mL。

2. 安装仪器

将清洁干燥的接收器与圆底烧瓶和冷凝管连接。连接时应使接收器的支管插入圆底烧瓶 15~20 mm；同时使冷凝管的斜切口位于接收器的中央，并使切口斜面与接收器的支管相对。连接好仪器后，在各连接处涂上火棉胶，随后用棉花将冷凝管上端塞住，以防止空气中的水分在冷凝管内凝结。

注意：允许在冷凝管的上端外接一个干燥管，以防空气中的水蒸气进入冷凝管凝结。

3. 加热蒸馏

加热蒸馏烧瓶，调整试样沸腾速度，使冷凝管中的冷凝液的馏出速度为 2~9 滴 /s。继续蒸馏至蒸馏装置中不再有水（接收器中除外），确保接收器中的水的体积在 5 min 内稳定不变。如果冷凝管上有水环，那么小心地提高蒸馏速度或将冷凝水的循环关掉几分钟。待接收器冷却至室温，用玻璃棒或聚四氟乙烯棒或其他合适的工具将冷凝管和接收器壁黏附的水分转移到接收器中。读出水的体积，精确至刻度值。

4. 读取体积

待接收器冷却至室温，用玻璃棒或聚四氟乙烯棒或其他合适的工具将冷凝管和接收器壁黏附的水分转移到接收器中。读出水的体积，精确至刻度值。

5. 计算

根据试样的量取方式，按式（3-1）、式（3-2）或式（3-3）计算水在试样中的体积分数 φ（%）或质量分数 w（%）。

$$\varphi=\frac{V_1}{V_0}\times 100\% \tag{3-1}$$

$$\varphi=\frac{V_1}{m/\rho}\times 100\% \tag{3-2}$$

$$w=\frac{V_1\rho_{水}}{m}\times 100\% \tag{3-3}$$

式中 V_0——试样的体积，mL；

V_1——测定试样时接收器中的水分，mL；

m——试样的质量，g；

ρ——试样 20 ℃的密度，g/cm^3；

$\rho_{水}$——水的密度，取值为 1.00 g/cm^3。

6. 精密度和偏差

在 2 次测定中，收集水的体积差数不应超过接收容器的一个刻度。

7. 报告

（1）取 2 次测定的 2 个结果的算术平均值作为试样的水含量。

（2）试样的水含量小于 0.03%，认为是痕迹。在仪器拆卸后接收器中没有水存在，认为试样无水。

六、注意事项

（1）溶剂必须无水，仪器必须干燥。

（2）试样与溶剂一定要混合均匀，才能在一定条件下形成稳定的恒沸物，以便分离水分。

（3）在操作过程中要防止加热过快时产生爆沸现象。

（4）称取试样时必须摇匀，迅速倒取。

七、质检报告单

石油产品水含量测定原始记录见表 3-1。

表 3-1 石油产品水含量测定原始记录表

记录编号 ________	执行标准 ________	取样地点 ________
油样名称 ________	油料批号 ________	油样编号 ________
仪器编号 ________	化验类别 ________	室　温 ________
试验次数	一	二
试样用量 /mL		
溶剂油用量 /mL		

续表 3-1

<table>
<tr><td colspan="4">记录编号 ________　　执行标准 ________　　取样地点 ________
油样名称 ________　　油料批号 ________　　油样编号 ________
仪器编号 ________　　化验类别 ________　　室　温 ________</td></tr>
<tr><td colspan="2">试验次数</td><td>一</td><td>二</td></tr>
<tr><td colspan="2">回流时间 /min</td><td></td><td></td></tr>
<tr><td colspan="2">收集水分体积 /mL</td><td></td><td></td></tr>
<tr><td rowspan="2">定性</td><td>试验温度 /℃</td><td></td><td></td></tr>
<tr><td>现象描述</td><td></td><td></td></tr>
<tr><td colspan="2">结果 /%</td><td></td><td></td></tr>
<tr><td colspan="2">平均值 /%</td><td></td><td></td></tr>
<tr><td rowspan="2">重复性</td><td>允许差值 /%</td><td></td><td></td></tr>
<tr><td>实测差值 /%</td><td></td><td></td></tr>
<tr><td colspan="2">质量指标</td><td></td><td></td></tr>
<tr><td colspan="2">结　论</td><td></td><td></td></tr>
<tr><td colspan="4">备注（计算）：</td></tr>
</table>

试验者 △△△　　　　审核者 △△△　　　　××年×月×日

八、项目考核

石油产品水含量测定评分细则见表 3-2。

表 3–2　石油产品水含量测定评分细则

操作时间：40 min

<table>
<tr><th>序号</th><th>考试内容</th><th>评分要素</th><th>配分</th><th>评分标准</th><th>扣分</th><th>得分</th><th>备注</th></tr>
<tr><td rowspan="2">1</td><td rowspan="2">准备工作</td><td>工具、用具准备齐全</td><td>4</td><td>未准备工具、用具不得分，少准备一件扣 2 分</td><td></td><td></td><td></td></tr>
<tr><td>检查仪器检定证书</td><td>4</td><td>未检查扣 4 分</td><td></td><td></td><td></td></tr>
</table>

续表 3-2

序号	考试内容	评分要素	配分	评分标准	扣分	得分	备注
2	样品均化	测量试样温度并记录	10	未测量试样温度或未记录扣 10 分			
		盖上样品瓶瓶塞	2	未按规定操作扣 2 分			
		搅拌 5 min，测量温度，油温升高不超过 10 ℃	10	搅拌不足 5 min 扣 3 分，搅拌过程中未测量温度扣 3 分，油温升高超过要求扣 4 分			
3	量取试样及溶剂	量取 100 mL 试样及溶剂，不洒漏	10	量取量不准确各扣 3 分，量取过程中洒漏各扣 2 分			
		将试样倒入蒸馏瓶中	10	操作不正确扣 5 分，转移过程中有洒漏扣 5 分			
4	仪器安装	向蒸馏瓶中加入玻璃珠或助沸材料	3	操作不正确扣 3 分			
		连接蒸馏装置	5	操作不正确扣 5 分			
		将冷凝管下端斜面切口与接收器支管相对	3	操作不正确扣 3 分			
		接好进出冷凝水水管	3	操作不正确扣 3 分			
5	蒸馏	开冷却水后，加热油样	3	操作次序不正确扣 3 分			
		控制蒸馏速率	5	蒸馏速率不符合要求扣 5 分			
		如果冷凝管上有水环，那么应按规定操作冲下水环	3	未按要求操作扣 3 分			
		蒸馏结束，接收器中水量 5 min 不再增加	4	蒸馏结束的判定错误扣 4 分			
		用玻璃棒拨移水滴至水层中	4	处理不当扣 4 分			
		水含量读数准确	5	读数方法不正确扣 2 分，读数不准确扣 3 分			

续表 3-2

序号	考试内容	评分要素	配分	评分标准	扣分	得分	备注
6	计算和记录	计算方法正确，计算结果准确	5	计算方法不正确扣 5 分，计算结果不准确扣 3 分			
		记录及时、准确，无漏项，书写工整，无涂改	5	记录不符合要求一处扣 1 分			
7	仪器归位	试验完毕及时处理“三废”，仪器复位	2	未处理“三废”扣 1 分，仪器未复位扣 1 分			
8	清理现场	打扫操作现场		未打扫现场从总分中扣 3 分，打扫不干净扣 1 分			
6	安全文明操作	按国家或企业颁发有关安全规定执行操作		每违反一项规定从总分中扣 5 分，严重违规者取消考试资格			
10	考试时限	在规定时间内完成		每超时 1 min 从总分中扣 5 分，超时 3 min 停止操作			
合　计			100				
考核人签名： 日期：							

附录样表

某石油产品水含量测定原始记录见表 3-3。

表 3–3　某石油产品水含量测定原始记录表

记录编号 2023003	执行标准 GB/T 260	取样地点 1 号库
油样名称 0 号车用柴油	油料批号	油样编号 010
仪器编号	化验类别 入库	室　温 20 ℃

试验次数	一	二
试样用量 / mL	100.2	100.0
溶剂油用量 / mL	100	100
回流时间 / min	50	50

续表 3-3

记录编号 2023003		执行标准 GB/T 260	取样地点 1 号库
油样名称 0 号车用柴油		油料批号	油样编号 010
仪器编号		化验类别 入库	室　温 20 ℃
试验次数		一	二
收集水分体积 / mL		0.02	0.02
定性	试验温度 / ℃		
	现象描述		
结果 / %		0.020	0.020
平均值 / %		0.02	
重复性	允许差值 / %	0.03	
	实测差值 / %	0.000	
质量指标		水分　痕迹	
结　论		按执行标准，合格	

备注（计算）：$w=V\rho_{水}/m\times100\%$（$\rho_{水}=1.00\ g/cm^3$）

$w_1=0.02\times1.00/100.2\times100\%\approx0.020\%$

$w_2=0.02\times1.00/100.0\times100\%=0.020\%$

$w_{平均}=(0.020\%+0.020\%)/2=0.020\%$

试验者 △△△　　审核者 △△△　　× × 年 × 月 × 日

项目四　石油产品馏程测定

情境描述

石油产品的蒸发性能主要通过馏程、饱和蒸气压等指标来评定，这些指标可以预测油品在使用过程中能否正常燃烧，在运输和储存时的蒸发损失倾向和其安全性，也是油品的重要质量指标。现有车用汽油、车用柴油，需对其蒸发性能进行评价，故检验中心需依据国家标准 GB/T 6536 设计其馏程测定方案，掌握仪器及设备的组装、操作方法，在此基础上对其馏程进行测定。

一、学习目标

（1）掌握油品蒸发性能的评定方法及测定意义。

（2）掌握馏程测定方法、操作步骤及影响测定结果的因素。

（3）能按照执行标准规范完成操作并出具合格的原始记录表，依据评分细则分析误差产生的原因，并提出某些改进措施。

（4）具有认真负责、实事求是、坚持原则、一丝不苟地依据标准进行检验和判定的职业素养。

二、项目概述

参考标准：GB/T 6536《石油产品常压蒸馏特性测定法》。

蒸馏是评定液体燃料蒸发性的重要质量指标之一。它既可说明液体燃料的沸点范围，又能判断油品组成中轻重组分的大体含量，因此，对石油产品的生产、使用、储存等各方面都有重要意义。

蒸馏是指在专门的蒸馏仪器中所测得液体试样的蒸馏温度与馏出量之间的数字关系，表示油品沸腾的温度范围，常以一定蒸馏温度下馏出物的体积分数或馏出物达到一定体积分数时的蒸馏温度来表示。

三、原理分析

在一定压力下，液体被加热时，其蒸气压随温度升高而逐渐增大，当蒸气压与外界压力相等时，液体开始沸腾，此时的温度称为沸点。石油及其产品是一个以烃类化合物为主的复杂混合物，其沸点表现为一个很宽的温度范围。初馏点与终馏点就代表油品的沸点范围，也叫沸程或馏程，如汽油的馏程为 40~200 ℃。石油及其产品的馏程不但与外压有关，而且与所用仪器、测定方法等有关。

现用测定方法是在恩氏蒸馏的基础上修订的。实际在蒸馏时，存在一定的精馏作用，加上温度的测定和体积的计算都带有一定的系统误差，所以在测定馏程时，必须严格遵守国家标准规格的仪器、测定方法去做，才能得到正确的结果。

四、仪器及试剂

（1）蒸馏测定仪（见图 4-1）1 台，内孔径 32 mm、38 mm、50 mm 的蒸馏烧瓶支板各 1 块，带布条铜（铁）丝 1 根。

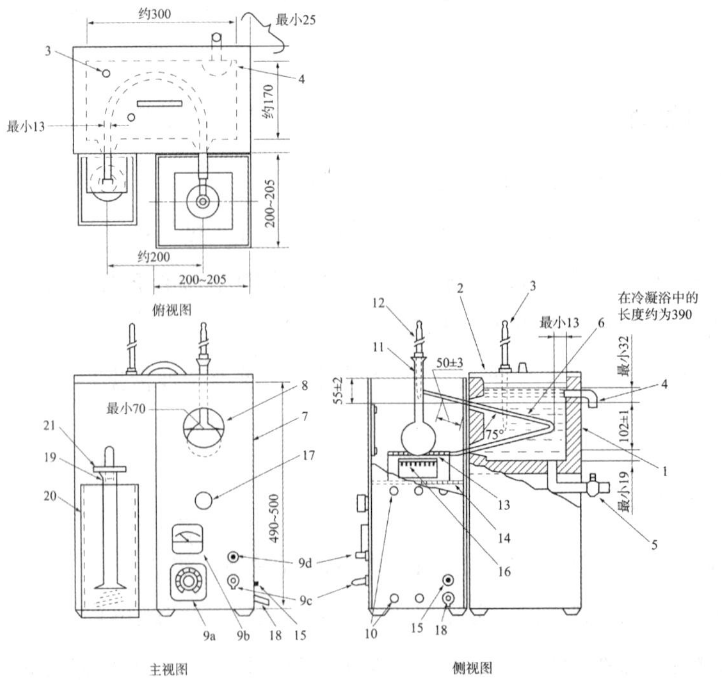

图 4-1　电加热型蒸馏仪器装置图（图中单位为 mm）

1—冷凝浴；2—冷凝浴盖；3—冷凝浴温度传感器；4—冷凝浴溢流口；5—冷凝浴排液口；6—冷凝管；7—防护罩；8—视窗；9a—调压器；9b—电压表或电流表；9c—电源开关；9d—电源指示灯；10—通风孔；11—蒸馏烧瓶；12—温度传感器；13—蒸馏烧瓶支板；14—蒸馏烧瓶支架台；15—接地线；16—电加热器；17—调节支架台水平的操作孔；18—电源线；19—接收量筒；20—接收量筒冷却浴；21—接收量筒遮盖物。

（2）125 mL 蒸馏烧瓶 1 个，5 mL、100 mL 量筒各 1 个，量程为 −2~400 ℃的温度计 1 支，量程为 0~100 ℃的温度计 1 支。

（3）喷气燃料试样、火棉胶、水银气压计。

（4）秒表、沸石、脱脂棉、滤纸、碎冰或雪等。

五、操作步骤

石油产品
馏程测定

按 GB/T 6536《石油产品常压蒸馏特性测定法》操作。

1. 确定样品组别

组别特性见表 4-1。

表 4–1　组别特性

样品特性	0 组	1 组	2 组	3 组	4 组
馏分类型	天然汽油				
蒸气压（37.8 ℃）/ kPa（试验方法 GB/T 8017）		≥ 65.5	< 65.5	< 65.5	< 65.5
蒸馏初馏点 / ℃ 蒸馏终馏点 / ℃		≤ 250	≤ 250	≤ 100 > 250	> 100 > 250

2. 准备仪器

（1）准备仪器，对应指定的组选择合适的蒸馏烧瓶、温度测量装置和蒸馏烧瓶支板。将接收量筒、蒸馏烧瓶和冷凝浴调节到规定温度。

（2）采取任何必要的措施，使冷凝浴和接收量筒的温度保持在规定的温度。接收量筒应浸没在一个冷却浴中，并使浸入液面至少达到量筒的 100 mL 刻线，也可将整个接收量筒用空气循环室包围起来。

3. 试验步骤

（1）记录环境大气压。

（2）0 组、1 组和 2 组：将低温范围温度计用密合软木塞或硅酮（聚硅氧烷）橡胶塞或由其他相当的聚合材料制成的塞子，紧紧地装配在样品容器的颈部，并使样品的温度达到规定的温度。

（3）0 组、1 组、2 组、3 组和 4 组：检查样品温度，精确量取试样至接收量筒的 100 mL 刻线处，随后将试样尽可能全部转移至蒸馏烧瓶中，注意不能有液体流到蒸馏烧瓶支管中。

（4）如果试样预期会出现不规则沸腾（突沸），那么可向试样中加入少量沸石。在任何蒸馏过程中均可加入少量沸石。

（5）将温度传感器定位于蒸馏烧瓶颈部的中心位置。如果使用温度计，就应用硅酮橡胶塞或由其他相当的聚合材料制成的塞子，使温度计感温泡位于瓶颈的中心，并确保温度计毛细管的底端应与蒸馏烧瓶支管内壁底部的最高点齐平。如果使用热电偶或电阻温度计，就应根据仪器说明书进行装配。

注意：若在与中心定位装置相配合的表面使用了真空脂，则应确保真空脂的用量尽可能少。

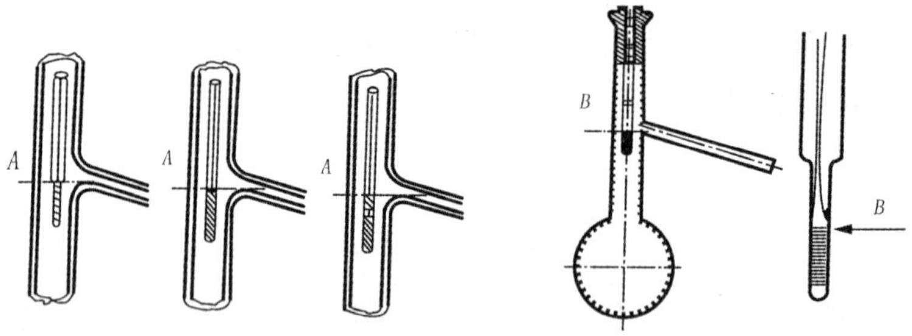

图 4-2　温度计感温部位在蒸馏烧瓶中的位置

注：*A*，*B* 与蒸馏烧瓶支管内侧下部对齐。

（6）用密合的软木塞、硅酮橡胶塞或由其他相当的聚合材料制成的塞子，将蒸馏烧瓶支管紧紧地与冷凝管相连。调节蒸馏烧瓶使其处于直立的位置，并使蒸馏烧瓶支管伸到冷凝管内 25~50 mm。升高并调节蒸馏烧瓶支板使其紧紧地接触蒸馏烧瓶的底部。

（7）将先前量取过试样、未经干燥的接收量筒放入冷凝管末端下方已控温的冷却浴中。冷凝管的末端应位于接收量筒的中心，且伸入量筒中至少 25 mm，但不能低于量筒的 100 mL 刻线。

（8）初馏点测定。

（9）调整加热速度使从加热开始到初馏点的时间间隔符合规定。

（10）调整加热，使从初馏点到 5% 或 10% 回收体积的时间间隔符合规定。

（11）继续调整加热，使从 5% 或 10% 回收体积到蒸馏烧瓶中残留 5 mL 液体时的均匀平均冷凝速率为 4~5 mL/min。

（12）若蒸馏过程未能符合规定，则应重新进行蒸馏。

（13）如果观察到分解点，就应停止加热，并按照第（17）的步骤进行。

（14）在初馏点和终馏点之间，观察并记录计算和报告出规格所要求的，或事先确定试验结果所需的数据。这些观察到的数据可包括在规定的回收百分数时的温度读数和 / 或规定温度读数时的回收百分数。

（15）当蒸馏烧瓶残留液体约为 5 mL 时，最后一次调整加热速度，使蒸馏烧瓶内 5 mL 残余液体蒸馏到终馏点的时间符合规定的范围。如果未满足此条件，就应重新试验，对最后加热调整进行适当修改。

如果实际的轻组分损失与估计值相差大于 2 mL，就应重新进行试验。

（16）根据需要观察并记录终馏点和 / 或干点，并停止加热。

（17）加热停止后，使馏出液完全滴入接收量筒内。

① 手动法：当冷凝器中连续有液滴滴入接收量筒时，每隔 2 min 观察并记录冷凝液体积，精确至 0.5 mL，直至两次连续观察的体积相同。准确测量接收量筒内液体的体积，记录并精确至 0.5 mL。

② 自动法：仪器将连续监测回收体积，直至在 2 min 之内回收体积的变化小于 0.1 mL，准确记录接收量筒内液体的体积，并精确至 0.1 mL。

（18）记录接收量筒内液体体积相应的回收百分数。如果由于出现分解点蒸馏提前终止，那么从 100% 中减去回收百分数，报告此差值作为残留百分数和损失百分数之和，并省略第（19）的步骤。

（19）待蒸馏烧瓶冷却之后，且未观察到再有蒸气出现时，从冷凝器上拆下蒸馏烧瓶，将其内容物倒入一个带刻度的 5 mL 量筒中，将蒸馏烧瓶倒悬在量筒之上，让蒸馏烧瓶内液体滴下，直至观察到蒸馏烧瓶内的液体体积无明显增加，测量刻度量筒中液体的体积，精确至 0.1 mL，记作残留百分数。

① 若 5 mL 刻度量筒在 1 mL 以下无刻度，而液体体积不到 1 mL，则先向量筒中加入 1 mL 的油，以便较好地估测回收液体的体积。若得到的残留物比预期的多，且蒸馏不是在终馏点之前被人为终止的，则检查蒸馏过程中加热是否足够，且试验过程中各条件是否满足规定，如果没有满足，那么应重做试验。

② 0 组：将带刻度的 5 mL 量筒冷却至低于 5 ℃，记录带刻度量筒内液体的体积，精确至 0.1 mL，作为残留百分数。

③ 1 组、2 组、3 组和 4 组：记录 5 mL 带刻度量筒内液体的体积，精确至 0.1 mL，作为残留百分数。

（20）若需测定预先确定的校正温度读数下的蒸发百分数或回收百分数，则按规定修改试验步骤。

（21）检查冷凝管和蒸馏烧瓶支管中是否有蜡状或固体沉积物，若有沉积物，则应调整后重新试验。

六、GB/T 6536 数据处理步骤

下面以汽油实测蒸馏数据（见表 4-2）为例，介绍蒸发温度、试验重复性和再现性计算步骤。

表 4-2　汽油实测蒸馏数据

蒸馏结果	实验室 1			实验室 2
	第一次	第二次	平均值	平均值
初馏点 / ℃	36.0	37.0	36.5	38.5
5% 回收 / ℃	44.5	46.5	45.5	48.5
10% 回收 / ℃	53.5	54.5	54.0	56.0
20% 回收 / ℃	65.0	66.0	65.5	67.5
40% 回收 / ℃	89.0	90.0	89.5	90.0
50% 回收 /℃	101.0	102.0	101.5	102.0
60% 回收 / ℃	115.0	115.0	115.0	116.0
80% 回收 / ℃	148.5	149.5	149.0	132.0
90% 回收 / ℃	170.5	171.5	171.0	172.0
95% 回收 / ℃	186.0	187.0	186.5	188.0
终馏点 / ℃	208.0	210.0	209.0	211.0
总回收 / %	97.5	97.5	97.5	97.5
残留量 / %	1.0	1.0	1.0	1.0
损失量 / %	1.5	1.5	1.5	1.5

1. 蒸发温度的计算程序

计算出给定蒸发百分数 R_x% 相对应的回收百分数 R%，$R\%=R_x\%-$损失量

→ 找出与 R_x% 相邻的较高回收百分数 R_H% 和较低回收百分数 R_L%

→ 计算出 R% 的蒸发温度

$$T=\overline{T}_L+\frac{(\overline{T}_H-\overline{T}_L)(R-R_L)}{R_H-R_L}$$

$$T=\overline{T}_L+\frac{(\overline{T}_H-\overline{T}_L)\cdot r}{R_H-R_L}$$（r 为损失量）

若损失量平均为 1.5%，要求计算蒸发百分数 50% 的蒸发温度时，先算出蒸发百分数 50% 对应的回收百分数 R% 即 48.5%（50%−1.5%=48.5%），即 R=48.5，R_L=40，R_H=50，回收百分数为 40% 和 50% 时的馏出温度读数平均值 $\overline{T}_{40}$ 和 $\overline{T}_{50}$ 就是 $\overline{T}_L$ 和 $\overline{T}_H$。先计算结果 T 后，再进行 0.5 修约。

（1）以公式 $T=\overline{T}_L+\frac{(\overline{T}_H-\overline{T}_L)(R-R_L)}{R_H-R_L}$ 进行计算：

将 $\overline{T}_L=89.5$，$\overline{T}_H=101.5$，$R_H=50$，$R_L=40$，$R=R_X-$ 系统蒸发损失 $=50-1.5=48.5$ 代入公式得：

$$T=89.5+\frac{(101.5-89.5)(48.5-40)}{50-40}=99.7\rightarrow 0.5\text{ 修约至 }99.5$$

（2）以公式 $T=\overline{T}_H-\dfrac{(\overline{T}_H-\overline{T}_L)\cdot r}{R_H-R_L}$ 计算，式中 r 为系统损失量

将 $\overline{T}_L=89.5$，$\overline{T}_H=101.5$，$R_H=50$，$R_L=40$，$r=1.5$ 代入公式得：

$$T=101.5-\frac{(101.5-89.5)\times 1.5}{50-40}=101.5-1.8=99.7\rightarrow 0.5\text{ 修约至 }99.5$$

2. 重复性计算程序

重复性计算程序如下：

确定所计算点 R_x 的两个相邻点 R_L 和 R_H → 计算温度变化率 $S=\dfrac{(\overline{T}_H-\overline{T}_L)}{R_H-R_L}$ → 从表中找出计算重复性的方法，算出重复性，结果 0.5 修约

以实验室实测数据为例，求 90% 的允许差值。

与 90% 相邻的 $\overline{T}_H=\overline{T}_{90}=171.0$ ℃，$\overline{T}_L=\overline{T}_{80}=149.0$ ℃，则 $S=\dfrac{171.0-149.0}{90-80}=2.2$，查表的车用汽油为 1 组，$r=1.2+0.86S=1.2+0.86\times 2.2\approx 3.1$。

七、注意事项

（1）蒸馏速度对馏出温度的影响。测定馏程要严格控制加热速度，否则将对测定结果有很大的影响。因为石油产品馏程的测定是条件试验，根据蒸馏油品馏分轻重的不同，所规定的加热速度也不同。在蒸馏过程中，如果加热速度过快，那么会产生大量气体，这些气体来不及从蒸馏瓶支管逸出时，瓶中的气压大于外界的大气压，读出的温度并不是在外界大气压下试样沸腾的温度，往往要比正常蒸馏温度偏高一些。若加热速度始终过快，最后还会出现过热现象，使干点提高而不易测准。当加热速度过慢时，则各馏出温度都偏低。

（2）温度计的安装对试验结果的影响。馏程测定法对温度计的安装位置做了规定。如果温度计插高了，那么会因瓶颈的蒸气分子少及受冷空气的影响，使馏出温度偏低；如果温度计插低了，那么会因高沸点蒸气或跳溅液滴溅在水银球上而使馏出温度偏高；如果温度计插歪了，那么由于瓶壁与瓶轴心有一定温差，会使馏出温度偏低。当水银球偏向支管时，因水银球靠近瓶壁，此处气流速度较快，与携带上来的液

滴接触较多，导致指示温度偏高。

（3）大气压力对馏出温度的影响。大气压力对油品的汽化有很大影响。油品的沸点随大气压的升高而升高，随大气压的降低而降低。在测定馏程时，若在不同大气压下对同一油品进行测定，则所测得的结果也不同。因此，在规定的一定大气压下测得的馏出温度不需要修正，但高于或低于规定大气压力范围时则必须进行修正。

（4）蒸馏瓶支管插入冷凝管中长度严格为 25~50 mm，插入长度范围相差太大，造成初馏点读数可相差 1~2 ℃，一般以 30 mm 为宜。在做平行试验时，更应注意两次插入深度要相近。

八、质检报告单

石油产品馏程测定原始记录相关内容见表 4-3 和表 4-4。

表 4–3　石油产品馏程测定原始记录表

<table>
<tr><td colspan="14">记录编号 ________　执行标准 ________　油样名称 ________　油料批号 ________
油样编号 ________　取样地点 ________　化验类别 ________　仪器编号 ________
室　温 ________　大 气 压 ________</td></tr>
<tr><td>试验次数</td><td colspan="4">一</td><td colspan="4">二</td><td rowspan="5">平均值 / ℃</td><td rowspan="5">蒸发温度 / ℃</td><td colspan="2">重复性</td><td rowspan="5">质量要求 / ℃</td></tr>
<tr><td>温度计编号</td><td colspan="4"></td><td colspan="4"></td><td rowspan="4">允许差值 / ℃</td><td rowspan="4">实测差值 / ℃</td></tr>
<tr><td>检定日期</td><td colspan="4"></td><td colspan="4"></td></tr>
<tr><td>冷凝槽温度 / ℃</td><td colspan="4"></td><td colspan="4"></td></tr>
<tr><td>馏　程</td><td>回收温度 /℃</td><td>温度计修正值 / ℃</td><td>气压改正值 / ℃</td><td>取值 / ℃</td><td>回收温度 /℃</td><td>温度计修正值 / ℃</td><td>气压改正值 / ℃</td><td>取值 / ℃</td></tr>
<tr><td>初馏点</td><td></td><td></td><td></td><td></td><td></td><td></td><td></td><td></td><td></td><td></td><td></td><td></td><td></td></tr>
<tr><td>5%</td><td></td><td></td><td></td><td></td><td></td><td></td><td></td><td></td><td></td><td></td><td></td><td></td><td></td></tr>
<tr><td>10%</td><td></td><td></td><td></td><td></td><td></td><td></td><td></td><td></td><td></td><td></td><td></td><td></td><td></td></tr>
<tr><td>20%</td><td></td><td></td><td></td><td></td><td></td><td></td><td></td><td></td><td></td><td></td><td></td><td></td><td></td></tr>
<tr><td>30%</td><td></td><td></td><td></td><td></td><td></td><td></td><td></td><td></td><td></td><td></td><td></td><td></td><td></td></tr>
<tr><td>40%</td><td></td><td></td><td></td><td></td><td></td><td></td><td></td><td></td><td></td><td></td><td></td><td></td><td></td></tr>
</table>

续表 4-3

记录编号__________ 执行标准__________ 油样名称__________ 油料批号__________
油样编号__________ 取样地点__________ 化验类别__________ 仪器编号__________
室 温__________ 大 气 压__________

50%													
60%													
80%													
90%													
95%													
终馏点													

试验者 △△△ 审核者 △△△ ×× 年 × 月 × 日

表 4-4 石油产品馏程测定原始记录附表

记录编号__________ 执行标准__________ 油样名称__________ 油料批号__________
油样编号__________ 取样地点__________ 化验类别__________ 仪器编号__________
室 温__________ 大 气 压__________

试验次数	一	二	平均值	质量要求
温度计编号				
检定日期				
冷凝槽温度 /℃				
最大回收百分数 /%				
校正回收百分数 /%				
损失百分数 /%				
校正损失百分数 /%				
残留百分数 /%				
结 论				

试验者 △△△ 审核者 △△△ ×× 年 × 月 × 日

九、项目考核

石油产品馏程测定评分细则见表 4-5。

表 4–5　石油产品馏程测定评分细则

操作时间：70 min

序号	考试内容	评分要素	配分	评分标准	扣分	得分	备注
1	准备工作	工具、用具准备齐全	4	未准备工具、用具不得分，少准备一件扣 1 分			
		检查仪器	5	少检查一项扣 1 分，扣完 5 分为止			
		读取大气压力	2	未读取大气压力扣 2 分			
		清洁冷凝管	2	未清洁冷凝管扣 2 分			
		正确设置冷浴温度	2	温度设置不正确扣 2 分			
		测量接收量筒冷却浴温度	2	未测量扣 2 分			
		选择孔径 38 mm 的烧瓶支板	2	选择错误扣 2 分			
		观察试样中有无游离水	2	未观察试样中有无游离水扣 2 分			
		处理试样，测量试样温度	1	未测量试样温度扣 1 分			
		向量筒中倒入试样，向蒸馏烧瓶中倒入试样	4	倒入试样未一次成功扣 2 分，试样洒漏扣 2 分			
		仪器连接处密封	3	密封不严一处扣 1 分			
2	安装仪器	蒸馏烧瓶安装垂直，温度计位于蒸馏烧瓶颈部中央	4	安装不垂直扣 2 分，温度计未在蒸馏烧瓶颈部中央扣 2 分			
		安装温度计	3	不符合要求扣 3 分			
		蒸馏烧瓶支管伸入冷凝管 25~50 mm	4	烧瓶支管安装不符合要求扣 2 分，冷凝管位置不符合要求扣 2 分			

续表 4-5

序号	考试内容	评分要素	配分	评分标准	扣分	得分	备注
3	测定	加热 5~10 min 到初馏点	3	未达到要求扣 3 分			
		从初馏点到 5% 回收体积的时间为 6~100 s	4	每超 5 s 扣 1 分			
		从 5% 回收体积到残留物为 5 mL	5	每超一次扣 1 分			
		按操作规范记录时间	8	记录错误一点扣 1 分			
		从残留物为 5 mL 至终馏点的时间不超过 5 min	2	不符合要求扣 2 分			
4	计算及记录	读取温度及残馏物最大回收体积分数	12	漏读一处扣 1 分，未唱读一处扣 0.5 分			
		馏出点读数准确，记录完整	5	读数不准或记录不完整扣 0.5 分			
		计算方法正确，结果准确	12	计算方法不正确扣 2 分，结果不准确扣 2 分，扣完 12 分为止			
		记录及时、准确，无漏项，书写工整，无涂改	7	记录不及时一处扣 0.5 分，漏项一处扣 0.5 分，涂改一处扣 0.5 分			
5	仪器归位	试验完毕及时处理“三废”，仪器复位，物放有序	2	未处理“三废”扣 1 分，仪器未复位扣 1 分			
6	清理现场	打扫操作现场		未打扫现场从总分中扣 3 分，打扫不干净扣 1 分			
7	安全文明操作	按国家或企业颁发有关安全规定执行操作		每违反一项规定从总分中扣 5 分，严重违规者取消考试资格			
8	考试时限	在规定时间内完成		每超时 1 min 从总分中扣 5 分，超时 3 min 停止操作			
合计			100				
考核人签名： 日期：							

附录样表

某石油产品馏程测定原始记录相关内容见表 4-6 和表 4-7。

表 4–6　某石油产品馏程测定原始记录表

记录编号 2023004　执行标准 GB/T 6536　油样名称 3 号喷气燃料　油料批号 ______

油样编号 ______　取样地点 1 号罐　化验类别 出 库　仪器编号 015

室　温 19 ℃　大 气 压 101.3 kPa

试验次数	一				二				平均值 /℃	蒸发温度 /℃	重复性		质量要求 /℃
温度计编号	125				125						允许差值 /℃	实测差值 /℃	
检定日期	2023.2.1				2023.2.1								
冷凝槽温度 / ℃	0				0								
馏　程	回收温度 /℃	温度计修正值 / ℃	气压改正值 / ℃	取值 / ℃	回收温度 /℃	温度计修正值 / ℃	气压改正值 / ℃	取值 /℃					
初馏点	155.0	−0.2	0.0	154.8	154.5	−0.2	0.0	154.3	154.5		1.8	0.5	见报告
5%	165.0	0.0	0.0	165.0	166.0	0.0	0.0	166.0	165.5				
10%	169.0	0.1	0.0	169.1	170.0	0.1	0.0	170.1	170.0		1.4	1.0	≯ 205
20%	175.5	0.1	0.0	175.6	175.0	0.1	0.0	175.1	175.5		1.2	0.5	见报告
30%	181.5	0.2	0.0	181.7	181.0	0.2	0.0	181.2	181.5				
40%	186.5	0.2	0.0	186.7	186.5	0.2	0.0	186.7	187.0				
50%	196.0	0.4	0.0	196.4	195.0	0.4	0.0	195.4	196.0		1.3	1.0	≯ 232
60%	200.0	0.4	0.0	200.4	200.0	0.4	0.0	200.4	200.5				
80%	217.0	0.4	0.0	217.4	217.5	0.4	0.0	217.9	217.5				
90%	231.5	0.5	0.0	232.0	231.5	0.5	0.0	232.0	232.0		1.6	0.0	见报告
95%	243.0	0.5	0.0	243.5	243.0	0.5	0.0	243.5	243.5				
终馏点	259.5	0.6	0.0	260.1	260.0	0.6	0.0	260.6	260.5		2.4	0.5	≯ 300

试验者 △△△　　审核者 △△△　　×× 年 × 月 × 日

表 4–7　某石油产品馏程测定原始记录附表

记录编号 2023004　执行标准 GB/T 6536　油样名称 3 号喷气燃料　油料批号 ____
油样编号 ____　取样地点 1 号罐　化验类别 出 库　仪器编号 015
室　温 19 ℃　大 气 压 101.3 kPa

试验次数	一	二	平均值	质量要求
温度计编号	125	125		
检定日期	2023.2.1	2023.2.1		
冷凝槽温度 /℃	0	0		
最大回收百分数 /%	98.5	98.5		
校正回收百分数 /%	98.5	98.5	98.5	
损失百分数 /%	0.6	0.4		
校正损失百分数 /%	0.6	0.4	0.5	≯ 1.5
残留百分数 /%	0.9	1.1	1.0	≯ 1.5
结　论	按执行标准，合格			

试验者 △△△　　审核者 △△△　　× × 年 × 月 × 日

项目五　石油产品闭口闪点测定

情境描述

闪点值可用于判断在相对非挥发或可燃性物质中是否存在高挥发性或可燃性物质。闪点试验是对未知组成材料进行其他研究的第一步，闪点值也是判定其运输、储存和操作安全系数的指标。现有出厂的成品煤油、柴油等油品，需对其进行闪点的测定，在依据国家标准 GB/T 261 设计试验方案基础上，正确组装试验仪器，严格执行试验规定条件，进行闪点测定。

一、学习目标

（1）掌握石油产品闭口闪点测定方法和有关计算。

（2）熟悉影响测定结果准确性的因素，并能正确处理。

（3）能按照执行标准规范完成操作并出具合格的原始记录表，依据评分细则分析误差产生的原因，并提出某些改进措施。

（4）具有认真负责、实事求是、坚持原则、一丝不苟地依据标准进行检验和判定的职业素养。

二、项目概述

引用标准：GB/T 261《闪点的测定　宾斯基 - 马丁闭口杯法》。

将石油产品在规定的条件下加热，其蒸气与空气所形成的混合气在接触火焰时发生闪火的最低温度称为闪点。按照测定仪器和试验条件的不同，闪点又分为闭口闪点和开口闪点 2 种。闭口闪点常用于轻质油品。

由于闪点受大气压的影响，因此测定结果必须进行大气压修正。测定闭口闪点的主要目的是鉴定油品着火危险性、蒸发性，检查油品中是否混有其他油品。

三、原理分析

闪点：在规定试验条件下，试验火焰引起试样蒸气着火，并使火焰蔓延至液体表面的最低温度，修正到 101.3 kPa 大气压下。

当其他条件不变时，石油产品液面上的蒸气浓度取决于油品的温度，因为油品的蒸气压与温度有关。因为油品液面上部的蒸气浓度和爆炸限度都与油品温度以外的条件如加热温度、蒸发速度、蒸发空间的大小和压力等有关，所以石油产品闪点的测定与仪器及操作方法有密切关系。因此，没有标明测定方法的闪点是毫无价值的。宾斯基 - 马丁闭口闪点试验仪可测定可燃液体、带悬浮颗粒的液体、在试验条件下表面趋于成膜的液体和其他液体的闪点，适用于测定闪点高于 40 ℃的样品。

在闪点温度时，只能使油蒸气与空气的混合物被外界明火所点燃产生闪火现象（一闪即灭），而不能使液体油品燃烧，其原因在于在闪点温度时，液体油品面上蒸发速度慢，还不足以供给继续燃烧所需要的油蒸气，而原有的可燃油气混合气中的油蒸气很快燃尽，所以燃烧便停止了。测定原油、汽油、煤油和柴油的闪点是为了判断其在储存运输和使用中的安全性。

测量时，将样品倒入试验杯中，在规定的速率下连续搅拌，并以恒定速率加热样品。以规定的温度间隔，在中断搅拌的情况下，将火源引入试验杯开口处，使样品蒸气发生瞬间闪火。当火焰蔓延至液体表面时所记录的最低温度，即环境大气压下的闪点。随后用公式将所得到的值修正到标准大气压下的闪点。

四、仪器及试剂

（1）闭口闪点测定器（见图 5-1）1 台，丁烷气瓶，闭口闪点用低、中和高 3 个温度范围的温度计。

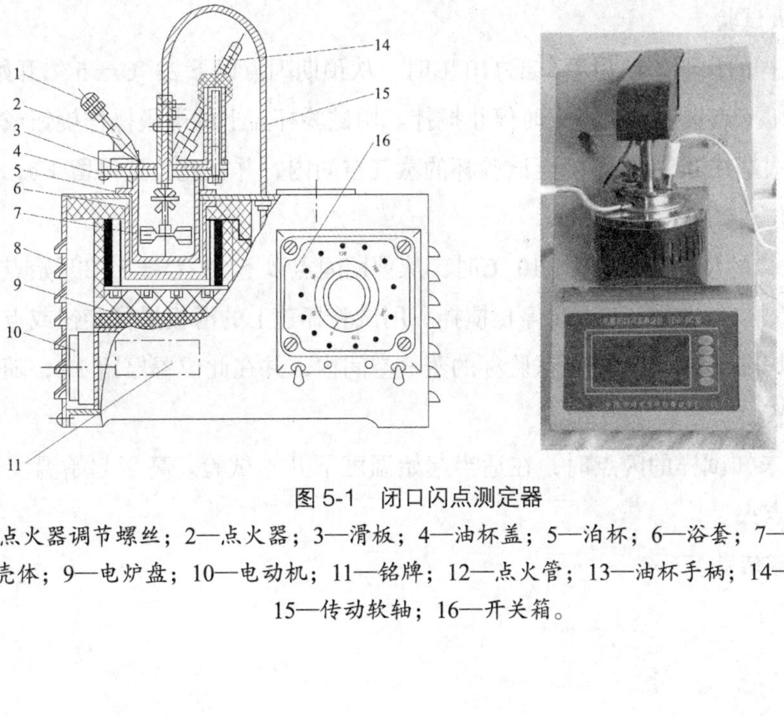

图 5-1　闭口闪点测定器

1—点火器调节螺丝；2—点火器；3—滑板；4—油杯盖；5—泊杯；6—浴套；7—搅拌桨；8—壳体；9—电炉盘；10—电动机；11—铭牌；12—点火管；13—油杯手柄；14—温度计；15—传动软轴；16—开关箱。

（2）气压计，手提吹风机，镊子，脱脂棉，洗涤汽油。

3 号喷气燃料闪点检验操作视频

五、操作步骤

按 GB/T 261《闪点的测定　宾斯基 - 马丁闭口杯法》操作。

1. 仪器准备

（1）仪器的放置：仪器应安装在无空气流的房间内，并放置在平稳的台面上。

（2）试验杯的清洗：先用清洗溶剂冲洗试验杯、试验杯盖及其他附件，以除去上次试验留下的所有胶质或残渣痕迹。再用清洁的空气吹干试验杯，确保除去所用溶剂。

（3）仪器的组装：首先检查试验杯、试验杯盖及其附件，确保无损坏和无样品沉积。然后组装好仪器。

2. 测定步骤

（1）记录大气压力。

观察气压计，记录试验期间仪器附近的环境大气压。

注：虽然某些气压计会自动修正，但是本标准不要求修正到 0 ℃下的大气压力。

（2）加热。

将试样倒入试验杯至加料线，盖上试验杯盖，随后放入加热室，确保试验杯就位或锁定装置连接好后插入温度计。点燃试验火源，并将火焰直径调节为 3~4 mm；或打开电子点火器，按仪器说明书的要求调节电子点火器的强度。在整个试验期间，试样以 5~6 ℃ /min 的速率升温，且搅拌速率为 3~4 r/min。

（3）点火试验。

① 当试样的预期闪点为不高于 110 ℃时，从预期闪点以下 23 ℃ ±5 ℃开始点火，试样每升高 1 ℃点火一次，点火时停止搅拌。用试验杯盖上的滑板操作旋钮或点火装置点火，使火焰在 0.5 s 内下降至试验杯的蒸气空间内，并在此位置停留 1 s，随后迅速升高至原位置。

② 当试样的预期闪点高于 110 ℃时，从预期闪点以下 23 ℃ ±5 ℃开始点火，试样每升高 2 ℃点火一次，点火时停止搅拌。用试验杯盖上的滑板操作旋钮或点火装置点火，使火焰在 0.5 s 内下降至试验杯的蒸气空间内，并在此位置停留 1 s，随后迅速升高至原位置。

当测定未知试样的闪点时，在适当起始温度下开始试验。高于起始温度 5 ℃时进行第一次点火。

（4）确定结果。

记录火源引起试验杯内产生明显着火的温度，作为试样的观察闪点，但不要把在真实闪点到达之前，出现在试验火焰周围的淡蓝色光轮与真实闪点相混淆。

如果所记录的观察闪点温度与最初点火温度的差值低于 18 ℃或高于 28 ℃，那么认为此结果无效。应更换新试样重新进行试验，调整最初点火温度，直到获得有效的测定结果，即观察闪点与最初点火温度的差值应在 18~28 ℃。

3. 记录

记录结果，填写原始记录表。

4. 结果计算

根据观察和记录大气压力，对闪点按式（5-1）进行大气压力修正。将修正值精确至 0.5 ℃作为测定结果。

$$T_c=T_o+0.25（101.3-p） \tag{5-1}$$

式中　T_c——标准压力下的闪点，℃；

T_o——实际测定的闪点，℃；

p——测定闪点时的大气压力，kPa。

5. 精密度

用下述规定判断试验结果的可靠性（95% 置信水平）。

（1）重复性（r）。

在同一实验室，由同一操作者使用同一仪器，按照相同的方法，对同一试样连续测定的两个试验结果之差不能超过表 5-1 的数值。

表 5–1　重复性

材　料	闪点范围 / ℃	r/℃
油漆和清漆		1.5
馏分油和未使用过的润滑油	40~250	0.029X

注：X 为两个连续试验结果的平均值。

（2）再现性（R）。

在不同的实验室，由不同操作者使用不同的仪器，按照相同的方法，对同一试样测定的两个单一、独立的试验结果之差不能超过表 5-2 中的数值。

表 5–2　再现性

材　料	闪点范围 / ℃	R/℃
油漆和清漆		1.5
馏分油和未使用过的润滑油	40~250	0.071X

注：X 为两个独立试验结果的平均值，本精密度的再现性不适用于 20 号航空润滑油。

六、注意事项

（1）试样含水的影响：当加热含水试样时，油中少量水分汽化，使油面上方混合气中油蒸气浓度变小，导致闪点增高；有时水蒸气形成泡覆盖在油面上，推迟了油蒸气与周围空气形成爆炸性气体的时刻，也使测定结果偏高。测定水分较多的重油的开口杯闪点时，将其加热至一定温度，水蒸气形成的气泡很易溢出，导致试验无法进行。因此，闪点测定中规定了试样的含水量，若超出规定范围，必须先将试样进行脱水。

（2）试样用量的影响：试样的加入量必须严格按照方法中的规定。若加入量过多，则油面上方空间容积相对减小，一定温度下，油蒸气与空气混合物的浓度更易达到爆炸范围，使闪点偏低；若装油量过少，则导致结果偏高。

（3）点火器位置及火焰大小的影响：点火时离油面高低及停留时间长短均会影响结果。如点火器火焰比规定的大或点火时离油面近或停留时间比规定长，均导致结果偏低；反之，则使结果偏高。

（4）升温速度的影响：若升温速度快，单位时间给予试样的热量多，则试样蒸发量大，与空气组成的混合气体浓度容易达到爆炸范围，使结果偏低；若升温速度过慢，测定时间长，点火次数多，则损耗了部分油蒸气，使油气混合浓度不容易达到爆炸范围，而使结果偏高。

七、质检报告单

石油产品闭口闪点测定原始记录见表 5-3。

表 5-3　石油产品闭口闪点测定原始记录表

记录编号______ 执行标准______ 油样名称______ 油料批号______ 油样编号______ 取样地点______ 化验类别______ 仪器编号______ 仪器型号______ 室　温______ 大 气 压______		
试验次数	一	二
温度计编号		
检定日期		

续表 5-3

记录编号 ____	执行标准 ____	油样名称 ____	油料批号 ____		
油样编号 ____	取样地点 ____	化验类别 ____	仪器编号 ____		
仪器型号 ____	室　温 ____	大 气 压 ____			
试验次数		一		二	
试验情况	最初点火温度 /℃				
	点火温度间隔 /℃				
	最低闪火温度 /℃				
大气压改正值 / ℃					
温度计修正值 /℃					
结果 /℃					
平均值 /℃					
重复性 /℃		允许差值		实测差值	
质量指标					
结　论					
备注：					

试验者 △△△　　　　审核者 △△△　　　　××年×月×日

八、项目考核

石油产品闭口闪点测定评分细则见表 5-4。

表 5–4　石油产品闭口闪点测定评分细则

操作时间：30 min

序号	考试内容	评分要素	配分	评分标准	扣分	得分	备注
1	准备工作	工具、用具准备齐全	5	未准备工具、用具不得分，少准备一件扣 1 分			
		检查仪器是否有检定证书且在有效周期内，并唱读	3	未检查不得分，漏检一项扣 1 分，未唱读一项扣 1 分			

续表 5-4

序号	考试内容	评分要素	配分	评分标准	扣分	得分	备注
1	准备工作	选择温度计（−5~110 ℃）	3	选择错误扣 3 分			
		检查气路连接是否正确	2	未检查扣 2 分			
		用洗涤溶剂洗涤油杯、油杯盖及搅拌器	6	未用洗涤溶剂洗涤油杯、油杯盖及搅拌器各扣 2 分，未干燥扣 2 分			
2	测定	测定前处理样品，检查试样是否含水，明确含水试样处理方法	2	未检查试样是否含水扣 1 分，含水试样处理方法不正确扣 1 分			
		取样准确，不洒不漏	8	油杯中试样装满到环形标记处，不准确扣 6 分，取样时试样洒漏扣 2 分			
		安装温度计	2	温度计安装位置不正确扣 2 分			
		安装仪器	3	安装顺序不正确扣 3 分			
		调整火焰直径为 3~4 mm	4	不符合要求扣 4 分			
		搅拌速度 90~120 r/min，升温速度 5~6 ℃ /min	4	未将搅拌速度调节在规定范围扣 4 分			
			10	升温速度达不到要求每次扣 2 分			
		试样开始点火温度为预期闪点前 23 ℃ ± 5 ℃，每隔 1 ℃进行一次点火试验	2	试样开始点火温度不正确扣 2 分			
			6	未每隔 1 ℃进行一次点火试验扣 1 分			
			6	每 1 ℃点火应及时记录			
3	计算和记录	正确判断闪点，读取温度计及压力表示值	11	闪点判断错误扣 5 分，闪点结果温度计读数错误扣 5 分，压力表读数错误扣 1 分			

续表 5-4

序号	考试内容	评分要素	配分	评分标准	扣分	得分	备注
3	计算和记录	温度计及闪点修正	2	温度计未修正或修正错误扣 2 分			
			2	大气压力未修正或修正错误扣 2 分			
			2	修正结果不正确扣 2 分			
			3	平均结果未精确至 0.5 ℃扣 3 分			
		记录及时、准确，无漏项，书写工整，无涂改	4	记录不符合要求一处扣 1 分			
4	仪器复位	废油回收，油杯清洗	2	废油未回收扣 1 分，未清洗油杯扣 1 分			
		仪器复位	4	电压表未回零扣 2 分，未关闭电源扣 2 分			
		量器摆放整齐	2	摆放不整齐每项扣 0.5 分			
5	仪器归位	试验完毕及时处理“三废”，仪器停运、复位	2	未处理“三废”扣 1 分，仪器未复位扣 1 分			
6	清理现场	打扫操作现场		未打扫现场从总分中扣 3 分，打扫不干净扣 1 分			
7	安全文明操作	按国家或企业颁发有关安全规定执行操作		每违反一项规定从总分中扣 5 分，严重违规者取消考试资格			
8	考试时限	在规定时间内完成		每超时 1 min 从总分中扣 5 分，超时 3 min 停止操作			
合　　计			100				
考核人签名： 日期：							

石油产品闭口闪点测定

附录样表

某石油产品闭口闪点测定原始记录见表 5-5。

表 5-5　某石油产品闭口闪点测定原始记录表

<table>
<tr><td colspan="6">记录编号 2023005　执行标准 GB/T 261　油样名称 15 号航空液压油　油料批号 ______
油样编号 ______　取样地点 ______　化验类别 入 库　仪器编号 015
仪器型号 ______　室　温 18 ℃　大 气 压 102.5 kPa</td></tr>
<tr><td colspan="2">试验次数</td><td colspan="2">一</td><td colspan="2">二</td></tr>
<tr><td colspan="2">温度计编号</td><td colspan="2">12</td><td colspan="2">12</td></tr>
<tr><td colspan="2">检定日期</td><td colspan="2">2023.3.1</td><td colspan="2">2023.3.1</td></tr>
<tr><td rowspan="3">试验情况</td><td>最初点火温度 /℃</td><td colspan="2">74.0</td><td colspan="2">75.0</td></tr>
<tr><td>点火温度间隔 /℃</td><td colspan="2">1</td><td colspan="2">1</td></tr>
<tr><td>最低闪火温度 /℃</td><td colspan="2">97.0</td><td colspan="2">98.0</td></tr>
<tr><td colspan="2">大气压改正值 /℃</td><td colspan="2">−0.3</td><td colspan="2">−0.3</td></tr>
<tr><td colspan="2">温度计修正值 /℃</td><td colspan="2">0.2</td><td colspan="2">0.2</td></tr>
<tr><td colspan="2">结果 /℃</td><td colspan="2">96.9</td><td colspan="2">97.9</td></tr>
<tr><td colspan="2">平均值 /℃</td><td colspan="4">97.5</td></tr>
<tr><td colspan="2">重复性 /℃</td><td>允许差值</td><td>2.8</td><td>实测差值</td><td>1.0</td></tr>
<tr><td colspan="2">质量指标</td><td colspan="4">闪点（闭口）不低于 82℃</td></tr>
<tr><td colspan="2">结　　论</td><td colspan="4">按执行标准，合格</td></tr>
<tr><td colspan="6">备注：$\Delta T=0.25(101.3-p)$
$=0.25\times(101.3-102.5)$
$=-0.30$
≈ -0.3
$r=0.029X=0.029\times 97.5\approx 2.8$</td></tr>
</table>

试验者 △△△　　　　审核者 △△△　　　　×× 年 × 月 × 日

项目六　石油产品开口闪点测定

情境描述

闪点值可用于判断在相对非挥发或可燃性物质中是否存在高挥发性或可燃性物质。闪点试验是对未知组成材料进行其他研究的第一步，闪点值也是判定其运输、储存和操作安全系数的指标。现有出厂的润滑油，需对其进行闪点的测定，在依据国家标准 GB/T 3536 设计试验方案基础上，正确组装试验仪器，严格执行试验规定条件，进行闪点测定。

一、学习目标

（1）掌握石油产品开口闪点的测定方法、有关计算及影响测定结果准确性的因素。

（2）能按照执行标准规范完成操作并出具合格的原始记录表，依据评分细则分析误差产生的原因，并提出某些改进措施。

（3）具有认真负责、实事求是、坚持原则、一丝不苟地依据标准进行检验和判定的职业素养。

二、项目概述

引用标准：GB/T 3536《石油产品　闪点和燃点的测定　克利夫兰开口杯法》。

将石油产品在规定的条件下加热，其蒸气与空气所形成的混合气在接触火焰时发生闪火的最低温度称为闪点。按照测定仪器和试验条件的不同，闪点又分为闭口闪点和开口闪点 2 种。开口闪点常用于重质油品。

测定开口闪点的主要目的是鉴定油品着火危险性，此外，还可以了解油品的蒸发性，检查润滑油中是否混有轻质燃料油。由于闪点受大气压的影响，因此必须对测定结果进行大气压修正。

三、原理分析

本方法不适用于测定燃料油和开口闪点低于 79 ℃的石油产品。

将试样装入试验杯至规定的刻线。首先迅速升高试样的温度，然后缓慢升温。当接近闪点时，恒速升温。在规定的温度间隔，以小的试验火焰横着越过试验杯，使试样表面上的蒸气闪火的最低温度，作为闪点。若需要测定燃点，则要继续进行试验，直到用试验火焰使试样点燃并至少燃烧 5 s 的最低温度，此温度即燃点。

四、仪器及试剂

（1）克利夫兰开口杯法测定仪（见图 6-1）1 台，−6~400 ℃、最小分度值为 2 ℃的温度计 1 支。

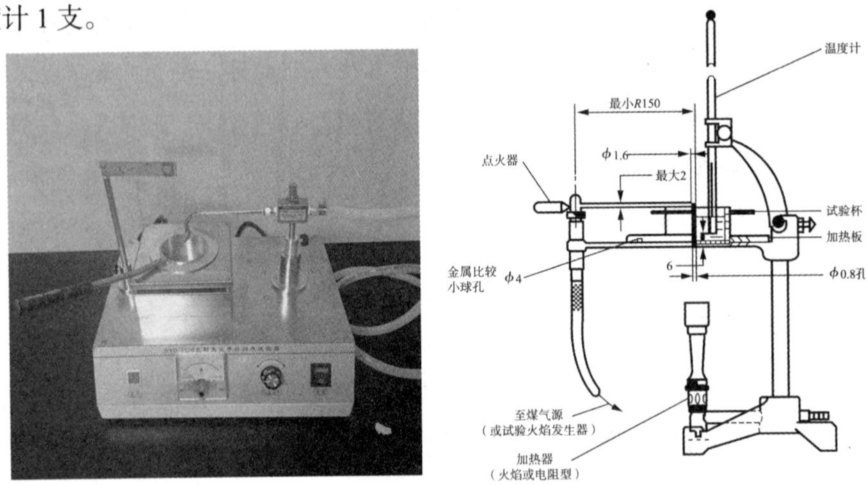

图 6-1　开口杯闪点测定仪（图中单位为 mm）

（2）丁烷气瓶、气压计、手提吹风机、镊子、脱脂棉、洗涤汽油。

石油产品开口闪点测定

五、操作步骤

按 GB/T 3536 操作（以下操作步骤供参考）。

1. 仪器的准备

（1）仪器的放置：将仪器放置在无空气流的房间里，并放在平稳的台面上。为便于观察试验的闪点，应使用合适的方式，在仪器顶部放置遮光板，防止强光照射。

注意：①如果不能避免空气流，那么最好用防护屏挡在仪器周围；②如果样品产生有毒蒸气，那么应将仪器放置在能单独控制空气流的通风柜中，通过调节使蒸气可抽走，但空气流不能影响试验杯上方的蒸气。

（2）试验杯的清洗：先用清洗溶剂冲洗试验杯，以除去上次试验留下的所有胶质或残渣痕迹。再用清洁的空气吹干试验杯，确保除去所用溶剂。若试验杯上留有碳的沉积物，则可用钢丝绒擦掉。

（3）试验杯的准备：使用前将试验杯冷却到至少低于预期闪点 56 ℃。

（4）仪器组装：将温度计垂直放置，使其感温泡底部距试验杯底部 6 mm，并位于试验杯中心与试验杯边之间的中点和测试火焰扫过的弧（或线）相垂直的直径上，且在点火器臂的对边。

注意：应使温度计上的浸没深度线位于试验杯边缘线以下 2 mm 处。也可先将温度计慢慢地向下放，直至温度计与试验杯底接触，再往上提 6 mm。

2. 测定步骤

（1）观察气压计，记录试验期间仪器附近环境大气压。

注意：虽然某些气压计会自动进行压力修正，但是本标准不要求修正到 0 ℃时大气压。

（2）将室温或已升过温的试样装入试验杯，使试样的弯月面顶部恰好位于试验杯的装样刻线。如果注入试验杯的试样过多，那么可用移液管或其他适当的工具取出；如果试样沾到仪器的外边，那么应倒出试样，清洗后重新装样。弄破或除去试样表面的气泡或样品泡沫，并确保试样液面处于正确位置。若在试验最后阶段试样表面仍有泡沫存在，则此结果作废。

（3）点燃试验火焰，并调节火焰直径为 3.2~4.8 mm。如果仪器安装了金属比较小球，那么火焰直径应与金属比较小球直径相同。

（4）开始加热时，试样的升温速度为 14~17 ℃ /min。当试样温度达到预期闪点前约 56 ℃时减慢加热速度，使试样在达到闪点前的最后 23 ℃ ± 5 ℃时升温速度为 5~6 ℃ /min。试验过程中应避免在试验杯附近随意走动或呼吸，以防扰动试样蒸气。

（5）在预期闪点前 23 ℃ ± 5 ℃时，开始用试验火焰扫划，温度每升高 2 ℃扫划一次。用平滑、连续的动作扫划，试验火焰每次通过试验杯所需时间约为 1 s，试验火焰应在与通过温度计的试验杯的直径成直角的位置上划过试验杯的中心，扫划时以直线或沿着半径至少为 150 mm 的圆来进行。试验火焰的中心必须在试验杯上边缘面上 2 mm 以内的平面上移动。先向一个方向扫划，下次再向相反方向扫划。如果试样表面形成一层膜，那么应把油膜拨到一边再继续进行试验。

（6）当在试样液面上的任何一点出现闪火时，立即记录温度计的温度读数作为观察闪点，但不要把有时在试验火焰周围产生的淡蓝色光环与真正的闪火相混淆。

（7）若观察闪点与最初点火温度相差少于 18 ℃，则此结果无效。应更换新试样重新进行测定，调整最初点火温度，直至得到有效结果，即此结果应比最初点火温度高 18 ℃以上。若还需要测定燃点，则应继续加热，使试样的升温速度为 5~6 ℃ /min，继续使用试验火焰，试样每升高 2 ℃扫划一次，直到试样着火，并能连续燃烧不少于 5 s，记录此温度作为试样的观察燃点。若燃烧超过 5 s，则用带手柄的金属盖或其他阻燃材料做的盖子熄灭火焰。

3. 记录

记录结果，填写原始记录表。

4. 计算

当大气压力低于 101.3 kPa 时，开口杯闪点按式（6-1）进行修正。

$$T_c=T_o+0.25(101.3-p) \tag{6-1}$$

式中 T_c——标准压力下的闪点，℃；

T_o——实际测定的闪点，℃；

p——测定闪点时的大气压力，kPa。

5. 测定结果报告

结果报告修正到标准大气压（101.3 kPa）下的闪点，以℃为单位，且结果修约至整数。

6. 精密度和偏差

用下述规定判断试验结果的可靠性（95% 置信水平）。

（1）重复性。

同一操作者，用同一台仪器重复测定两个试验结果之差，不应超过下列数值：闪点，8 ℃；燃点，8 ℃。

（2）再现性。

由两个实验室提出的两个结果之差，不应超过下列数值：闪点，17 ℃；燃点，14 ℃。

六、注意事项

（1）正确控制加热速度并正确点火操作（准确控制开始点火时机、点火温度间隔、每次点火持续时间、点火火焰大小等）。

（2）保持仪器在试验前处于较低的温度并保持一定的洁净度。

（3）正确安装好仪器，控制好油量。

七、质检报告单

石油产品开口闪点测定原始记录见表 6-1。

表 6–1　石油产品开口闪点测定原始记录表

<table>
<tr><td colspan="6">记录编号＿＿＿＿　执行标准＿＿＿＿　油样名称＿＿＿＿　油料批号＿＿＿＿
油样编号＿＿＿＿　取样地点＿＿＿＿　化验类别＿＿＿＿　仪器编号＿＿＿＿
仪器型号＿＿＿＿　室　温＿＿＿＿　大 气 压＿＿＿＿</td></tr>
<tr><td colspan="2">试验次数</td><td colspan="2">一</td><td colspan="2">二</td></tr>
<tr><td colspan="2">温度计编号</td><td colspan="2"></td><td colspan="2"></td></tr>
<tr><td colspan="2">检定日期</td><td colspan="2"></td><td colspan="2"></td></tr>
<tr><td rowspan="3">试验情况</td><td>最初点火温度 /℃</td><td colspan="2"></td><td colspan="2"></td></tr>
<tr><td>点火温度间隔 /℃</td><td colspan="2"></td><td colspan="2"></td></tr>
<tr><td>最低闪火温度 /℃</td><td colspan="2"></td><td colspan="2"></td></tr>
<tr><td colspan="2">大气压改正值 /℃</td><td colspan="2"></td><td colspan="2"></td></tr>
<tr><td colspan="2">温度计修正值 /℃</td><td colspan="2"></td><td colspan="2"></td></tr>
<tr><td colspan="2">结果 /℃</td><td colspan="2"></td><td colspan="2"></td></tr>
<tr><td colspan="2">平均值 /℃</td><td colspan="4"></td></tr>
<tr><td colspan="2">重复性 /℃</td><td>允许差值</td><td></td><td>实测差值</td><td></td></tr>
<tr><td colspan="2">质量指标</td><td colspan="4"></td></tr>
<tr><td colspan="2">结　论</td><td colspan="4"></td></tr>
<tr><td colspan="6">备注：</td></tr>
</table>

试验者＿△△△＿　　　　审核者＿△△△＿　　　　××年×月×日

八、项目考核

石油产品开口闪点测定评分细则见表 6-2。

表 6–2　石油产品开口闪点测定评分细则

操作时间：30 min

序号	考试内容	评分要素	配分	评分标准	扣分	得分	备注
1	准备工作	工具、用具准备齐全	5	未准备工具、用具不得分，少准备一件扣 1 分			
		检查仪器	3	未检查不得分，漏检一项扣 1 分			
		选择温度计（−6～400 ℃）	3	选择错误扣 3 分			
		检查气路连接是否正确	2	未检查扣 2 分			
		洗涤油杯、盖及搅拌器	6	未按规定方法洗涤各扣 2 分，未干燥扣 2 分			
2	测定	处理样品，取样准确，不洒不漏	2	未检查试样是否含水扣 1 分，含水试样处理方法不正确扣 1 分			
			8	油杯中试样装满到环形标记处，不准确扣 6 分，取样时试样洒漏扣 2 分			
		安装温度计	2	温度计安装位置不正确扣 2 分			
		安装仪器	3	安装顺序不正确扣 3 分			
		调整火焰直径为 3.2~4.8 mm	4	不符合要求扣 4 分			
		升温速度为 14~17 ℃ /min	14	升温速度达不到要求每次扣 2 分			

续表 6-2

序号	考试内容	评分要素	配分	评分标准	扣分	得分	备注
2	测定	试样开始点火温度为预期闪点前 23 ℃ ±5 ℃，每隔 2 ℃进行点火试验	2	试样开始点火温度不正确扣 2 分			
			6	未每隔 2 ℃进行一次点火试验扣 1 分			
			6	每 2 ℃点火应及时记录温度、时间、现象并唱读，每缺一次扣 1 分			
3	计算和记录	正确判断闪点，读取温度计及压力表示值	11	闪点判断错误扣 5 分，闪点结果温度计读数错误扣 5 分，压力表读数错误扣 1 分			
		温度计及闪点修正	2	温度计未修正或修正错误扣 2 分			
			2	大气压力未修正或修正错误扣 2 分			
			2	修正结果不正确扣 2 分			
			3	平均结果未取整数扣 3 分			
		记录及时、准确，无漏项，书写工整，无涂改	4	记录不符合要求一处扣 1 分			
4	仪器复位	废油回收，油杯清洗	2	未回收废油扣 1 分，未清洗油杯扣 1 分			
		仪器复位	4	电压表未回零扣 2 分，未关闭电源扣 2 分			
		仪器摆放整齐	2	油杯、温度计、气压计、秒表摆放不整齐每项扣 0.5 分			
5	仪器归位	试验完毕及时处理“三废”，仪器停运、复位	2	未处理“三废”扣 1 分，仪器未复位扣 1 分			

续表 6-2

序号	考试内容	评分要素	配分	评分标准	扣分	得分	备注
6	清理现场	打扫操作现场		未打扫现场从总分中扣 3 分，打扫不干净扣 1 分			
7	安全文明操作	按国家或企业颁发有关安全规定执行操作		每违反一项规定从总分中扣 5 分，严重违规者取消考试资格			
8	考试时限	在规定时间内完成		每超时 1 min 从总分中扣 5 分，超时 3 min 停止操作			
合　　计			100				
考核人签名： 日期：							

附录样表

某石油产品开口闪点测定原始记录见表 6-3。

表 6-3　石油产品开口闪点测定原始记录表

记录编号 2023006	执行标准 GB/T 3536	油样名称 某润滑油	油料批号 ＿＿＿
油样编号 ＿＿＿	取样地点 1 号库	化验类别 入库	仪器编号 01
仪器型号 DKY-309	室　温 16 ℃	大 气 压 101.0 kPa	

试验次数		一	二
温度计编号		12	12
检定日期		2023.5.1	2023.5.1
试验情况	最初点火温度 /℃	203.0	205.0
	点火温度间隔 /℃	2	2
	最低闪火温度 /℃	229.0	231.0
大气压改正值 /℃		0.1	0.1
温度计修正值 /℃		−0.1	−0.1

续表 6-3

记录编号 2023006	执行标准 GB/T 3536	油样名称 某润滑油	油料批号
油样编号	取样地点 1号库	化验类别 入库	仪器编号 01
仪器型号 DKY-309	室　温 16 ℃	大 气 压 101.0 kPa	

试验次数	一		二	
结果 / ℃	229.0		231.0	
平均值 /℃	230			
重复性 /℃	允许差值	8	实测差值	2.0
质量指标	闪点（开口）不低于 210℃			
结　论	按执行标准，合格			

备注：

大气压修正值 $\Delta T=0.25(101.3-p)$

$=0.25\times(101.3-101.0)$

$=0.075$

≈ 0.1

试验者 △△△　　　　审核者 △△△　　　　××年×月×日

项目七 石油产品凝点测定

情境描述

现有车用柴油，需对其重要质量指标低温流动性能进行评价，故需依据国家标准 GB/T 510 设计试验方案，严格执行试验标准，正确组装测定仪器设备，按标准规定条件测定车用柴油的凝点。

一、学习目标

（1）掌握石油产品凝点的意义及其条件性。

（2）掌握石油产品凝点的测定方法及影响测定结果准确性的因素，并能正确处理试验过程中出现的问题。

（3）能按照执行标准规范完成操作并出具合格的原始记录表，依据评分细则分析误差产生的原因，并提出某些改进措施。

（4）具有认真负责、实事求是、坚持原则、一丝不苟地依据标准进行检验和判定的职业素养。

二、项目概述

参考标准：GB/T 510《石油产品凝点测定法》。

在规定条件下，油品试样冷却至不能流动的最高温度为油品的凝点。由于油品是混合物，因此它是在一个相当宽的温度范围内逐渐失去流动性的。导致油品凝固的原因有两个：一是温度降低时油品的黏度逐渐增大；二是油品在低温下其中的石蜡结晶析出，形成网状的骨架结构，从而“包住”了其中本来还能流动的油品其他组分。

凝点是评定柴油和润滑油低温性的重要指标，它对生产运输及使用都具有重要意义。柴油的牌号就是根据凝点这一指标确定的，选用油料时其凝点应比使用温度低 5~10 ℃。

三、原理分析

凝点测量时，将试样装在规定的试管中，并冷却到预期的温度，将试管倾斜至与水平成 45° 静置 1 min，观察液面是否移动。

石油产品是各种烃类的复杂混合物，每种烃类都有它自己的凝点，所以油品在降温时，是在一个相当宽的温度范围内逐渐凝固的。同一种油品，测定条件不同，其凝点也不同。因此，必须在严格的试验条件下测定油品的凝点。

四、仪器及试剂

（1）DSY-006B 型多功能低温性能测定器（见图 7-1）1 台，加热水浴。

图 7-1　DSY-006B 型多功能低温性能测定器

（2）圆底试管：高度 160 mm ± 10 mm，内径 20 mm ± 1 mm，在距管底 30 mm 的外壁处有一条环形标线。圆底玻璃套管：高度 130 mm ± 10 mm，内径 40 mm ± 2 mm。

（3）温度计：供测定凝点低于 −35 ℃石油产品使用，最小分度 1 ℃。

（4）冷却剂：试验温度在 0 ℃以上用水和冰；在 0~−20 ℃用盐和碎冰或雪；在 −20 ℃以下用工业乙醇（溶剂汽油、直馏的低凝点汽油或直馏的低凝点煤油）和干冰（固体二氧化碳）。

注意：缺乏干冰时，可以使用液态氮气或液态空气或其他适合的冷却剂，也可以使用半导体制冷器（当用液态空气时，应使它通入旋管金属冷却器并注意安全）。

（5）无水乙醇（化学纯）。

五、操作步骤

石油产品
凝点测定

按 GB/T 510《石油产品凝点测定法》操作。

1. 试验准备

（1）试样处理。

试样如含有水分，测定前要进行脱水。

（2）准备冷却剂和调节水浴温度。

制备含干冰的冷却浴时，可在装冷却剂的容器中注入无水乙醇，注到容器深度的 2/3，不断搅拌的同时逐渐加入少量干冰（防止乙醇外溅或喷出），直到冷却剂温度到达测定温度。待冷却剂不再剧烈冒出气体时，添加乙醇至必要的高度。

准备水浴，并将水浴温度调整至 50 ℃ ±1 ℃。

（3）注入试样、加温。

将试样注入试管，使之达到环状刻线处。然后借软木塞将温度计固定于试管中央，使水银球距管底 8~10 mm（应在注油前先调整好），将试管垂直地放入准备好的水浴中，使试样达到与水浴相同温度（50 ℃ ±1 ℃）为止。

（4）安装仪器及进行冷却。

从水浴中取出试管，擦拭干净，先在室温下冷却至 35 ℃ ±5 ℃，再把试管固定在套管中央（测定 0 ℃以下凝点时，还应往套管中注入无水乙醇 1~2 mL）。使试管外壁与套管内壁处处等距，随后将它垂直地放入冷却浴中，套管浸入冷却浴的深度应不小于 70 mm。冷却浴的温度要比试样的估计凝点低 7~8 ℃。

2. 测定步骤

（1）冷却与倾斜。

在冷却试样时，冷却剂的温度必须准确到 ±1 ℃。当试样冷却到预期凝点温度时，将试管倾斜至与水平成 45°，保持 1 min（试管不能离开冷剂）。然后连套管一起将试样从冷却剂容器中取出，迅速用无水乙醇擦干其外壁，观察液面是否有移动迹象。

（2）判断液面是否倾斜。

当液面发生移动时，将试管从套管中取出，并浸入水浴中，加热至 50 ℃ ±1 ℃，再在室温下冷却至 35 ℃ ±5 ℃，然后把试管装入套管中，移入比前次试验温度低 4 ℃的冷却浴中，重新进行测定，直至试样降至某一温度液面不再移动。并记录不移动时的温度。

当液面没有发生移动时，将试管从套管中取出，并浸入水浴中，先加热至 50 ℃ ±1 ℃，再在室温中冷却至 35 ℃ ±5 ℃，然后装上套管，放入比上次试验温度高 4 ℃的冷却浴中，直至试样高到某一温度，液面发生移动，记录液面移动时的温度。

（3）确定结果。

若测出液面由移动到不移动（或液面由不移动到移动）的温度范围后，就采用比移动的温度低 2 ℃，或采用比不移动的温度高 2 ℃，重复进行测定，直到试样的流动温度比不流动温度高 2 ℃时，取不流动的温度作为试样凝点的第一次测定结果。

（4）第二次测定。

第二次测定开始倾斜试管时的温度要比第一次试验所测出的凝点高 2 ℃。

3. 记录

记录、填写原始记录表。

4. 结果处理

取重复测定 2 次结果的算术平均值作为试样的凝点。手动凝点测定结果精确至 1 ℃，自动微量凝点测定结果精确至 0.1 ℃。如有争议，仲裁试验以手动仪器的凝点试验结果为准。

5. 精密度

用以下数值来判断测定结果的可靠性（置信水平为 95%）。

（1）重复性：同一操作者重复测定 2 次，结果之差不应超过 2 ℃。

（2）再现性：由不同实验室提出的 2 个结果之差不应超过 4 ℃。

六、注意事项

（1）必须固定好温度计，以免因其活动而阻碍晶网的形成，导致测定结果偏低。

（2）当测定低于 −20 ℃的凝点时，在重新预热试管前应将装有试样及温度计的试管置于室温中，待试样温度升到 −20 ℃以上，方可浸没水浴中，以免仪器骤然受热而破裂。

（3）为了尽快测出凝点的数据，可以先进行预测，得出大概结果后，再进行准确测定。因为不加套管，提高了冷却速度，所以可较快地测出大概结果。

七、质检报告单

石油产品凝点测定原始记录见表 7-1。

表 7–1　石油产品凝点测定原始记录表

记录编号 ________ 执行标准 ________ 油样名称 ________ 油料批号 ________
油样编号 ________ 取样地点 ________ 化验类别 ________ 仪　器 ________
仪器编号 ________ 室　温 ________

试验次数	一			二		
温度计编号						
检定日期						
试验情况	冷槽温度 /℃	试样温度 /℃	现 象	冷槽温度 / ℃	试样温度 /℃	现 象
结果 / ℃						
温度计修正值 /℃						
取值 /℃						
平均值 /℃						
重复值 /℃	允许差值			实测差值		
质量指标						
结　论						

续表 7-1

记录编号________　执行标准________　油样名称________　油料批号________ 油样编号________　取样地点________　化验类别________　仪　　器________ 仪器编号________　室　　温________				
试验次数	一		二	
备注：				

试验者<u>△△△</u>　　　　审核者<u>△△△</u>　　　　<u>××</u>年<u>×</u>月<u>×</u>日

八、项目考核

石油产品凝点测定评分细则见表 7-2。

表 7–2　石油产品凝点测定评分细则

操作时间：60 min

序号	考试内容	评分要素	配分	评分标准	扣分	得分	备注
1	准备工作	工具、用具准备齐全	4	未准备工具、用具不得分，少准备一件扣 2 分			
2	测定	正确选择冷却剂温度	2	冷却剂温度选择不正确扣 2 分			
		试管浸入冷却剂不少于 70 mm	2	达不到要求扣 2 分			
		含水试样试验前需要脱水	2	未脱水或操作不正确扣 2 分			
		注入试管中的试样量取准确	5	量取不准扣 3 分，洒漏扣 2 分			
		凝点低于 0 ℃时，试验前应在套管底部注入 1~2 mL 无水乙醇	3	未按要求操作扣 3 分			
		温度计固定在试管中央，并使水银球距管底 8~10 mm	5	达不到要求扣 5 分			
		将试管垂直地浸在 50 ℃ ±1 ℃的水浴中，直至温度达到 50 ℃ ±1 ℃	6	达不到要求扣 6 分			

续表 7-2

序号	考试内容	评分要素	配分	评分标准	扣分	得分	备注
2	测定	取出试管，放在固定的支架上，于室温中冷却试样至 35 ℃ ±5 ℃	5	达不到要求扣 5 分			
		将套管冷却，当试样温度冷却到预期的凝点时，将套管倾斜至与水平成 45°，并保持 1 min	11	确定预期凝点时未对温度计读数校正扣 3 分，读数错误扣 5 分，倾斜角度不正确扣 3 分			
		取出带试管的套管，垂直放置仪器并透过套管观察试管里液面是否有移动过的迹象	11	未拿出套管扣 2 分，未擦拭套管外壁扣 2 分，仪器不垂直扣 2 分，结果判断不正确扣 5 分			
		当液面的位置有移动时，取出试管，并将试管重新预热至试样达 50 ℃ ±1 ℃，重新进行测定，直到某试验温度能使液面位置停止移动（有了移动）	10	未经 50℃ ±1 ℃水浴加热直接试验扣 3 分，从水浴中取出试管未在室温下冷却至 35 ℃ ±5 ℃扣 3 分，预期凝点改变后冷浴温度未做相应调整扣 4 分			
		找出凝点范围之后，重新测定	10	未按要求操作扣 5 分，结果判断不正确扣 5 分			
		重复测定时开始试验温度要比第一次所测出的凝点高 2 ℃	5	未按要求操作扣 5 分			
3	计算和记录	对凝点温度进行正确修正	10	计算方法不正确不得分，计算结果不准确扣 5 分			
		记录及时、准确，无漏项，书写工整，无涂改，杠改应签字	5	记录不符合要求一处扣 1 分			

续表 7-2

序号	考试内容	评分要素	配分	评分标准	扣分	得分	备注
4	仪器归位	试验完毕及时处理“三废”，仪器复位，物放有序	4	未处理“三废”扣2分，仪器未复位扣2分			
5	清理现场	打扫操作现场		未打扫现场从总分中扣3分，打扫不干净扣1分			
6	安全文明操作	按国家或企业颁发有关安全规定执行操作		每违反一项规定从总分中扣5分，严重违规者取消考试资格			
7	考试时限	在规定时间内完成		每超时1 min从总分中扣5分，超时3 min停止操作			
合　　计			100				
考核人签名： 日期：							

附录样表

某石油产品凝点测定原始记录表见表 7-3。

表 7-3　某石油产品凝点测定原始记录表

记录编号 2023007　执行标准 GB/T 510　油样名称 某润滑油　油料批号 ____

油样编号 ____　取样地点 1号库　化验类别 入库　仪器型号 DSY-006B

仪器编号 001　室　温 21 ℃

试验次数	一			二		
温度计编号	15			15		
检定日期	2023.3.1			2023.3.1		
试验情况	冷槽温度/℃	试样温度/℃	现　象	冷槽温度/℃	试样温度/℃	现　象
	−64.0	−56.0	未凝固	−72.0	−64.0	未凝固
	−68.0	−60.0	未凝固	−76.0	−68.0	凝固
	−72.0	−64.0	未凝固	−74.0	−66.0	未凝固

续表 7-3

记录编号 2023007　执行标准 GB/T 510　油样名称 某润滑油　油料批号 ______

油样编号 ______　取样地点 1号库　化验类别 入库　仪器型号 DSY-006B

仪器编号 001　室　温 21 ℃

试验次数	一			二		
试验情况	−76.0	−68.0	凝固			
	−74.0	−66.0	凝固			
结果 / ℃	−66.0			−68.0		
温度计修正值 /℃	−1.0			−1.0		
取值 /℃	−67.0			−69.0		
平均值 /℃	−68					
重复值 /℃	允许差值	2.0		实测差值	2.0	
质量指标	凝点不高于 −60 ℃					
结　论	按执行标准，合格					
备注：						

试验者 △△△　　审核者 △△△　　× × 年 × 月 × 日

项目八 石油产品运动黏度测定

情境描述

黏度是工艺计算的重要参数，是润滑油、柴油等油品的重要质量指标。现有出厂的成品煤油、柴油、润滑油，须依据国家标准 GB/T 265 设计试验方案，正确操作试验用仪器和设备，严格执行试验标准，对石油产品进行黏度测定。

一、学习目标

（1）掌握石油产品黏度的概念及表示方法。

（2）掌握黏度的测定方法及影响测定结果准确性的因素，并能正确处理试验过程中出现的问题。

（3）能按照执行标准规范完成操作并出具合格的原始记录表，依据评分细则分析误差产生的原因，并提出某些改进措施。

（4）具有认真负责、实事求是、坚持原则、一丝不苟地依据标准进行检验和判定的职业素养。

二、项目概述

引用标准：GB/T 265《石油产品运动粘度测定法和动力粘度计算法》①。

黏度就是液体的内摩擦，即当液体受到外力作用后，其内部做相对运动时所产生的阻力。所谓运动黏度就是相同温度下液体的动力黏度与它的密度之比，其单位为 m^2/s，通常在实际中使用 mm^2/s。黏度越大，等量油品通过相同距离的时间就越长。

运动黏度是润滑油最重要的指标，油品黏度的大小以及它随温度变化的性质（即

① 该标准名称中“粘度”现为黏度，仅标准名中保留此用法，其他处均采用推荐词“黏度”。

黏温特性）是选用润滑油的重要依据，所以润滑油的牌号绝大部分是以某一温度下（如 100 ℃，50 ℃，40 ℃）的运动黏度的近似值来确定的。

三、原理分析

运动黏度的大小反映液体的内摩擦系数的大小，因此，在恒温毛细管黏度计中，一定量的油品流过毛细管的时间与油品的运动黏度成正比。对于同种油品，运动黏度随着温度升高而降低。因此，测定运动黏度时，温度的变化要恒定在 ±0.1 ℃范围内。

本方法适用于测定液体石油产品（指牛顿液体）的运动黏度。在某一恒定的温度下，测定一定体积的液体在重力下流过某标定好的玻璃毛细管黏度计的时间，黏度计的毛细管常数与流动时间的乘积，即该温度下测定液体的运动黏度。

四、仪器及试剂

（1）运动黏度测定器 1 台，品氏毛细管（内径 0.8 mm、1.0 mm 或 1.2 mm）黏度计（见图 8-1）2 支，运动黏度用 3 或 4 号温度计 1 支，秒表 1 块。

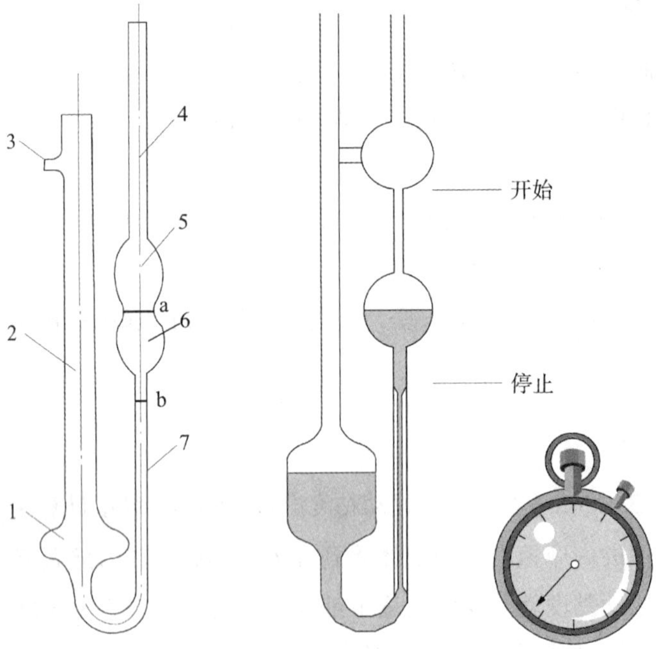

图 8-1　品氏毛细管黏度计示意

1，5，6—扩张部分；2，4—管身；3—支管；7—毛细管；a，b—标线。

（2）50 mL 烧杯 2 个，洗耳球 1 个，乳胶管。

（3）洗涤汽油，95% 乙醇。

五、操作步骤

石油产品运动黏度测定

按 GB/T 265《石油产品运动粘度测定法和动力粘度计算法》操作。

1. 试验准备

（1）选择黏度计。

根据试样黏度和试验温度选用合适的黏度计，使试样在黏度计毛细管中的流动时间不少于 200 s。对内径 0.4 mm 的黏度计流动时间不小于 350 s。黏度计常数的选择可参照式（8-1）进行：

$$c=v_t/\tau \tag{8-1}$$

式中 c——预选黏度计常数，mm^2/s^2；

v_t——试样的估计黏度，mm^2/s；

τ——试样在毛细管中的流动时间（200~500 s 为宜），s。

（2）洗涤和干燥黏度计。

将合适的黏度计用溶剂油或石油醚洗涤干净。若黏度计上沾有难以去掉的污染物，则可用铬酸洗液、自来水、蒸馏水和 95% 乙醇依次洗涤，随后放入烘箱中烘干。烘箱内的温度不宜太高，一般以 70~80 ℃为宜。

（3）准备试样。

试样中含有水分或机械杂质时，试验前必须脱水和过滤。

脱水方法：对于容易流动的石油产品，把新煅烧而冷却的硫酸钠加入试样中，摇动、静置沉降后，用干燥的滤纸过滤，对于黏度大的润滑油，可先预热到 50~100 ℃，再进行过滤脱水。

（4）准备恒温浴。

根据测定温度向恒温浴中加入适当液体。调节温度使之达到测定温度。不同温度下使用的恒温浴液体列于表 8-1 中。

表 8–1　在不同温度使用的恒温浴液体

测定温度 / ℃	恒温浴液体
＞50~100	透明矿物油、甘油或 25% 硝酸铵水溶液（溶液的表面要浮着一层透明的矿物油）
＞20~50	水
＞0~20	水与冰的混合物或乙醇与干冰（固体二氧化碳）的混合物
−50~0	乙醇与干冰的混合物，在无乙醇的情况下，可用无铅汽油代替

（5）吸试样。

将试样吸入清洁干燥的毛细管黏度计中。

方法是：将橡皮管套在黏度计支管 7 上，用手指堵住管身 6 的管口，同时倒置黏度计，然后将管身 1 插入试样中。用橡皮球吸入试样（注意不要使试样在管身 1 及扩张部分产生气泡或断裂）、恰到标线 b 时立即停止吸样，迅速提起黏度计，放正，同时将试管管身 1 外部所粘附的试样擦去，从支管上取下橡皮管套在管身 1 上。

（6）安装。

先将黏度计固定在夹子上，再浸入恒温液体内。浸入深度应使恒温浴浸没黏度计上球的一半。将搅拌器、温度计插入恒温浴内，温度计水银球应位于黏度计毛细管的中部，靠近毛细管，并使温度计上要测温的刻度位于恒温浴液面上 10 mm 处。调整黏度计使其保持垂直状态，并用铅垂线从两个方向检查是否垂直。

（7）恒温。

为使试样和测定温度一致，将装好试样的黏度计浸在恒温浴中，并按表 8-2 所列出的时间保持恒温。在保持恒温和测定过程中要不断搅拌，控制恒温浴的温度保持在测定温度 ±0.1 ℃。

表 8–2　黏度计在恒温浴中的恒温时间

测定温度 / ℃	恒温时间 /min
80，100	20
40，50	15
20	10
−50~0	15

2. 测定步骤

（1）吸试样。

恒温到达规定时间后，把试样从扩张部分吸至稍高于标线 a，并注意不要使毛细管和扩张部分产生气泡或裂隙。

（2）测定试样流动时间。

仔细观察试样流动的情况，当液面到达标线 a 时，启动秒表；待液面下降到标线 b 时立即停止秒表。记下试样由标线 a 至标线 b 的流动时间。

（3）流动时间的次数及要求。

每次试样重复测定至少 4 次，要求每次流动时间与其算术平均值的差数不应超过表 8-3 所规定的数值范围。

表 8–3　流动时间的次数及要求

测定温度 / ℃	算术平均值的差数 /%
≥ 15，≤ 100	±0.5
≥ −30，< 15	±1.5
< −30	±2.5

取不少于 3 次的流动时间所得的算术平均值，作为试样在毛细管中的平均流动时间。

3. 计算、填写原始记录表

按要求检查测得的流动时间，并按式（8-2）计算试样的运动黏度：

$$v_t=c\tau_t \tag{8-2}$$

式中 v_t——测定温度 t ℃时样品的运动黏度，mm^2/s；

c——毛细管黏度积常数，mm^2/s^2；

τ_t——测出样品的流动时间，s。

$$c=\frac{\pi r^4 hg}{8VL} \tag{8-3}$$

式中 r——毛细管半径，m；

L——毛细管长度，m；

V——毛细管流出试样的体积，m^3；

h——油柱高度，m；

g——重力加速度，m/s^2；

c——毛细管黏度积常数，mm^2/s^2。

取重复测定两个结果的算术平均值，作为试样的运动黏度，黏度测定结果的数值取 4 位有效数字。同时在报告中要注明所使用黏度计的规格、编号和黏度计常数。

4. 精密度

用下述规定来判断结果的可靠性（置信水平为 95%）。

（1）重复性：同一操作者重复测定 2 个结果之差不应超过表 8-4 所列数值。

表 8–4　不同温度下运动黏度测定的重复性要求

黏度测定温度 / ℃	重复性
≥ −60，≤ −30	算术平均值的 5.0 %
> −30，≤ 15	算术平均值的 3.0 %
> 15，≤ 100	算术平均值的 1.0 %

（2）再现性：当黏度测定温度范围为 15 ~ 100 ℃时，由 2 个实验室提出的结果之差不应超过算术平均值的 2.2%。

六、注意事项

（1）试样的预处理：试样必须无水且不含机械杂质，否则机械杂质会堵塞毛细管，使结果偏高。若试样含水，在高温下测定时，水分汽化会妨碍试样向下流动；在低温下测定时，水易结成冰粒，堵塞毛细管，也会影响试样正常流动。黏度计必须清洁干燥，若不干燥，则所含溶剂会稀释试样，使结果偏低。

（2）流动时间的控制：试样毛细管中流动时间必须在 300 s ± 180 s 范围内。若时间过短，则液体在毛细管中流速太快，易形成湍流，这就失去了本法测定的基础。若流动时间过长，则容易由于温度波动或其他偶然原因造成误差。

（3）温度的控制：在测定中控制恒温浴温度是关键。温度增高，黏度减小；温度降低，黏度增大。

（4）毛细管黏度计位置：安装是否垂直及黏度计浸入恒温浴中深度均影响结果。若黏度计不垂直，则会改变开始测定时油样液柱高度，引起静液差变小，时间变长，测定结果偏大。若黏度计扩张部分露出水面过多，则高温测定时黏度偏大，低温测定时黏度偏小。

七、质检报告单

石油产品运动黏度测定原始记录见表 8-5。

表 8–5　石油产品运动黏度测定原始记录表

<table>
<tr><td colspan="6">记录编号＿＿＿＿＿　执行标准＿＿＿＿＿　油样名称＿＿＿＿＿　油料批号＿＿＿＿＿
油样编号＿＿＿＿＿　取样地点＿＿＿＿＿　化验类别＿＿＿＿＿　仪器编号＿＿＿＿＿
温度计编号＿＿＿＿　修 正 值＿＿＿＿＿　检定日期＿＿＿＿＿　室　　温＿＿＿＿＿</td></tr>
<tr><td colspan="3">第一次装油</td><td colspan="3">第二次装油</td></tr>
<tr><td colspan="3">黏度计编号＿＿＿＿＿　常数＿＿＿＿＿
内径＿＿＿　检定日期＿＿年＿＿月＿＿日</td><td colspan="3">黏度计编号＿＿＿＿＿　常数＿＿＿＿＿
内径＿＿＿　检定日期＿＿年＿＿月＿＿日</td></tr>
<tr><td colspan="3">秒表编号＿＿＿　检定日期＿＿年＿＿月＿＿日</td><td colspan="3">秒表编号＿＿＿　检定日期＿＿年＿＿月＿＿日</td></tr>
<tr><td>次　数</td><td>温度 /℃</td><td>时间 /s</td><td>次　数</td><td>温度 /℃</td><td>时间 /s</td></tr>
<tr><td>1</td><td></td><td></td><td>1</td><td></td><td></td></tr>
<tr><td>2</td><td></td><td></td><td>2</td><td></td><td></td></tr>
<tr><td>3</td><td></td><td></td><td>3</td><td></td><td></td></tr>
</table>

续表 8-5

<table>
<tr><td colspan="6">记录编号________ 执行标准________ 油样名称________ 油料批号________
油样编号________ 取样地点________ 化验类别________ 仪器编号________
温度计编号________ 修 正 值________ 检定日期________ 室　温________</td></tr>
<tr><td colspan="3">第一次装油</td><td colspan="3">第二次装油</td></tr>
<tr><td>4</td><td></td><td></td><td>4</td><td></td><td></td></tr>
<tr><td>5</td><td></td><td></td><td>5</td><td></td><td></td></tr>
<tr><td>6</td><td></td><td></td><td>6</td><td></td><td></td></tr>
<tr><td>平均时间 /s</td><td colspan="2"></td><td colspan="3"></td></tr>
<tr><td>时间修正值 /s</td><td colspan="2"></td><td colspan="3"></td></tr>
<tr><td>修正后时间 /s</td><td colspan="2"></td><td colspan="3"></td></tr>
<tr><td>结果 /（$mm^2 \cdot s^{-1}$）</td><td colspan="2"></td><td colspan="3"></td></tr>
<tr><td>平均值 /（$mm^2 \cdot s^{-1}$）</td><td colspan="5"></td></tr>
<tr><td>重复性 允许差值 /（$mm^2 \cdot s^{-1}$）</td><td colspan="5"></td></tr>
<tr><td>重复性 实测差值 /（$mm^2 \cdot s^{-1}$）</td><td colspan="5"></td></tr>
<tr><td>质量指标</td><td colspan="5"></td></tr>
<tr><td>结　论</td><td colspan="5"></td></tr>
<tr><td colspan="6">备注（计算）：</td></tr>
</table>

试验者　△△△　　　　审核者　△△△　　　　××年×月×日

八、项目考核

石油产品运动黏度测定评分细则见表 8-6。

表 8–6　石油产品运动黏度测定评分细则

操作时间：40 min

序号	考试内容	评分要素	配分	评分标准	扣分	得分	备注
1	准备工作	工具、用具准备齐全	5	未准备工具、用具不得分，少准备一件扣 2 分			
		检查仪器	2	未检查不得分，未唱读扣 1 分			

续表 8-6

序号	考试内容	评分要素	配分	评分标准	扣分	得分	备注
2	测定	过滤试样	6	未过滤不得分，操作不正确扣 3 分			
		选用适当的黏度计，使试样的流动时间不少于 200 s，内径 0.4 mm 的黏度计的流动时间不少于 350 s	5	选择黏度计不正确扣 5 分			
		装入试样	15	吸取试样动作不正确扣 5 分，吸取试样不准确扣 5 分，吸入的液体有气泡扣 1 分，吸入的液体有断层扣 1 分，有气泡未排除扣 1 分，未擦去管端外壁多余的试样扣 2 分			
		调整黏度计的位置	8	毛细管黏度计不垂直扣 5 分，扩展部分未浸入一半扣 3 分			
		调整温度计的位置	4	温度计水银球未接近毛细管中央点的水平面扣 2 分，温度计测量部分不在恒温浴液面上 10 mm 扣 2 分			
		按标准规定时间恒温	5	恒温时间不正确扣 5 分			
		正确校正水浴温度计	3	未正确校正扣 3 分			
		按标准规定测定黏度	14	吸取试样未到适当位置扣 5 分，试样有气泡扣 2 分，有气泡未排除扣 1 分，吸取的试样有断层未排除扣 1 分，未及时启动或停止秒表扣 5 分			
		重复测定不少于 4 次	8	每少一次扣 2 分			
3	计算和记录	时间读数正确并及时记录	5	读数错误扣 3 分，记录不及时一次扣 1 分			
		计算平均流动时间及允许误差	5	平均流动时间计算错误扣 2 分，允许误差计算错误扣 3 分			
		计算结果准确	5	计算结果不准确扣 5 分			
		记录及时、准确，无漏项，书写工整，无涂改	5	记录不符合要求一处扣 1 分			

续表 8-6

序号	考试内容	评分要素	配分	评分标准	扣分	得分	备注
4	仪器归位	试验完毕及时处理“三废”，仪器复位，物放有序	5	未处理“三废”扣2分，仪器未复位扣3分			
5	清理现场	打扫操作现场		未打扫现场从总分中扣3分，打扫不干净扣1分			
6	安全文明操作	按国家或企业颁发有关安全规定执行操作		每违反一项规定从总分中扣5分，严重违规者取消考试资格			
7	考试时限	在规定时间内完成		每超时 1 min 从总分中扣 5 分，超时 3 min 停止操作			
合　计			100				
考核人签名： 日期：							

附录样表

某石油产品运动黏度测定原始记录见表 8-7。

表 8–7　某石油产品运动黏度测定原始记录表

记录编号 2023008　执行标准 GB/T 265　油样名称 某润滑油　油料批号 ____ 油样编号 ____　取样地点 1号库　化验类别 入库　仪器编号 015 温度计编号 11　修正值 0.07 ℃　检定日期 2023.5.1　室　温 26 ℃					
第一次装油			第二次装油		
黏度计编号 132　常数 0.037 54 mm^2/s^2 内径 0.8 mm　检定日期2023年 2 月 1 日			黏度计编号 132　常数 0.037 54 mm^2/s^2 内径 0.8 mm　检定日期2023年 2 月 1 日		
秒表编号 01　检定日期2023年 3 月 1 日			秒表编号 01　检定日期2023年 3 月 1 日		
次　数	温度 /℃	时间 /s	次　数	温度 /℃	时间 /s
1	49.92	232.6	1	49.94	232.2
2	49.93	232.5	2	49.93	232.1
3	49.94	232.5	3	49.92	232.1
4	49.93	232.4	4	49.93	232.1
5			5		
6			6		
平均时间 /s	232.5		232.1		

续表 8-7

<table>
<tr><td colspan="4">记录编号 2023008　执行标准 GB/T 265　油样名称 某润滑油　油料批号 ______
油样编号 ______　取样地点 1 号库　化验类别 入库　仪器编号 015
温度计编号 11　修正值 0.07 ℃　检定日期 2023.5.1　室　温 26 ℃</td></tr>
<tr><td colspan="3">第一次装油</td><td>第二次装油</td></tr>
<tr><td colspan="2">时间修正值 /s</td><td>0.001</td><td>0.001</td></tr>
<tr><td colspan="2">修正后时间 /s</td><td>232.5</td><td>232.1</td></tr>
<tr><td colspan="2">结 果 / ($mm^2 \cdot s^{-1}$)</td><td>8.728 1</td><td>8.713 0</td></tr>
<tr><td colspan="2">平均值 /($mm^2 \cdot s^{-1}$)</td><td colspan="2">8.721</td></tr>
<tr><td rowspan="2">重复性</td><td>允许差值 / ($mm^2 \cdot s^{-1}$)</td><td colspan="2">0.087</td></tr>
<tr><td>实测差值 / ($mm^2 \cdot s^{-1}$)</td><td colspan="2">0.015 1</td></tr>
<tr><td colspan="2">质量指标</td><td colspan="2">50 ℃运动黏度　不小于 8.3 mm^2/s</td></tr>
<tr><td colspan="2">结　　论</td><td colspan="2">按执行标准，合格</td></tr>
<tr><td colspan="4">备注（计算）: $v_t=c \cdot \tau$
$v_1=0.037\ 54 \times 232.5=8.728\ 1$　　允许差值：$8.721 \times 1.0\%=0.087$
$v_2=0.037\ 54 \times 232.1=8.713\ 0$　　实测差值：$8.728\ 1-8.713\ 0=0.015\ 1$</td></tr>
</table>

试验者 △△△　　　审核者 △△△　　　× × 年 × 月 × 日

项目九　石油产品酸度和酸值测定

情境描述

酸值（度）表示石油产品中酸性物质的总含量，是用来表示石油产品中含有酸性物质的指标。油品中含有酸性物质不但对金属具有腐蚀作用，而且能加速油品的老化和生成积炭。所以，油品的质量指标中规定了酸值（度）不可超过的数值。

要配制油品分析时所需的标准溶液，为保证所配制的标准溶液符合标准规定要求，必须熟练掌握容量分析仪器的使用方法，正确操作容量瓶、移液管、滴定管、电子天平。

测定喷气燃料酸值时，应按国家标准 GB/T 12574 设计试验测定方案，正确操作试验仪器设备，熟练使用微量滴定管进行滴定操作，正确判断指示剂在终点的变色情况，正确进行滴定分析计算，正确报出喷气燃料酸值测定结果。

任务 1　电子天平使用

一、学习目标

（1）理解电子天平的称量原理、称量的操作方法及注意事项。

（2）能正确存放药品试剂，能正确洗涤和维护仪器。

（3）能按照执行标准规范完成操作并出具合格的原始记录表，依据评分细则分析误差产生的原因，并提出某些改进措施。

（4）养成一丝不苟、精益求精的质检精神。

二、项目概述

用电子天平进行称量是油料化验员必须掌握的基本功，称量的准确与否直接影响测定结果的准确度。常用的称量方法有直接称量法、减量法和增重法。减量法是常用且比较难掌握的方法，减量法的掌握程度对于标定标准滴定溶液具有直接的影响。

三、原理分析

天平是利用万有引力定律和通过力矩比较的方式测定物质质量的，它将欲比较的两者（砝码与砝码或砝码与物体）作用在天平两臂上的重力，通过某种敏感元件转换成容易读数的质量量值。

当电子天平秤盘上加上载荷时，秤盘位置发生了相应的变化，这时位置检测器将此变化量通过 PID（比例、积分、微分）调节器和放大器转换成线圈中的电流信号，并在采样电阻上转换成与载荷相对应的电压信号，再经过低通滤波器和模数（A/D）转换器，变换成数字信号传给计算机进行数据处理，并将此数值显示在屏幕上。

1. 直接称量法

此法是将称量物放在天平盘上直接称量物体的质量。例如，称量小烧杯的质量，容量器皿校正中称量某容量瓶的质量，重量分析试验中称量某坩埚的质量等，都使用这种称量法。

2. 固定质量称量法

此法又称增量法，此法用于称量某一固定质量的试剂（如工作基准试剂）或试样。这种称量操作的速度很慢，适用于称量不易吸潮、在空气中能稳定存在的粉末状或小颗粒样品。固定质量称量法如图 9-1 所示。

图 9-1　固定质量称量法

注意：若不慎加入试剂超过指定质量，应先关闭开关，然后用牛角匙取出多余试剂。重复上述操作，直至试剂质量符合指定要求。取出的多余试剂应弃去，不要放回原试剂瓶中。

3. 减量称量法（也称递减称量法）

从干燥器中用纸带（或纸片）夹住或戴干净手套将称量瓶取出（注意：不要让手指直接触及称量瓶和瓶盖），夹住称量瓶盖柄，打开瓶盖，用牛角匙加入适量试样，盖上瓶盖。称出称量瓶加试样后的准确质量。将称量瓶从天平上取出，在接收容器的上方倾斜瓶身，用称量瓶盖轻敲瓶口上缘，使渐渐倾出的试样慢慢落入容器中，瓶盖始终不要离开接收容器上方。当倾出的试样接近所需量（可从体积上估计或试重得知）时，一边继续用瓶盖轻敲瓶口，一边逐渐将瓶身竖直，使黏附在瓶口上的试样落回称量瓶，然后盖好瓶盖，准确称其质量。两次质量之差，即试样的质量。按上述方法连续递减，可称量多份试样。通常一次很难得到合乎质量范围要求的试样，可重复上述称量操作，通常要求重复不超过 3 次称到质量范围。减量称量法如图 9-2 所示。

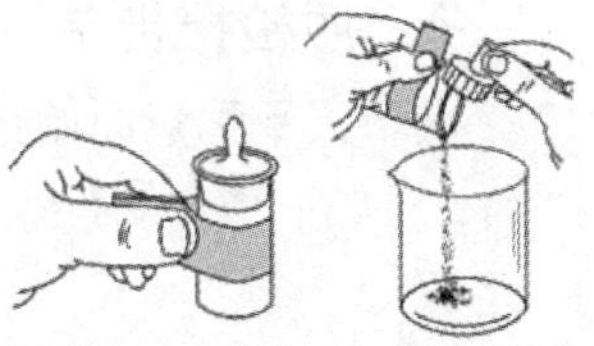

图 9-2　减量称量法

四、仪器及试剂

（1）电子天平（精度 0.000 1 g）（见图 9-3）。

（2）称量瓶 1 个。

（3）锥形烧瓶（250 mL）4 个。

（4）食盐或无腐蚀性的固体粉末（初练可选用其他代用品）。

图 9-3　电子天平

五、操作步骤

（1）选择天平放置的环境（天平应放在无振动、无气流、无热辐射、无腐蚀性气体的环境中）。

（2）认识电子天平及各部件，并按顺序组装。

（3）认识称量瓶和干燥器并熟练使用。

（4）接通电源，预热 30 min。

（5）打开开关，使显示器亮，并显示称量模式 0.000 0 g。

（6）将称量物放入盘中央，待读数稳定后，该数字即待称物体的质量（称量时，关闭天平门，将天平归零，将称量瓶放在秤盘中心，关闭天平门，读数）。

（7）记录。

六、注意事项

（1）不能随意移动电子天平，称量前按照说明书要求接通电源预热。

（2）不能用手直接拿称量瓶，应戴手套或用纸带拿。

（3）注意不要将试样撒在电子天平盘上，若天平盘沾污，则可以清洗、充分干燥后，再装到天平上。

（4）敲样品时称量瓶要靠近接收容器口中央，注意不要撒到瓶外。

（5）称量过程中要关闭天平门，显示屏数字稳定后才能读数和记录。

（6）试验完毕，整理好天平，填写登记使用记录本。

七、质检报告单

电子天平称量原始记录见表 9-1。

表 9-1　电子天平称量原始记录表

试样编号	倾样前称量瓶 + 试样 /g	倾样后称量瓶 + 试样 /g	试样质量 / g
1			
2			
3			
4			

八、项目考核

电子天平使用评分细则见表 9-2。

表 9-2　电子天平使用评分细则

操作时间：5 min

序号	考试内容	评分要素	配分	评分标准	扣分	得分	备注
1	准备工作	工具、用具准备齐全	4	未准备工具、用具不得分，少准备一件扣 2 分			
		检查天平室内温度和湿度	2	未检查扣 2 分			
		检查天平是否处于防尘、避光、无振动、无磁场的环境	2	未检查扣 2 分			
		检查天平是否处于水平并唱读，若不水平则应调整	8	未检查不得分，调整不正确扣 4 分			
		检查天平玻璃门是否损坏	3	未检查扣 3 分			
		检查天平盘是否清洁并清扫	5	未检查或未清扫天平盘扣 5 分			
		检查干燥剂是否有效	3	未检查扣 3 分			
		检查天平是否有检定证书，证书是否在有效周期内	4	未检查不得分，漏查一项扣 2 分			
2	天平的使用	接通电源，根据要求预热机器	5	操作不正确扣 5 分			
		用标准砝码校正天平	10	操作不正确扣 10 分			
		称量过程中应戴手套	5	未戴手套一次扣 2.5 分			
		被称物温度不能过高或过低	5	被称物温度过高或过低扣 5 分			

续表 9-2

序号	考试内容	评分要素	配分	评分标准	扣分	得分	备注
2	天平的使用	称量时称量物不洒不落	5	洒落一次扣 2 分			
		将被称物放置于秤盘中央	6	放置位置不正确扣 6 分			
		关闭天平挡风门，待显示稳定后读数	12	未关闭挡风门一次扣 3 分，显示未稳定就读数扣 3 分			
		读数	10	读数不准确扣 10 分			
		清理天平	2	未清理天平扣 2 分			
3	记录	记录及时、准确，无漏项，书写工整，无涂改，杠改应签字	5	记录不符合要求一处扣 1 分			
4	仪器归位	试验完毕及时处理“三废”，仪器设备复位，物放有序	4	未处理“三废”扣 2 分，仪器未复位扣 2 分			
5	清理现场	打扫操作现场		未打扫现场从总分中扣 3 分，打扫不干净扣 1 分			
6	安全文明操作	按国家或企业颁发有关安全规定执行操作		每违反一项规定从总分中扣 5 分，严重违规者取消考试资格			
7	考试时限	在规定时间内完成		每超时 1 min 从总分中扣 5 分，超时 3 min 停止操作			
合　　计			100				
考核人签名： 日期：							

附录样表

某电子天平称量原始记录见表 9-3。

表 9-3　某电子天平称量原始记录表

试样编号	倾样前称量瓶 + 试样 / g	倾样后称量瓶 + 试样 / g	试样质量 / g
1	21.894 7	21.356 2	0.538 5
2	21.356 2	20.819 0	0.537 2
3	20.819 0	20.279 0	0.540 0
4	20.279 0	19.740 9	0.538 1

任务 2　氢氧化钾 - 乙醇标准滴定溶液标定

一、学习目标

（1）掌握标准滴定溶液配制与标定的方法及原理。

（2）掌握常用溶液浓度表示方法和配制溶液注意事项。

（3）能按标准或规范配制制剂、制品、试液（一般溶液）、指示剂及指示液等。

（4）能按照执行标准规范完成操作并出具合格的原始记录表，依据评分细则分析误差产生的原因，并提出某些改进措施。

（5）具有认真负责、实事求是、坚持原则、一丝不苟地依据标准进行检验和判定的职业素养。

二、项目概述

引用标准：GB/T 601《化学试剂　标准滴定溶液的制备》

石油产品中存在酸性物质，酸度（值）测定就是利用已知浓度的氢氧化钾 - 乙醇滴定溶液进行滴定，以中和试样中的酸，根据滴定时所消耗的标准滴定溶液的体积计算出试样的酸度（值）。

三、原理分析

称取一定量的基准物质，溶解后用待标定的溶液滴定，随后根据基准物质的质量及待标定溶液所消耗的体积，即可算出该溶液的准确浓度。大多数标准滴定溶液是通过标定的方法测定其准确浓度的。

氢氧化钾不是基准物质，不能用直接法配制标准滴定溶液，氢氧化钠易吸收二氧化碳和水，因此应先配成近似浓度的溶液，再进行标定。

以工作基准试剂邻苯二甲酸氢钾与氢氧化钾发生酸碱反应为原理，借助滴定分析常用仪器规范完成氢氧化钾 - 乙醇标准滴定溶液制备的操作，并出具合格的氢氧化钾 - 乙醇标准滴定溶液标定的原始记录表。

四、仪器及试剂

（1）50 mL 两用（碱式）滴定管 1 支，250 mL 或 300 mL 锥形瓶 5 个，100 mL 量筒 1 个，滴瓶 1 个，干燥器 1 个，称量瓶 1 个，洗瓶 1 个，温度计 1 支（精度 0.2 ℃）。

（2）滴定台、滴定管夹 1 套，电子天平（精度：0.000 1 g）1 台。

（3）工作基准试剂邻苯二甲酸氢钾，酚酞指示液（10 g/L）。

（4）氢氧化钾 - 乙醇溶液：配成浓度约 0.05 mol/L 的溶液。

五、操作步骤

按 GB/T 601《化学试剂　标准滴定溶液的制备》操作。

1. 配制

称取约 500 g 氢氧化钾，置于烧杯中，加约 420 mL 水溶解，冷却，移入聚乙烯容器中，放置。用塑料管量取 3.5 mL 上层清液，用乙醇（95%）稀释至 1 000 mL，密闭避光放置 2~4 d 至溶液清亮后，用塑料管虹吸上层清液至另一聚乙烯容器中（避光保存或用深色聚乙烯容器）。

2. 标定

称取约 0.38 g 于 105~110 ℃电烘箱中干燥至恒量的工作基准试剂邻苯二甲酸钾，溶于 50 mL 无二氧化碳的水中，加 2 滴酚酞指示液（10 g/L），用配制的氢氧化钾 - 乙醇溶液滴定至溶液呈粉红色，同时做空白试验。

氢氧化钾 - 乙醇标准滴定溶液的浓度［c（KOH）］，按式（9-1）计算：

$$c(\mathrm{KOH})=\frac{1\,000m}{(V_1-V_0)M} \tag{9-1}$$

式中　m——邻苯二甲酸氢钾质量，g；

V_1——氢氧化钾 - 乙醇溶液体积，mL；

V_0——空白试验消耗氢氧化钾 - 乙醇溶液体积，mL；

M——邻苯二甲酸氢钾的摩尔质量，取 204.22 g/moL。

六、注意事项

（1）所用量器应做好标记。

（2）称量工作基准试剂在指定质量的 ±10% 范围内。以氢氧化钾 - 乙醇标准滴定溶液（0.05 mol/L）为例，称取工作基准试剂邻苯二甲酸氢钾的质量范围，质量上限值：$0.38+0.38\times10\%\approx0.42$ g；质量下限值：$0.38-0.38\times10\%\approx0.34$ g。因此，每次称取邻苯二甲酸氢钾的质量要控制在 0.34~0.42 g。

（3）所配制的标准滴定溶液的浓度值与所规定的浓度值之差不应大于规定的浓度值的 ±5%。

（4）正确填写溶液标签。示例如图 9-4 所示。

溶 液 标 签

溶液名称 氢氧化钾 - 乙醇标准滴定溶液

溶液编号 0.049 92 mol/L

制定方法 GB/T 601

配制日期 2023.2.18

标定日期 2023.2.20

有效期限 2023.3.5

标 定 者

图 9-4 溶液标签填写示例

七、质检报告单

氢氧化钾 - 乙醇标准溶液标定原始记录见表 9-4。

表 9–4 氢氧化钾 - 乙醇标准溶液标定原始记录表

记录编号 ________	基准物质纯度 ________	室　温 ________	
执行标准 ________	指　示　剂 ________	滴管编号 ________	

项目		一	二	三	四	备注
基准物质的质量 /g	m（称量瓶 + $KHC_8H_4O_4$）/ 倾样前					
	m（称量瓶 + $KHC_8H_4O_4$）/ 倾样后					
	m（$KHC_8H_4O_4$）					
滴定体积	初　读					
	终　读					
	滴定用量					
	体积校正值					
溶液温度 /℃						
温度补正值 /（$mL \cdot L^{-1}$）						
溶液温度校正值 /mL						
实际消耗体积 V_1/mL						
空白试验体积 V_0/mL						
c（KOH）/（$mol \cdot L^{-1}$）						
$\bar{c}$（KOH）/（$mol \cdot L^{-1}$）						

续表 9-4

记录编号 ________		基准物质纯度 ________		室　温 ________	
执行标准 ________		指　示　剂 ________		滴管编号 ________	
项　目	一	二	三	四	备注
重 复 性 /%	允许差值			实测数值	
计算过程：					

试验者 △△△　　　　审核者 △△△　　　　× × 年 × 月 × 日

八、项目考核

氢氧化钾 - 乙醇标准滴定溶液标定评分细则见表 9-5。

表 9–5　氢氧化钾 - 乙醇标准滴定溶液标定评分细则

操作时间：40 min

序号	考试内容	评分要素	配分	评分标准	扣分	得分	备注
1	准备工作	工具、用具准备齐全	4	未准备工具、用具不得分，少准备一件扣 1 分			
		检查仪器	3	未检查不得分，少检查一项扣 0.5 分			
2	称量	检查及调整天平水平	4	未检查及调整天平水平扣 2 分			
		读取温度与湿度	1	未读取温、湿度扣 1 分			
		清洁天平盘，开启天平	2	开启天平前未清洁天平盘扣 2 分			
		称量操作符合要求	4	不符合要求扣 4 分			
		称取苯二甲酸氢钾基准物，称准至 0.000 1 g	4	称量不准确扣 2 分，精度不正确扣 2 分			
		正确使用干燥器	4	开启方法不对、放置不当各扣 2 分			
		称量过程中佩戴手套	2	不戴手套扣 2 分			
		被称物不得溅出称量器皿之外	4	被称物溅出洒落扣 4 分			

续表 9-5

序号	考试内容	评分要素	配分	评分标准	扣分	得分	备注
3	标定	称量苯二甲酸氢钾基准物溶解于 60 mL 无二氧化碳的蒸馏水中	4	称量不准确扣 1 分，未用无二氧化碳的蒸馏水扣 1 分，未完全溶解扣 2 分			
		对滴定管试漏，用氢氧化钾 - 乙醇溶液润洗滴定管	6	未试漏扣 3 分，未润洗滴定管扣 3 分			
		将溶液装入滴定管前摇匀，调整零点，正确读取起始点	11	未摇匀扣 3 分，标签未朝向手心扣 2 分，溶液外流扣 2 分，未等待 0.5~1 min 扣 2 分，未排除气泡扣 2 分			
		加入 2~3 滴指示剂	5	加入量不正确扣 5 分			
		滴定前观察起始点，滴定速度为 6~8 mL/min，滴定时溶液呈漩涡状，滴定时一直观察被滴定物质，接近终点时放慢速度，最后半滴加入，到达终点时使用洗瓶冲洗锥形瓶内壁，滴定管读数正确，进行空白试验	22	未观察起始点扣 3 分，滴定速度达不到要求扣 3 分，溶液未成漩涡状扣 1 分，滴定时未观察被滴定物质扣 2 分，接近终点未放慢速度扣 1 分，最后未半滴加入扣 1 分，到达终点时未冲洗锥形瓶内壁扣 2 分，操作过程中手持滴定管刻线部分扣 2 分，读数不正确扣 4 分，空白试验失败扣 3 分			
4	计算和记录	计算方法正确，试验结果准确，有效数字验数符合要求，试剂瓶贴标签	12	计算方法不正确扣 6 分，结果不准确扣 3 分，有效数字位数不符合要求扣 2 分，未贴试剂瓶标签扣 1 分			
		记录及时、准确，无漏项，书写工整，无涂改	5	记录不符合要求一处扣 1 分			
5	仪器归位	试验完毕及时处理“三废”，仪器复位	3	未处理“三废”扣 1 分，仪器未复位扣 2 分			

续表 9-5

序号	考试内容	评分要素	配分	评分标准	扣分	得分	备注
6	清理现场	打扫操作现场		未打扫现场从总分中扣 3 分，打扫不干净扣 1 分			
7	安全文明操作	按国家或企业颁发有关安全规定执行操作		每违反一项规定从总分中扣 5 分，严重违规者取消考试资格			
8	考试时限	在规定时间内完成		每超时 1 min 从总分中扣 5 分，超时 3 min 停止操作			
合　计			100				
考核人签名： 日期：							

附录样表

某氢氧化钾 - 乙醇标准溶液标定原始记录见表 9-6。

表 9–6　某氢氧化钾 - 乙醇标准溶液标定原始记录表

记录编号 2023001 执行标准 GB/T 601		基准物质纯度 工作基准试剂 有（无）体积校正表 有			室　温 20 ℃ 滴管编号 01	
项　目		一	二	三	四	备注
基准物质的质量 /g	m（称量瓶 + $KHC_8H_4O_4$）/ 倾样前	30.480 5	30.110 4	29.738 3	29.368 3	
	m（称量瓶 + $KHC_8H_4O_4$）/ 倾样后	30.110 4	29.738 3	29.368 3	28.998 7	
	m（$KHC_8H_4O_4$）	0.370 1	0.372 1	0.370 0	0.379 6	
滴定体积	初　读	0.00	0.00	0.00	0.00	
	终　读	36.34	36.55	36.33	37.22	
	滴定用量	36.34	36.55	36.33	37.22	
	体积校正值	−0.014	−0.014	−0.012	0.011	
溶液温度 /℃		20	20	20	20	
温度补正值 /（mL · L^{-1}）		0.00	0.00	0.00	0.00	
溶液温度校正值 /mL		0.000	0.000	0.000	0.000	
实际消耗体积 V_1/mL		36.33	36.54	36.32	37.23	

续表 9-6

记录编号 2023001		基准物质纯度 工作基准试剂			室　温 20 ℃
执行标准 GB/T 601		有（无）体积校正表 有			滴管编号 01
项　目	一	二	三	四	备注
空白试验体积 V_0/mL	0.02				
c（KOH）/（mol·L^{-1}）	0.049 911	0.049 892	0.049 911	0.049 954	
$\bar{c}$（KOH）/（mol·L^{-1}）	0.049 92				
重 复 性 /%	允许差值	0.2		实测数值	0.12

计算过程：

$$c（\mathrm{KOH}）=\frac{m\times 1\ 000}{(V_1-V_0)M}$$

$$c_1=\frac{0.370\ 1\times 1\ 000}{(36.33-0.02)\times 204.22}\ \mathrm{mol/L}\approx 0.049\ 911\ \mathrm{mol/L}$$

$$c_2=\frac{0.372\ 1\times 1\ 000}{(36.54-0.02)\times 204.22}\ \mathrm{mol/L}\approx 0.049\ 892\ \mathrm{mol/L}$$

$$c_3=\frac{0.370\ 0\times 1\ 000}{(36.32-0.02)\times 204.22}\ \mathrm{mol/L}\approx 0.049\ 911\ \mathrm{mol/L}$$

$$c_4=\frac{0.379\ 6\times 1\ 000}{(37.23-0.02)\times 204.22}\ \mathrm{mol/L}\approx 0.049\ 954\ \mathrm{mol/L}$$

$$\bar{c}=\frac{0.049\ 911+0.049\ 892+0.049\ 911+0.049\ 954}{4}\ \mathrm{mol/L}\approx 0.049\ 92\ \mathrm{mol/L}$$

相对极差：$\dfrac{0.049\ 954-0.049\ 892}{0.049\ 92}\times 100\%\approx 0.12\%$

试验者 △△△　　　　审核者 △△△　　　　x x 年 x 月 x 日

任务 3　石油产品酸度和酸值测定

一、学习目标

（1）掌握油品酸度和酸值测定的方法、原则及影响测定结果准确性的因素。

（2）能按照执行标准规范完成操作并出具合格的原始记录表，依据评分细则分析误差产生的原因，并提出某些改进措施。

（3）具有认真负责、实事求是、坚持原则、一丝不苟地依据标准进行检验和判定的职业素养。

二、项目概述

引用标准：GB/T 258《轻质石油产品酸度测定法》、GB/T 12574《喷气燃料总酸值测定法》。

酸度和酸值都是表示油料中酸性物质的总含量，酸性物质包括无机酸和有机酸。轻质燃料中酸的总含量用酸度表示，即中和 100 mL 试样中的酸所消耗氢氧化钾的毫克数。润滑油中酸的总含量用酸值表示，即中和 1 g 试样中的酸所消耗氢氧化钾的毫克数。

由于油料一般不含有水溶性酸（无机酸和低分子有机酸），因此酸度和酸值实际上表示的是油料中所含高分子有机酸的数量。油料中的高分子有机酸主要是环烷酸。此外，还包括在存储过程中因氧化而生成的酸性产物。环烷酸只溶于油不溶于水，这类酸对金属有一定的腐蚀性，在精制时又难以完全除净，所以石油产品标准中规定这类酸不超过一定含量。

三、原理分析

测定油料酸度和酸值的方法分为中和滴定法和电位滴定法 2 类。

酸度测定原理：用沸腾的乙醇抽出试样中的有机酸，随后用氢氧化钾 - 乙醇溶液进行滴定，通过指示剂颜色的改变来确定其终点，由滴定用去氢氧化钾 - 乙醇溶液的体积计算出试样的酸度。

酸值测定原理：将试样溶解在含有少量水的甲苯和异丙醇混合物中。向所得的均相溶液中通入氮气将其覆盖，并用氢氧化钾 - 异丙醇标准滴定溶液进行滴定，以对 - 萘酚苯指示剂的颜色变化（在酸性溶液中显橙色，在碱性溶液中显绿色）确定终点。

由于测定的是有机酸，电离常数 K_a 很小，是弱酸并难溶于水，因此：① 必须用乙醇而不用水作溶剂；② 氢氧化钾必须配成乙醇溶液，浓度为 0.05 mol/L；③ 选择适当的指示剂，以保证终点容易判断和结果准确。

四、实习仪器及试剂

（1）250 mL 锥形烧瓶 2~3 个，50 mL 量筒 2 个，25 mL 量筒 1 个，2 mL 或 5 mL 微量滴定管 1 支。

（2）回流冷凝管 1 支，滴定台、夹，电热套，托盘天平。

（3）0.05 mol/L 氢氧化钾 - 乙醇标准溶液，0.01 mol/L 氢氧化钾 - 异丙醇标准溶液，甲苯－异丙醇滴定溶剂，95% 精制乙醇。

（4）指示剂：10 g/L 酚酞，20 g/L 碱性蓝 6B，0.1% 甲酚红，对 - 萘酚苯。

五、操作步骤

（一）按 GB/T 258《轻质石油产品酸度测定法》操作

（1）试样量和试验时取样温度。

柴油试样量为 20 mL，其他样品试样量均为 50 mL。在 20 ℃ ±3 ℃时量取试样。

（2）95% 乙醇 - 指示剂溶液混合物的制备。

① 取 95% 乙醇 50 mL 注入清洁无水的锥形瓶内，用装有球形回流冷凝管的塞子塞住锥形瓶后，将 95% 乙醇煮沸 5 min。

② 在煮沸的 95% 乙醇中加入 0.5 mL 碱性蓝 6B 指示剂溶液或甲酚红指示剂溶液后，在不断振荡下趁热用 0.05 mol/L 氢氧化钾 - 乙醇标准滴定溶液中和，直至锥形瓶中的混合物碱性蓝 6B 指示剂溶液从蓝色变为浅红色，或甲酚红指示剂溶液从黄色变为紫红色。

③ 在煮沸过的 95% 乙醇中加入数滴酚酞指示剂溶液，在不断振荡下趁热用 0.05 mol/L 氢氧化钾 - 乙醇标准滴定溶液中和，直至锥形瓶中的混合物呈现浅玫瑰红色。

（3）酸度的测定。

① 将试样加入盛有经处理的 95% 乙醇 - 指示剂溶液混合物的锥形瓶中，在锥形瓶上装上球形回流冷凝管，将锥形瓶中的混合物煮沸 5 min。

② 对经处理的试样混合物，对应加入 0.5 mL 的碱性蓝 6B 指示剂溶液或 0.5 mL 甲酚红指示剂溶液，在不断摇动下趁热用 0.05 mol/L 氢氧化钾 - 乙醇标准滴定溶液滴定，直至 95% 乙醇层的碱性蓝 6B 指示剂溶液从蓝色变为浅红色，或甲酚红指示剂溶液从黄色变为紫红色。

③ 对经处理的试样混合物，在不断摇动下趁热用 0.05 mol/L 氢氧化钾 - 乙醇标准滴定溶液滴定，直至 95% 乙醇层的酚酞溶液呈现浅玫瑰红色。

（4）滴定时间。

在每次滴定过程中，从对锥形瓶停止加热到滴定达到终点所经过的时间不应超过 3 min。

（5）计算。

试样的酸度 X（mg KOH/100 mL）按式（9-2）计算：

$$X=\frac{56.1Vc}{V_1}\times 100 \tag{9-2}$$

式中　56.1——氢氧化钾的摩尔质量，g/mol；

c——氢氧化钾 - 乙醇标准滴定溶液的浓度，mol/L；

V——滴定时消耗 0.05 mol/L 氢氧化钾 - 乙醇标准滴定溶液的体积，mL；

V_1——试样的体积，mL；

100——酸度换算成 100 mL 的常数。

（6）精密度。

重复测定 2 个结果间的差数，不应超过表 9-7 中数值。

表 9–7　精密度

试样名称	允许差数 / [mg KOH·（100 mL）$^{-1}$]
汽油、煤油	0.15
柴油	0.3

取重复测定 2 个结果的算术平均值作为试样的酸度。

（二）按 GB/T 12574《喷气燃料总酸值测定法》操作

（1）称取 100 g±5 g（称准至 0.5 g）试样，注入滴定瓶中。加入 100 mL 滴定溶剂和 0.1 mL 对 - 萘酚苯指示液，然后经支管以 600~800 mL/min 的流速通入氮气，在不断转动下对混合物鼓气 3 min。

喷气燃料总酸值测定器

（2）继续通入氮气，在 50 ℃以下，不断转动滴定瓶。用氢氧化钾 - 异丙醇标准滴定溶液进行滴定，直至出现亮绿色，并保持 15 s，即终点。

（3）用 100 mL 滴定溶剂和 0.1 mL 对 - 萘酚苯指示液做空白试验，同样通入氮气，并滴定至亮绿色为止。

（4）计算。

试样的总酸值 X（mg KOH/g）按式（9-3）计算：

$$X=\frac{0.056\,1\,(V-V_0)\,c}{m}\times 1\,000 \tag{9-3}$$

式中　V——滴定时所消耗氢氧化钾 - 异丙醇标准滴定溶液的体积，mL；

V_0——空白试验所消耗氢氧化钾 - 异丙醇标准滴定溶液的体积，mL；

c——氢氧化钾 - 异丙醇标准滴定溶液的浓度，mol/L；

m——试样的质量，g；

0.056 1——与 1.00 mL 氢氧化钾 - 异丙醇标准滴定溶液（c=1.000 mol/L）相当的酸含量，以克表示的氢氧化钾的质量。

（5）精密度。

按下述方法规定判断试验结果的可靠性（95% 置信水平）。

① 重复性：同一操作者重复测定的 2 个结果之差不应大于表 9-8 中数值。

② 再现性：不同实验室各自提出的 2 个结果之差不应大于表 9-8 中数值。

表 9–8　精密度

平均值	重复性 r	再现性 R
0.001	0.000 4	0.001 3
0.002	0.000 6	0.001 8
0.005	0.000 9	0.002 9
0.010	0.001 3	0.004 1
0.020	0.001 9	0.005 7
0.050	0.003 0	0.009 1
0.100	0.004 2	0.012 8

精密度数据从式（9-4）和式（9-5）导出：

$$r = 0.013\,2\sqrt{\overline{X}} \tag{9-4}$$

$$R = 0.040\,6\sqrt{\overline{X}} \tag{9-5}$$

式中　$\overline{X}$——总酸值的平均值，mg KOH/g。

（6）报告。

取重复测定 2 个结果的算术平均值作为试样的总酸值，结果精确到 0.001 mg KOH/g。平均值小于 0.000 5 mg KOH/g 时，报告为 0 mg KOH/g。

（三）按 GB/T 264《石油产品　酸值测定法》操作

其与 GB/T 258 标准方法基本相似，所不同的是测定酸值方法适用于润滑油，因而只能用托盘天平称取试样，测定结果用 mg KOH/g 表示，则计算见式（9-6）：

石油产品酸值、酸度测定器

$$X\,(\text{mg KOH/g})=\frac{56.1\,V\cdot c}{m} \tag{9-6}$$

式中　V——滴定时所消耗氢氧化钾 - 乙醇溶液的体积，mL；

c——氢氧化钾 - 乙醇溶液的浓度，mol/L；

m——试样的质量，g；

56.1——氢氧化钾的摩尔质量 g/mol。

六、注意事项

（1）中和乙醇时，若加入碱性蓝后变为红色，此时可加入一滴 0.05 mol/L 的盐酸标准溶液使其变蓝后再中和。

（2）滴定要迅速，自锥形烧瓶停止加热到滴定达到终点的时间不应超过 3 min，以减少二氧化碳的影响。

（3）两次滴定所加指示剂的量相同，不能加太多，以免误差。

七、质检报告单

酸度测定原始记录表见表 9-9。

表 9–9　酸度测定原始记录表

记录编号 ________　执行标准 ________　油样名称 ________　油料批号 ________
油样编号 ________　取样地点 ________　化验类别 ________　滴管编号 ________
KOH– 乙醇标准滴定溶液浓度 ________　溶液标定日期 ________　室　温 ________

试验次数		一	二	三	四
锥瓶编号					
试样用量 /mL					
加热时间 /min					
滴定记录 /mL	终　读				
	初　读				
	终读改正				
	初读改正				
	改正后用量				
结果 /［mg KOH·（100 mL）$^{-1}$］					
结果（油酸）（NaOH）/%					

续表 9-9

<table>
<tr><td colspan="6">记录编号 ________ 执行标准 ________ 油样名称 ________ 油料批号 ________
油样编号 ________ 取样地点 ________ 化验类别 ________ 滴管编号 ________
KOH- 乙醇标准滴定溶液浓度 ________ 溶液标定日期 ________ 室　温 ________</td></tr>
<tr><td colspan="2">试验次数</td><td>一</td><td>二</td><td>三</td><td>四</td></tr>
<tr><td colspan="2">平均值 / [mg KOH·(100 mL)$^{-1}$]</td><td colspan="2"></td><td colspan="2"></td></tr>
<tr><td rowspan="2">重复性</td><td>允许差值 / [mg KOH·(100 mL)$^{-1}$]</td><td colspan="2"></td><td colspan="2"></td></tr>
<tr><td>实测差值 / [mg KOH·(100 mL)$^{-1}$]</td><td colspan="2"></td><td colspan="2"></td></tr>
<tr><td colspan="2">质量指标</td><td colspan="4"></td></tr>
<tr><td colspan="2">结　论</td><td colspan="4"></td></tr>
<tr><td colspan="6">备注（计算）:</td></tr>
</table>

试验者 △△△　　　　审核者 △△△　　　　× × 年 × 月 × 日

喷气燃料总酸值测定原始记录见表 9-10。

表 9-10　喷气燃料总酸值测定原始记录表

<table>
<tr><td colspan="6">记录编号 ________ 执行标准 ________ 油样名称 ________ 油料批号 ________
油样编号 ________ 取样地点 ________ 化验类别 ________ 仪器编号 ________
KOH 异丙醇标准滴定溶液浓度 ________ 溶液标定日期 ________ 室　温 ________</td></tr>
<tr><td colspan="2">试验次数</td><td>一</td><td>二</td><td>三</td><td>四</td></tr>
<tr><td colspan="2">锥瓶编号</td><td></td><td></td><td></td><td></td></tr>
<tr><td colspan="2">试样用量 /g</td><td></td><td></td><td></td><td></td></tr>
<tr><td colspan="2">氮气流速 / (mL·min^{-1})</td><td></td><td></td><td></td><td></td></tr>
<tr><td colspan="2">氮气通入时间 /min</td><td></td><td></td><td></td><td></td></tr>
<tr><td rowspan="5">滴定记录 /mL</td><td>初　读</td><td></td><td></td><td></td><td></td></tr>
<tr><td>初读改正</td><td></td><td></td><td></td><td></td></tr>
<tr><td>终　读</td><td></td><td></td><td></td><td></td></tr>
<tr><td>终读改正</td><td></td><td></td><td></td><td></td></tr>
<tr><td>改正后用量</td><td></td><td></td><td></td><td></td></tr>
</table>

续表 9-10

<table>
<tr><td colspan="6">记录编号＿＿＿＿　执行标准＿＿＿＿　油样名称＿＿＿＿　油料批号＿＿＿＿
油样编号＿＿＿＿　取样地点＿＿＿＿　化验类别＿＿＿＿　仪器编号＿＿＿＿
KOH 异丙醇标准滴定溶液浓度＿＿＿＿　溶液标定日期＿＿＿＿　室　温＿＿＿＿</td></tr>
<tr><td colspan="2">试验次数</td><td>一</td><td>二</td><td>三</td><td>四</td></tr>
<tr><td colspan="2">结果 / (mg KOH · g^{-1})</td><td></td><td></td><td></td><td></td></tr>
<tr><td colspan="2">平均值 / (mg KOH · g^{-1})</td><td colspan="4"></td></tr>
<tr><td rowspan="2">重复性</td><td>允许差值 / (mg KOH · g^{-1})</td><td colspan="4"></td></tr>
<tr><td>实测差值 / (mg KOH · g^{-1})</td><td colspan="4"></td></tr>
<tr><td colspan="2">质量指标</td><td colspan="4"></td></tr>
<tr><td colspan="2">结　论</td><td colspan="4"></td></tr>
<tr><td colspan="6">备注（计算）：</td></tr>
</table>

试验者 △△△　　审核者 △△△　　××年×月×日

八、考核项目

轻质石油产品酸度测定评分细则见表 9-11。

表 9-11　轻质石油产品酸度测定评分细则

操作时间：40 min

序号	考试内容	评分要素	配分	评分标准	扣分	得分	备注
1	准备工作	工具、用具准备齐全	4	未准备不得分，少准备一件扣 1 分			
		检查微量滴定管（碱式）、移液管检定证书及其有效期	5	未检查检定证书及其有效期各扣 2 分，未唱读扣 1 分			
		冷凝管上、下水连接正确	4	连接不正确扣 4 分			
		准备微量滴定管，用滴定溶液润洗，试漏，排出气泡	10	未摇动滴定溶液扣 4 分，未正确润洗滴定管扣 2 分，未试漏扣 2 分，未排出气泡扣 2 分			

续表 9-11

序号	考试内容	评分要素	配分	评分标准	扣分	得分	备注
2	测定	取 95% 乙醇 50 mL 注入锥形瓶	4	量取不准确扣 2 分，洒漏扣 2 分			
2	测定	连接球形冷凝管与锥形瓶，保证密封，煮沸 95% 乙醇 5 min	4	连接处未密封扣 2 分，煮沸时间不够或超过 5 min 扣 2 分			
		在煮沸过的 95% 乙醇中加入 0.5 mL 指示剂，在不断摇荡下趁热用 0.05 mol/L 氢氧化钾 - 乙醇标准滴定溶液中和	13	指示剂加入量不正确扣 3 分，中和 95% 乙醇时未不断摇荡扣 3 分，摇动锥形瓶方法不正确扣 2 分，未趁热中和扣 2 分，混合物颜色判断不正确扣 3 分			
		量取 20mL 试样，加入盛有经处理的 95% 乙醇 − 指示剂溶液混合物的锥形瓶中	6	未测量试样温度扣 2 分，量取样品量不准确扣 2 分，量取试样时洒漏扣 2 分			
		连接球形冷凝管与锥形瓶，继续加热，煮沸混合溶液 5 min	3	达不到要求扣 3 分			
		在经处理的试样混合物中再加入 0.5 mL 指示剂溶液，在不断摇荡下趁热用 0.05 mol/L 氢氧化钾 - 乙醇标准滴定溶液滴定	12	指示剂加入量不正确扣 3 分，摇动锥形瓶方法不正确扣 2 分，未趁热中和扣 2 分，终点颜色判断不正确扣 5 分			
		在每次滴定过程中，自锥形瓶停止加热到滴定达到终点，所经过的时间不应超过 3 min	5	操作不正确扣 5 分			
		滴定操作及读数	12	未按规定操作扣 2~3 分			
3	计算及记录	计算方法正确，计算结果准确	6	计算方法不正确不得分，计算结果不准确扣 3 分			
		记录及时、准确，无漏项，书写工整，无涂改，杠改应签字	8	记录不及时一处扣 1 分，漏项一处扣 1 分，涂改一处扣 1 分，杠改未签字一处扣 1 分			
4	仪器归位	试验完毕及时处理“三废”，仪器复位，物放有序	4	未处理“三废”扣 2 分，仪器未复位扣 2 分			
5	清理现场	打扫操作现场		未打扫现场从总分中扣 3 分，打扫不干净扣 1 分			

续表 9-11

序号	考试内容	评分要素	配分	评分标准	扣分	得分	备注
6	安全文明操作	按国家或企业颁发有关安全规定执行操作		每违反一项规定从总分中扣 5 分，严重违规者取消考试资格			
7	考试时限	在规定时间内完成		每超时 1 min 从总分中扣 5 分，超时 3 min 停止操作			
合　　计			100				
考核人签名： 日期：							

喷气燃料总酸值测定评分细则见表 9-12。

表 9-12　喷气燃料总酸值测定评分细则

操作时间：40 min

序号	考试内容	评分要素	配分	评分标准	扣分	得分	备注
1	准备工作	工具、用具准备齐全	2	未准备工具、用具不得分，少准备一件扣 1 分，扣完 2 分为止			
		检查微量滴定管、移液管检定证书及其有效期，并唱读	8	未检查检定证书及其有效期各扣 3 分，未唱读扣 2 分			
		准备微量滴定管，用滴定溶液润洗，试漏，排出气泡	10	未摇动滴定溶液扣 2 分，装溶液时洒漏扣 2 分，未正确润洗滴定管扣 2 分，滴定管未试漏扣 2 分，未排出气泡扣 2 分			
2	测定	称取 100 g ± 5 g 样品，精确至 0.5 g，置于滴定瓶中，加入 100 mL 滴定溶剂和 0.1 mL 对－萘酚苯指示剂	10	称取不准确扣 4 分，量取不准确扣 4 分，洒漏扣 2 分			
		在适当的通风条件下，由旁支管以 600 ~800 mL/min 流速通入氮气，在不断搅拌下，对混合液体鼓气泡 3 min	15	试验设备连接顺序不正确扣 5 分，氮气流量设置不准确扣 5 分，通入时间不符合规定扣 5 分			

续表 9-12

序号	考试内容	评分要素	配分	评分标准	扣分	得分	备注
2	测定	滴定操作及读数	16	滴定操作时左手进行滴定，右手摇瓶，否则扣3分；滴定时应使滴定管尖嘴部分插入瓶口下约1 cm处，并使瓶底离瓷板1~2 cm，否则扣3分；注入溶液或放出溶液后未等待1~2 min后再读数扣3分；读数时未手持刻度线以上部分扣3分；读数不正确扣4分			
		用100 mL滴定溶剂和0.1 mL对－萘酚苯指示剂溶液作空白滴定试验，同样通入氮气，并滴定到相同的终点	10	操作不正确扣10分			
3	计算及记录	计算方法正确，计算结果准确	10	计算方法不正确扣5分，计算结果不准确扣5分			
		记录及时、准确，无漏项，书写工整，无涂改，杠改应签字	11	记录不及时一处扣3分，漏项一处扣3分，涂改一处扣3分，杠改未签字一处扣2分			
4	仪器归位	试验完毕及时处理“三废”，仪器复位，物放有序	8	未处理“三废”扣4分，仪器未复位扣4分			
5	清理现场	打扫操作现场		未打扫现场从总分中扣3分，打扫不干净扣1分			
6	安全文明操作	按国家或企业颁发有关安全规定执行操作		每违反一项规定从总分中扣5分，严重违规者取消考试资格			
7	考试时限	在规定时间内完成		每超时1 min从总分中扣5分，超时3 min停止操作			
合计			100				
考核人签名： 日期：							

附录样表

某酸度测定原始记录见表 9-13。

表 9-13　某酸度测定原始记录表

记录编号 2023009　执行标准 GB/T 258　油样名称 ______　油料批号 ______

油样编号 ______　取样地点 1 号罐　化验类别 入库　滴管编号 1

KOH- 乙醇标准滴定溶液浓度 0.049 73 mol/L　溶液标定日期 ______　室　温 22 ℃

试验次数		一	二	三	四
锥瓶编号		1	2		
试样用量 /mL		50	50		
加热时间 /min		5	5		
滴定记录 /mL	终　读	0.110	0.120		
	初　读	0.000	0.000		
	终读改正	0.000	0.000		
	初读改正	0.000	0.000		
	改正后用量	0.110	0.120		
结果 / [mg KOH·（100 mL）$^{-1}$]		0.614	0.670		
结果（油酸）（NaOH）/%					
平均值 / [mg KOH·（100 mL）$^{-1}$]		0.64			
重复性	允许差值 / [mg KOH·（100 mL）$^{-1}$]	0.15			
	实测差值 / [mg KOH·（100 mL）$^{-1}$]	0.056			
质量指标		酸度不大于 1.0 mg KOH/100 mL			
结　论		按执行标准，合格			

备注（计算）：$X_1=\dfrac{56.1\times0.110\times0.049\,73}{50}\times100=0.614$（mg KOH/100 mL）

$$X_2=\frac{56.1\times0.120\times0.049\,73}{50}\times100=0.670\text{（mg KOH/100 mL）}$$

$$\bar{X}=(0.614+0.670)/2\approx0.64\text{（mg KOH/100 mL）}$$

试验者 △△△　　审核者 △△△　　× × 年 × 月 × 日

某喷气燃料总酸值测定原始记录见表 9-14。

表 9-14　某喷气燃料总酸值测定原始记录表

<table>
<tr><td colspan="6">记录编号 2023009　执行标准 GB/T 12574　油样名称 3 号喷气燃料　油料批号 ____
油样编号 ____　取样地点 1 号罐　化验类别 储存　仪器编号 001
KOH 异丙醇标准滴定溶液浓度 0.010 53 mol/L　室　温 23 ℃　溶液标定日期 2023.2.10</td></tr>
<tr><td colspan="2">试验次数</td><td>一</td><td>二</td><td>三</td><td>四</td></tr>
<tr><td colspan="2">锥瓶编号</td><td>1</td><td>2</td><td></td><td></td></tr>
<tr><td colspan="2">试样用量 /g</td><td>102.5</td><td>101.5</td><td></td><td></td></tr>
<tr><td colspan="2">氮气流速 /（mL · min⁻¹）</td><td>720</td><td>720</td><td></td><td></td></tr>
<tr><td colspan="2">氮气通入时间 /min</td><td>3</td><td>3</td><td></td><td></td></tr>
<tr><td rowspan="5">滴定记录 /mL</td><td>初　读</td><td>0.000</td><td>0.000</td><td></td><td>0.000</td></tr>
<tr><td>初读改正</td><td>0.000</td><td>0.000</td><td></td><td>0.000</td></tr>
<tr><td>终　读</td><td>1.350</td><td>1.310</td><td></td><td>0.040</td></tr>
<tr><td>终读改正</td><td>0.000</td><td>0.000</td><td></td><td>0.000</td></tr>
<tr><td>改正后用量</td><td>1.350</td><td>1.310</td><td></td><td>0.040</td></tr>
<tr><td colspan="2">结果 /（mg KOH · g⁻¹）</td><td>0.007 5</td><td>0.007 4</td><td></td><td></td></tr>
<tr><td colspan="2">平均值 /（mg KOH · g⁻¹）</td><td colspan="4">0.007</td></tr>
<tr><td rowspan="2">重复性</td><td>允许差值 /（mg KOH · g⁻¹）</td><td colspan="4">0.001 1</td></tr>
<tr><td>实测差值 /（mg KOH · g⁻¹）</td><td colspan="4">0.000 1</td></tr>
<tr><td colspan="2">质量指标</td><td colspan="4">总酸值不大于 0.015 mg KOH/g</td></tr>
<tr><td colspan="2">结　论</td><td colspan="4">按执行标准，合格</td></tr>
<tr><td colspan="6">备注（计算）：$X=\frac{0.056\,1(V-V_0)c}{m}\times 1\,000$
$X_1=\frac{0.056\,1\times(1.350-0.040)\times 0.010\,53}{102.5}\times 1\,000\approx 0.007\,5$
$X_2=\frac{0.056\,1\times(1.310-0.040)\times 0.010\,53}{101.5}\times 1\,000\approx 0.007\,4$
$\overline{X}=(X_1+X_2)/2=(0.007\,5+0.007\,4)/2\approx 0.007$
允许差值 $=0.013\,2\sqrt{\overline{X}}=0.013\,2\sqrt{0.007}\approx 0.001\,1$</td></tr>
</table>

试验者 △△△　　　　审核者 △△△　　　　×× 年 × 月 × 日

项目十　石油产品水溶性酸及碱试验

情境描述

石油产品在储存、运输和使用过程中，对所接触的机械设备会有腐蚀作用，其腐蚀作用不但会使机械设备损坏，影响其使用寿命，而且会由于对金属设备的腐蚀反应生成不溶于油品的固体杂质，从而破坏油品的洁净度和安定性。所以，油品在出厂前需对其腐蚀性能－水溶性酸及碱、酸度、酸值、硫含量进行测定并进行金属腐蚀试验。

依据国家标准GB/T 259，设计石油产品水溶性酸及碱的测定方案，正确操作分液漏斗，正确使用指示剂并准确判断其颜色的变化，进行石油产品水溶性酸及碱的测定。

一、学习目标

（1）掌握石油产品水溶性酸及碱的存在方式及来源。

（2）掌握石油产品水溶性酸及碱测定方法及影响测定结果的因素。

（3）能按照执行标准规范完成操作并出具合格的原始记录表，依据评分细则分析误差产生的原因，并提出某些改进措施。

（4）具有认真负责、实事求是、坚持原则、一丝不苟地依据标准进行检验和判定的职业素养。

二、项目概述

引用标准：GB/T 259《石油产品水溶性酸及碱测定法》。

水溶性酸或碱是加工和储运过程中带入石油产品内的可溶于水的酸或碱。

水溶性酸是指能溶于水中的无机酸（如硫酸）及低分子有机酸（如甲酸、乙酸）。这些酸几乎对所有的金属都有很强的腐蚀作用，特别是当油料中有水存在时，由于增加了电离度，其腐蚀性会更强。水溶性碱，主要是指氢氧化钠和碳酸钠，它们对于有色金属，特别是铝有较强的腐蚀作用。

因此，石油产品标准规定，轻质燃料油、未加添加剂的润滑油，均不允许有水溶性酸或碱存在。但由于有的添加剂本身就是可溶于水的碱，因此，对于加入此类添加剂的石油产品来说，在石油产品标准中规定这一项目可为中性或碱性。

三、原理分析

水溶性酸或碱试验，是用来检验石油产品中是否含有能直接腐蚀金属的水溶性酸或碱的定性分析方法。

水溶性酸或碱试验，是用中性蒸馏水或醇水溶液抽提试样中的水溶性酸或碱，随后分别用甲基橙或酚酞指示剂检查抽提液颜色的变化情况，或用酸度计测定抽提液的 pH，从而判断有无水溶性酸或碱的存在。由于这是一种定性试验，因此既不能说明试样中有什么样的酸或碱，又不能说明含酸或碱的多少，而只是笼统地判断试样中有无水溶性酸或碱的化学反应。因此，这种定性试验又简称“反应”。

四、仪器及试剂

（1）分液漏斗：250 或 500 mL，1 个。

（2）试管：直径为 15~20 mm，高为 140~150 mm，用无色玻璃制成，3 个。

（3）漏斗：普通玻璃漏斗，1 个。

（4）量筒：50 mL，2 个。

（5）酸度计：具有玻璃－氯化银电极（或玻璃－甘汞电极），精度为不大于 0.01 pH。

（6）甲基橙：配成 0.2 g/L 水溶液。

（7）酚酞指示液：配成 10 g/L 乙醇溶液。

（8）95% 乙醇：分析纯。

（9）滤纸：定性分析滤纸。

（10）蒸馏水：符合 GB/T 6682《分析实验室用水规格和试验方法》中三级水规定。

五、操作步骤

按 GB/T 259《石油产品水溶性酸及碱测定法》标准。

1. 试验准备

将分液漏斗、试管等仪器仔细洗涤干净，并用广范 pH 试纸或酸度计检查试剂、蒸馏水是否呈中性。

2. 测定步骤

（1）取样。

将装入量不超过试样瓶容积 3/4 的试样小心摇荡 5 min，使其混合均匀。如黏稠或石蜡试样应预先加热至 50~60 ℃再摇荡。如试验润滑脂时，首先用刮刀将试样表层 3~5 mm 刮掉，然后在不靠容器壁至少 3 处取约等量的试样于瓷蒸发皿中，用玻璃棒搅匀。

（2）抽提。

用水或乙醇抽提水溶性酸及碱的方法依试样种类和黏度的不同而异。

① 对汽油、煤油等轻质石油产品进行试验时，量取试样及蒸馏水各至 50 mL，注入同一分液漏斗中，摇荡 5 min，澄清后将下部水层滤入锥形瓶中。

② 对润滑油进行试验时，量取试样及蒸馏水各 50 mL，分别加热至 50~60 ℃，注入同一分液漏斗中，摇荡 5 min，澄清后将下部水层滤入锥形瓶中。

③ 对 50 ℃运动黏度大于 75 mm^2/s 的石油产品进行试验时，量取 50 mL 试样和 50 mL 溶剂，分别注入同一分液漏斗中，先混合均匀，再加入 50 mL 50~60 ℃的蒸馏水，轻轻摇荡 5 min，不允许乳化，澄清后将下部水层滤入锥形瓶中。

④ 对润滑脂，石蜡、地蜡组分进行试验时，称取 50 g 预先熔化好的试样于瓷蒸发皿或锥形瓶中，称准至 0.01 g，随后注入 50 mL 蒸馏水，煮沸至完全溶化。冷却至室温后，小心地将下层滤入锥形瓶中。若试样已凝固（石蜡、地蜡），则先用玻璃棒刺破蜡层。

⑤ 对添加剂产品进行试验时，先向分液漏斗中注入 10 mL 试样和 40 mL 溶剂油，再加入 50 mL 加热至 50~60 ℃的蒸馏水。摇荡 5 min，澄清后将下部水层滤入锥形瓶中。

若在用水抽提水溶性酸及碱时产生乳化，则用 50~60 ℃的 95% 乙醇水（1 ∶ 1）溶液代替蒸馏水处理。

（3）测定。

① 用指示剂检查抽提液中是否存在水溶性酸或碱。

向两支试管中分别注入 1~2 mL 抽提液，在第一支试管中加入 2 滴甲基橙指示液，并与装有同样体积蒸馏水和甲基橙指示剂的第三支试管进行比较，若抽提液呈玫瑰色，则表示试样中含有水溶性酸；在第二支试管中加入 3 滴酚酞指示液，若抽提液呈玫瑰色或红色，则表示试样中含有水溶性碱。

当试验柴油、碱洗润滑油或含添加剂润滑油等试样的抽提液时，若对酚酞呈碱性反应（可能是由于皂化物发生水解作用引起的），则用加热至 50~60 ℃的 95% 乙醇水（1 ∶ 1）溶液代替蒸馏水与未加热的试样进行试验，若乙醇水溶液仍对酚酞呈碱性反应，则表示试样中含有水溶性碱。若水或乙醇溶液的抽提液对甲基橙或酚酞指示剂不变色，则试样中不含水溶性酸及碱。

② 用酸度计测定水溶性酸及碱。

向烧杯中注入 30~50 mL 抽提液，电极浸入深度为 10~12 mm。根据表 10-1 确定试样中有无水溶性酸及碱。

表 10–1　溶液酸碱性对照表

石油产品水（或乙醇水溶液）抽提物特性	pH
酸　性	<4.5
弱酸性	4.5~5.0
无水溶性酸或碱	>5.0~9.0
弱碱性	>9.0~10.0
碱　性	>10.0

当对石油产品质量评价出现不一致时，水溶性酸及碱的仲裁化验按酸度计法进行。

（4）精密度。

本精密度规定仅适用于酸度计法。

① 同一操作者所测 2 个结果之差不应大于 0.05 pH。

② 取重复测定 2 个结果的算术平均值作为试验结果。

六、注意事项

（1）摇动分液漏斗时，要适时打开分液漏斗的玻璃塞放气，以免漏斗因压力过大将玻璃塞冲出。

（2）试验柴油、碱洗润滑油或含添加剂的润滑油，遇到试样的水抽提液呈碱性反应时，或用蒸馏水抽提水溶性酸或碱，产生乳化时必须改用乙醇水溶液（1 ∶ 1）重新进行试验，若再次呈碱性反应，则能判定试样中有水溶性碱。

（3）试验中，反应的灵敏性与指示剂的浓度有关，因此，所加的指示剂不能超过规定的滴数。

七、质检报告单

石油产品水溶性酸及碱测定原始记录见表 10-2。

表 10-2　石油产品水溶性酸及碱测定原始记录表

记录编号 ________	执行标准 ________	油样名称 ________	油料批号 ________
油样编号 ________	取样地点 ________	化验类别 ________	室　　温 ________
酸度计型号 ________	仪器编号 ________		

试验次数		一		二	
		数量 /mL	加热温度 /℃	数量 /mL	加热温度 /℃
试　样					
蒸馏水					
1 ∶ 1 乙醇水溶液					
汽　油					
摇动时间 /min					
抽提液 /mL					
现象	加入甲基橙				
	加入酚酞				
	空　白				
结　果					
酸度计测定 pH					
平均值					
重复性	允许差值				
	实测差值				
质量指标					
结　　论					
备注：					

试验者 △△△　　　　审核者 △△△　　　　× × 年 × 月 × 日

八、项目考核

石油产品水溶性酸及碱测定评分细则见表 10-3。

表 10–3　石油产品水溶性酸或碱测定评分细则

操作时间：30 min

序号	考试内容	评分要素	配分	评分标准	扣分	得分	备注
1	准备工作	工具、用具准备齐全	5	未准备工具、用具不得分，少准备一件扣 1 分			
		检查玻璃器具	5	未检查不得分，漏查一件扣 2 分，有破损未检查出扣 3 分			
		洗涤玻璃器具	10	未进行洗涤操作不得分，洗涤方法不正确扣 5 分，洗涤不干净扣 5 分			
		将装入量不超过试样瓶容积 3/4 的试样小心摇荡 5 min，使其混合均匀	10	未摇晃扣 4 分，摇晃时间未满 5 min 扣 3 分，洒漏扣 3 分			
2	测定	正确量取试样和水	5	量取不准确扣 3 分，洒漏扣 2 分			
		当试验添加剂产品时，向分液漏斗中注入 10 mL 试样和 40 mL 溶剂油，再加入 50 mL 加热至 50~60 ℃的蒸馏水	10	未正确量取试样和溶剂油扣 5 分，蒸馏水未加热扣 5 分			
		摇荡 5 min，澄清后将下部水层滤入锥形瓶中	10	摇荡时间未满 5 min 扣 5 分，未过滤扣 5 分			
		向 2 支试管中分别注入 1~2 mL 抽提液，在第一支试管中加入 2 滴甲基橙指示液，并与装有同样体积蒸馏水和甲基橙指示剂的第三支试管进行比较	10	操作不正确扣 5 分，未与第三支试管进行对比扣 5 分			
		正确判断指示剂颜色的变化	10	判断不正确扣 10 分			
3	记录及结果	结果判断正确	10	结论错误扣 10 分			
		记录及时、准确，无漏项，书写工整，无涂改，杠改应签字	10	记录不及时一处扣 1 分，漏项一处扣 1 分，涂改一处扣 1 分，杠改未签字一处扣 1 分			

续表 10-3

序号	考试内容	评分要素	配分	评分标准	扣分	得分	备注
4	仪器归位	试验完毕及时处理“三废”，仪器复位，物放有序	5	未处理“三废”扣 2 分，仪器未复位扣 3 分			
5	清理现场	打扫操作现场		未打扫现场从总分中扣 3 分，打扫干净扣 1 分			
6	安全文明操作	按国家或企业颁发有关安全规定执行操作		每违反一项规定从总分中扣 5 分，严重违规者取消考试资格			
7	考试时限	在规定时间内完成		每超时 1min 从总分中扣 5 分，超时 3min 停止操作			
合　计			100				
考核人签名： 日期：							

附录样表

某水溶性酸及碱测定原始记录见表 10-4。

表 10–4　某水溶性酸及碱测定原始记录表

记录编号 2023010　执行标准 GB/T 259　油样名称 ____　油料批号 ____ 油样编号 ____　取样地点 1 号罐　化验类别 出库　室　温 ____ 酸度计型号 ____　仪器编号 02					
试验次数		一		二	
		数量 /mL	加热温度 /℃	数量 /mL	加热温度 /℃
试　样		50	室温	50	室温
蒸馏水		50	室温	50	室温
1 ∶ 1 乙醇水溶液					
汽　油					
摇动时间 /min		5		5	
抽提液 /mL		2		2	
现象	加入甲基橙	浅橙色		浅橙色	
	加入酚酞	无色		无色	
	空　白	浅橙色		浅橙色	
结　果		无水溶性酸或碱			

续表 10-4

<table>
<tr><td colspan="5">记录编号 2023010　执行标准 GB/T 259　油样名称 ______　油料批号 ______
油样编号 ______　取样地点 1 号罐　化验类别 出库　室　温 ______
酸度计型号 ______　仪器编号 02</td></tr>
<tr><td colspan="2" rowspan="2">试验次数</td><td colspan="2">一</td><td colspan="2">二</td></tr>
<tr><td>数量 /mL</td><td>加热温度 /℃</td><td>数量 /mL</td><td>加热温度 /℃</td></tr>
<tr><td colspan="2">酸度计测定 pH</td><td colspan="2"></td><td colspan="2"></td></tr>
<tr><td colspan="2">平均值</td><td colspan="4"></td></tr>
<tr><td rowspan="2">重复性</td><td>允许差值</td><td colspan="4"></td></tr>
<tr><td>实测差值</td><td colspan="4"></td></tr>
<tr><td colspan="2">质量指标</td><td colspan="4">水溶性酸或碱 无</td></tr>
<tr><td colspan="2">结　论</td><td colspan="4">按执行标准，合格</td></tr>
<tr><td colspan="6">备注：</td></tr>
</table>

试验者 △△△　　审核者 △△△　　× × 年 × 月 × 日

项目十一　石油产品铜片腐蚀试验

情境描述

石油产品在储存、运输和使用过程中，对所接触的机械设备会有腐蚀作用。这种腐蚀作用不但会使机械设备损坏，影响其使用寿命，而且还会由于金属设备的腐蚀反应生成不溶于油品的固体杂质，从而破坏油品的洁净度和安定性。所以，油品在出厂前需对其进行金属腐蚀试验。

依据国家标准 GB/T 5096，设计测定石油产品对铜的腐蚀性程度试验方案，认识并正确操作试验用仪器设备，按标准处理试验铜片，进行铜片腐蚀试验，并正确判断腐蚀等级。

一、学习目标

(1)了解金属腐蚀机理和腐蚀试验基本原理。

(2)掌握石油产品铜片腐蚀试验方法及影响因素。

(3)能按照执行标准规范完成操作并出具合格的原始记录表，同时依据评分细则分析误差产生的原因，并提出某些改进措施。

(4)具有理论联系实际、一丝不苟的科学态度。

二、项目概述

引用标准：GB/T 5096《石油产品铜片腐蚀试验法》。

腐蚀试验是直接用金属片检查石油产品对金属片有无腐蚀性的一种定性试验。试验的目的是判断油料中是否含有直接腐蚀金属的活性硫化物（如硫化氢、硫醇）和游离硫。对于润滑油、润滑脂，腐蚀试验可判断其中是否存在能引起金属腐蚀的物质，若有，则金属片上将出现腐蚀斑点或变色。

三、原理分析

石油产品腐蚀试验通常分为液体燃料腐蚀试验、润滑油腐蚀试验和润滑脂腐蚀试验 3 类。其方法原理相同，均以磨光、洗涤、晾干的金属片浸入一定量的试样中，在一定的温度下保持一定的时间，随后取出金属片，观察颜色变化情况，或与标准色板进行比较，判断有无腐蚀性或判断腐蚀级别。若无腐蚀，则结果判为合格；反之，为不合格。

石油产品铜片腐蚀试验是把一块已磨光好的铜片浸没在一定量的试样中，并按产品标准要求加热到指定的温度，保持一定的时间。待试验周期结束时，取出铜片，洗涤后与腐蚀标准色板进行比较，确定腐蚀级别。

四、仪器及试剂

（1）试验弹：不锈钢压力容器，能承受 700 kPa 试验表压，实物和各组成部分如图 11-1 所示。

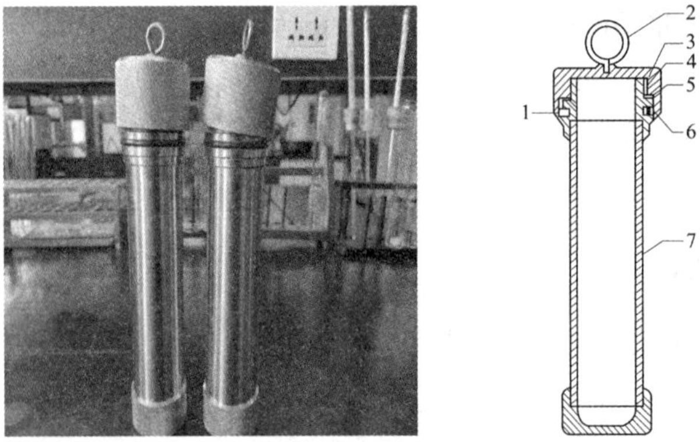

图 11-1　试验弹

1—“O”形密封圈；2—提环；3—压力释放槽；
4—细牙螺纹；5—滚花帽；6—密封圈保护槽；7—不锈钢管。

（2）试管：长 150 mm，外径 25 mm，壁厚 1~2 mm，试管 30 mm 处刻一环线。

（3）石油产品腐蚀试验测定仪：实物如图 11-2 所示。

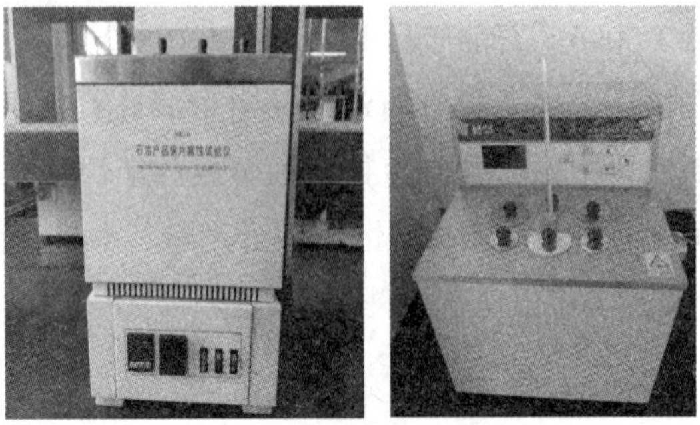

图 11-2　石油产品腐蚀试验测定仪

（4）试片夹钳或夹具。

（5）观察试管。

（6）温度计：全浸，分度值 1℃或 0.5℃。

（7）洗涤溶剂：异辛烷或石油醚。

（8）铜片：纯度大于 99.9% 的电解铜，符合 GB/T 5231 中的 T2 铜可满足使用要求。宽为 12.5 mm ± 2 mm，厚为 1.5~3.0 mm，长为 75 mm ± 5 mm。铜片可重复使用，但当铜片表面出现点蚀或深的划痕，而又无法采用规定的打磨程序去除，或当铜片表面发生变形时，应丢弃此铜片。

（9）磨光材料：65 μm（P220）的碳化硅或氧化铝砂布（纸）；105 μm（P150）碳化硅或氧化铝砂粒。

（10）腐蚀标准色板。

（11）定量滤纸、脱脂棉、镊子。

（12）钢丝绒（棉）：00 号或更细的规格，用于试片的表面初始打磨处理。

五、操作步骤

按 GB/T 5096《石油产品铜片腐蚀试验法》操作。

石油产品铜片腐蚀试验

（一）试验准备

1. 准备铜片

（1）表面准备。

先采用 00 号或更细的钢丝绒（棉），或可有效达到预期效果的适当粒度的碳化硅（氧化铝刚玉）砂纸或砂布打磨，以去除前次试验所遗留在铜片所有 6 个表面上的蚀污；再用 65 μm（P220）的碳化硅砂纸或砂布处理，除去此前采用其他等级砂纸留下的打磨痕迹。在进行最后磨光前，应确保已完成表面准备的铜片不再发生氧化作用。可用定量滤纸擦去铜片上的金属屑后，将铜片浸没在洗涤溶剂中。随后可取出铜片进行磨光，或将其储存在洗涤溶剂中备用。

表面准备可以分为两种方法。一种方法是利用手工操作来处理铜片表面。将一张碳化硅或氧化铝（刚玉）制成的砂纸或砂布放在平坦的表面上，用煤油或洗涤溶剂湿润砂纸或砂布。处理铜片表面时，可采用旋转的方式，将铜片与砂纸或砂布进行摩擦。在拿取铜片时，应采用无灰滤纸保护或戴一次性手套，以防止铜片与手指接触。另一种方法是将适当粒度的干砂纸或砂布装在电动机驱动的机器上，采用机器来处理铜片表面。

（2）最后磨光。

将铜片从其储存处（如从洗涤溶剂中）取出，不允许用手指直接接触铜片，必须戴一次性手套或用无灰滤纸保护，用一块经洗涤溶剂湿润的脱脂棉，蘸取一些105 μm（P150）的碳化硅或氧化铝（刚玉）砂粒，先磨铜片各端边，再磨其侧边，最后用新的脱脂棉团用力擦拭。在其后的处理过程中手指不得接触铜片的表面，可用镊子夹持铜片。将铜片夹在磨片夹具上，用蘸上碳化硅或氧化铝（刚玉）砂粒的脱脂棉打磨铜片的主表面。打磨时不要采用旋转运动方式，应沿铜片的长轴方向来回进行打磨，在折返方向之前，应使打磨动程超出铜片的末端。用干净的脱脂棉使劲地摩擦铜片，以除去所有金属屑，直到用一块新的脱脂棉擦拭时不再留下痕迹。当铜片擦净后，立即将其浸入已准备好的试样中。

2. 试样准备

按照 GB/T 4756 或 GB/T 27867 方法进行取样。

（1）对于各种类型的会使铜片轻度变色的燃料样品，应该收集储存在干净的深色玻璃瓶、塑料瓶或其他不致影响到样品腐蚀性的合适容器中。经证明，镀锡容器会影响样品的腐蚀性，因此不应使用镀锡容器来储存样品。

（2）将所采取的样品装入样品容器时应避免挥发，尽可能完整保留样品的组分。装样后，应立即盖上容器盖。容器顶部应留有充足的空间，以防止运输过程中样品发生热膨胀。对于挥发性样品，建议将样品充装至样品容器容量的 70%~80%。取样时要小心，防止样品直接暴露于阳光或散射日光下。实验室收到样品后，应尽快进行试验。一旦打开样品容器，应立即进行试验。

（3）如果观察到样品中有悬浮水（浑浊），那么可用一张中速定性滤纸将足够体积的样品过滤干燥，并将其置于清洁、干燥的试管中。此操作尽可能在暗室或避光的条件下进行。

在整个试验过程中，无论是试验开始前、试验中还是结束后，若铜片与水接触导致其污染变色，将造成铜片评定困难。

（二）试验步骤

针对不同的产品类型，可以使用不同的试验条件。

1. 压力容器步骤（适用于航空汽油、喷气燃料和高蒸气压样品）

对于航空汽油和喷气燃料：将 30 mL 完全清澈、无悬浮水或内含水的试样倒入清洁、干燥的试管中。在完成铜片最后磨光步骤后 1 min 之内，将铜片滑入试管并浸入试样中。将试管放入压力容器中，并将压力容器盖旋紧。若有不止一个待测试样在同一时间测定，只要能确保处理第一个和最后一个试样之间的间隔时间保持最短，则允许先逐个准备各压力容器后，将各压力容器完全浸入100℃ ±1℃的液体浴中。在浴中放置2 h±5 min后，取出压力容器，并在冷水（自来水）中浸泡几分钟。打开压力容器盖，取出试管，检查铜片。

2. 试管步骤（适用于多数液体产品）

对于柴油、燃料油和车用汽油：将30 mL完全清澈、无悬浮水或内含水的试样倒入清洁、干燥的试管中。在完成铜片最后磨光步骤后1 min之内，将铜片滑入试管并浸入试样中。采用带排气孔的软木塞塞住试管。如果有不止一个待测试样在同一时间测定，只要确保准备第一个和最后一个试样之间的间隔时间保持最短，则允许逐个准备各试样，先将带孔塞子逐个塞好每个试管后，再将各试管浸入50℃ ±1℃的浴中。在试验过程中，应防止强光照射试管的内容物。试管在浴中放置3 h±5 min后，取出试管，检查铜片。对于清洗溶剂和煤油，建议采用150 ℃为起始试验温度，以5 ℃为一个平均增量提高试验温度。

此外，如果希望尽可能减少或减轻车用汽油样品测试时产生的蒸发损失（即使其相应的蒸气压小于80 kPa），那么也可选择采用压力容器步骤对车用汽油样品进行测试。

3. 铜片的检查

将试管的内容物倒入适当容量的接收容器中。如果采用玻璃接收容器，如150 mL的高型烧杯，那么倾倒时应让铜片轻轻地滑入，以避免碰破玻璃烧杯。用镊子立即将铜片取出，并浸入洗涤溶剂中，洗去试样。清洗后立即从洗涤溶剂中取出铜片，进行干燥，可采用滤纸吸干，空气吹干，或其他合适的方法干燥铜片。将铜片与腐蚀标准色板进行比较来检查其变色或腐蚀情况。比较时，将铜片和腐蚀标准色板对光线呈45° 折射的方式拿持，进行观察。

如果将铜片放在扁平观察试管中，那么可避免铜片在检查和比较过程中留下斑迹和弄脏。观察试管应用脱脂棉塞住。

（三）结果的判定

（1）当铜片呈明显介于两个相邻标准色板之间的过渡状态时，则按变色严重的色板腐蚀级别判定。

（2）若铜片出现比标准色板中1b还深的橙色，则认为铜片仍属1级；但是，若观察到有红颜色，则所观察的铜片应判定为2级。

（3）2a级别的紫红色铜片有可能被误认为黄铜底色完全被洋红色所覆盖的3a级别铜片。为了区别这两个级别，可以将铜片浸没在洗涤溶剂中；2a级别铜片会出现1b的深橙色，而3a级别铜片将不变色。

（4）为了区别2c级别铜片和3b级别铜片，可将试片放入试管中，并将此试管平放在 340℃ ±30℃的电热板上 4~6 min。另外用一支试管，在其中放入一支高温蒸馏用温度计，观察这支温度计的温度来调节电热板的温度。这样，2c 级别铜片将呈现 2d 级别铜片的颜色，并且颜色持续变深；而 3b 级别铜片将呈现 4a 级别铜片的外观。

（5）若发现铜片上有手指印沾污处，或在加热浸提过程中，因任何颗粒或水滴接触试片面使铜片产生污斑，则需重新试验。

铜片腐蚀标准色板的分级见表 11-1。

表 11-1　铜片腐蚀标准色板的分级

分　级	名　称	级别说明①
新磨光的铜片		②
1	轻度变色	a 淡橙色，几乎与新磨光的铜片一样 b 深橙色
2	中度变色	a 紫红色 b 淡紫色 c 带有淡紫蓝色或（和）银色，并覆盖在紫红色上的多彩色 d 银色 e 黄铜色或金黄色
3	深度变色	a 洋红色覆盖在黄铜色上的多彩色 b 有红和绿显示的多彩色（孔雀绿），但不带灰色
4	腐　蚀	a 透明的黑色、深灰色或仅带有孔雀绿的棕色 b 石墨黑色或无光泽的黑色 c 有光泽的黑色或乌黑发亮的黑色

注：① 铜片腐蚀标准色板是由表中这些说明所表示的色板组成的。
② 此系列中包括的新磨光铜片，仅作为试验前磨光铜片的外观标志。即使一个完全不腐蚀的试样，经试验后也不可能重现这种外观。

若沿铜片的平面的边棱呈现的腐蚀级别比铜片大部分表面的腐蚀级别要高，则需重新试验；这种情况大多是在铜片打磨阶段磨损了边缘而引起的。

若两个重复试验结果不相同，则重新进行试验；当重新试验的两个结果仍不相同时，按变色严重的腐蚀级别来判定试样；对采用试管步骤测试汽油样品的两个重复试验结果，应符合方法的精密度要求。

（四）精密度

对于通过 / 不通过的试验结果，除采用前文中的试管步骤测试汽油试样之外，尚没有可接受的试验方法以确定其精密度。常规的统计方法并不适合用来确定其精密度。在 95% 的置信水平下，对于任何两个评级之间的差异，不应超出表 11-2 中所规定的评判标准。

表 11–2　汽油样品铜片腐蚀试管步骤精密度（重复性和再现性）

<table>
<tr><th rowspan="2">分　级</th><th colspan="2">两个结果的级别差（重复性和再现性）</th></tr>
<tr><th>处于同一分级中的两个级别</th><th>一个级别处于分级边界的两个级别（例如，1b 和 2a）</th></tr>
<tr><td>1、2、3</td><td>同级内的一个字母级别</td><td>同级内的一个字母级别或相邻分级中最接近的一个字母级别</td></tr>
<tr><td>4</td><td>同级内的两个字母级别</td><td>同级内的两个字母级别或相邻分级中最接近的一个字母级别</td></tr>
</table>

六、注意事项

（1）按变色严重的腐蚀等级判定。

（2）试验过程中，如果铜片被污染或铜片边缘棱角的腐蚀级别比铜片大部分表面腐蚀级还要高，那么要重新进行试验。

（3）如果测定两次所获取的结果不相同，那么需要重新进行试验。如果重新试验所获取的结果仍不相同，那么按照变色严重的腐蚀级别来判断试样。

七、质检报告单

石油产品铜片腐蚀试验原始记录见表 11-3。

表 11–3　石油产品铜片腐蚀试验原始记录表

<table>
<tr><td colspan="4">记录编号 ________ 执行标准 ________ 油样名称 ________ 油料批号 ________
油样编号 ________ 取样地点 ________ 化验类别 ________ 仪器型号 ________
仪器编号 ________ 室　温 ________ 湿　度 ________</td></tr>
<tr><td colspan="2">试验次数</td><td>一</td><td>二</td></tr>
<tr><td rowspan="2">金属片</td><td>种　类</td><td></td><td></td></tr>
<tr><td>规格 /（mm × mm × mm）</td><td></td><td></td></tr>
<tr><td colspan="2">洗涤试剂</td><td></td><td></td></tr>
<tr><td colspan="2">磨光材料</td><td></td><td></td></tr>
</table>

续表 11-3

记录编号 ______ 执行标准 ______ 油样名称 ______ 油料批号 ______ 油样编号 ______ 取样地点 ______ 化验类别 ______ 仪器型号 ______ 仪器编号 ______ 室　温 ______ 湿　度 ______		
试验次数	一	二
试样用量 /mL		
试验温度 /℃		
恒温时间 /h		
现象描述		
结果判断		
腐蚀级别		
质量指标		
结　论		
备注：		

试验者 △△△　　审核者 △△△　　×× 年 × 月 × 日

八、项目考核

石油产品铜片腐蚀试验评分细则见表 11-4。

表 11-4　石油产品铜片腐蚀试验评分细则

操作时间：40 min

序号	考试内容	评分要素	配分	评分标准	扣分	得分	备注
1	准备工作	工具、用具准备齐全	3	少准备一件扣 1 分，扣完 3 分为止			
		检查试管是否清洁干燥	2	未检查不得分			
2	表面准备	采用砂纸去除前次试验遗留的铜片 6 个面上的蚀污	3	选择打磨材料不正确扣 2 分，少打磨一面扣 1 分			

续表 11-4

序号	考试内容	评分要素	配分	评分标准	扣分	得分	备注
2	表面准备	用砂纸处理，以除去此前用其他等级砂纸留下的打磨痕迹	5	选择打磨材料不正确扣 2 分，打磨不符合标准扣 3 分			
		用定量滤纸擦去铜片上的金属屑	2	未使用定量滤纸扣 1 分，未擦去铜片上的金属屑扣 1 分			
		铜片浸没在洗涤溶剂中	3	未按规定操作扣 3 分			
		用洗涤溶剂润湿砂纸，以旋转动作将铜片对着砂纸摩擦	5	未按规定操作扣 5 分			
3	磨光	用脱脂棉蘸取砂粒，先摩擦铜片各端边，再磨其侧边，然后用新的脱脂棉团用力擦拭	7	未按规定操作扣 7 分			
		用镊子夹持铜片，夹在磨片夹具上，用蘸上碳化硅砂粒的脱脂棉打磨铜片的主表面	5	用手指接触铜片扣 2 分，未用镊子夹持铜片扣 1 分，未使用磨片夹具扣 2 分			
		打磨时应沿铜片的长轴方向来回进行打磨，打磨动程超出铜片的末端	5	未按规定操作扣 5 分			
		擦拭铜片	6	未按规定操作扣 6 分			
4	测定	向试管中倒入 30 mL 样品，倒油一次成功，不洒不漏	3	未按规定操作扣 3 分			
		将最后磨光的铜片在 1 min 内慢慢滑入试管并浸入试样中	4	操作不正确扣 4 分			
4	测定	塞住试管口，浸入 50℃ ±1℃ 的浴中，经过 3 h ± 5 min 后取出试管	8	操作不正确扣 8 分			
5	铜片检查	把试管的内容物倒入高型烧杯中	2	操作不正确扣 2 分			
		取出铜片，洗去试样	4	操作不正确扣 4 分			
		清洗后立即取出铜片	4	操作不正确扣 4 分			
		将铜片和腐蚀标准色板进行观察	6	操作不正确扣 6 分			
		使用扁平试管时要用脱脂棉塞住	6	操作不正确扣 6 分			

续表 11-4

序号	考试内容	评分要素	配分	评分标准	扣分	得分	备注
6	结果判断及记录	判定铜片腐蚀结果	10	结果判断不准确扣 10 分			
		记录及时、准确，无漏项，书写工整，无涂改，杠改应签字	3	记录不符合要求一处扣 1 分			
7	仪器归位	试验完毕及时处理“三废”，仪器设备复位，物放有序	4	未处理“三废”扣 2 分，仪器未复位扣 2 分			
8	清理现场	打扫操作现场		未打扫现场从总分中扣 3 分，打扫不干净扣 1 分			
9	安全文明操作	按国家或企业颁发有关安全规定执行操作		每违反一项规定从总分中扣 5 分			
10	考试时限	在规定时间内完成		每超时 1 min 从总分中扣 5 分，超时 3 min 停止操作			
合计			100				
考核人签名： 日期：							

附录样表

石油产品铜片腐蚀试验原始记录样表见表 11-5。

表 11-5　石油产品铜片腐蚀试验原始记录样表

记录编号 2023011 执行标准 GB/T 5096 油样名称 3 号喷气燃料 油料批号 ____ 油样编号 ____ 取样地点 1 号罐 化验类别 出库 仪器型号 DSY-020A 仪器编号 016 室温 23 ℃ 湿度 65%			
试验次数		一	二
金属片	种类	铜片	铜片
	规格 /（mm × mm × mm）	75 × 12.5 × 1.5	75 × 12.5 × 1.5
洗涤试剂		石油醚（90~120 ℃）	石油醚（90~120 ℃）
磨光材料		碳化硅，砂纸 65 μm，砂粒 105 μm	碳化硅，砂纸 65 μm，砂粒 105 μm

续表 11-5

记录编号 2023011　执行标准 GB/T 5096　油样名称 3 号喷气燃料　油料批号＿＿＿ 油样编号＿＿＿　取样地点 1 号罐　化验类别 出库　仪器型号 DSY−020A 仪器编号 016　室　温 23 ℃　湿　度 65%		
试验次数	一	二
试样用量 /mL	30	30
试验温度 /℃	100	100
恒温时间 /h	2	2
现象描述	淡橙色，与新磨光铜片几乎一样	淡橙色，与新磨光铜片几乎一样
结果判断	轻度变色	轻度变色
腐蚀级别	1a	1a
质量指标	铜片腐蚀不大于 1 级	
结　论	按执行标准，合格	
备注：		

试验者＿△△△＿　　审核者＿△△△＿　　＿××＿年＿×＿月＿×＿日

项目十二 喷气燃料银片腐蚀试验

情境描述

石油产品在储存、运输和使用过程中，对所接触的机械设备会有腐蚀作用，其腐蚀作用不但会使机械设备损坏，影响其使用寿命，而且还会由于对金属设备的腐蚀反应生成不溶于油品的固体杂质，从而破坏油品的洁净度和安定性。所以，油品在出厂前需要进行金属腐蚀试验。

依据石化行业标准 SH/T 0023，设计测定喷气燃料对银的腐蚀性程度试验方案，认识并正确操作试验用仪器设备，按标准处理试验银片，进行银片腐蚀试验，并正确判断腐蚀等级。

一、学习目标

（1）了解金属腐蚀机理和腐蚀试验基本原理。

（2）掌握喷气燃料银片腐蚀试验法和喷气燃料银片腐蚀快速试验法的测定方法。

（3）能按照执行标准规范完成操作并出具合格的原始记录表，依据评分细则分析误差产生的原因，并提出某些改进措施。

（4）具备运用理论知识解决实际问题的能力。

（5）具有一丝不苟地依据标准进行检验和判定的职业素养。

二、项目概述

引用标准：SH/T 0023《喷气燃料银片腐蚀试验法》。

腐蚀试验是直接用金属片检查石油产品对金属片有无腐蚀性的一种定性试验。银片腐蚀试验对喷气燃料中元素硫和活性硫化物（主要指硫醇）的反应比铜片腐蚀试验更灵敏，它随着燃料中元素硫含量的增大而腐蚀加深。

三、原理分析

喷气燃料银片腐蚀试验与石油产品铜片腐蚀试验的原理基本相同。对于 SH/T 0023 法，将磨光的银片浸没在 250 mL，50 ± 1℃的试样中 4 h 或产品标准规定旳更长时间。试验结束时，从试样中取出银片，洗涤后评定腐蚀程度（级别）。试验适用于评定喷气燃料对航空涡轮发动机燃料系统银部件的腐蚀倾向。

四、仪器及试剂

（1）石油产品腐蚀试验测定仪、银片腐蚀试验电解池法测定仪。玻璃试验仪如图 12-1 所示。

（2）银片：2 号银，纯度大于 99.9%，长 17~19 mm，宽 12.5~12.7 mm，厚 2.5~3.0 mm。

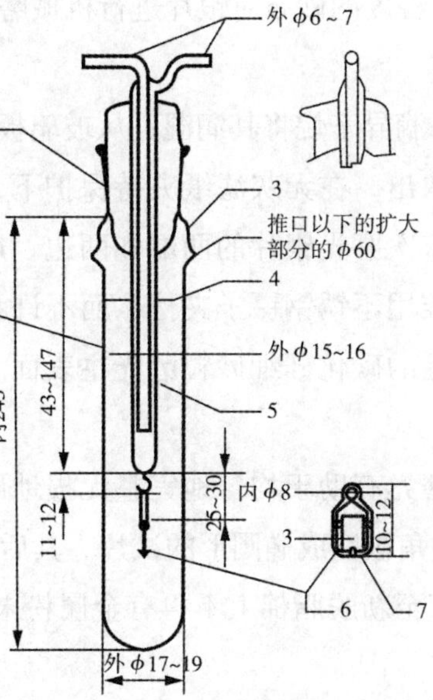

图 12-1　玻璃试验仪（图中单位为 mm）

1—试管；2—45 号磨口；3—试管接口处容积为 350 mL；

4—浸入线；5—冷凝器；6—玻璃钩；7—银片。

（3）磨光材料：不同粒度的碳化硅细砂布（纸），包括 65 μm（240 粒度）的砂布（纸）和 105 μm（150 目）碳化硅砂粒、药用脱脂棉。

（4）250 mL、10 mL、5 mL 量筒。

（5）不锈钢镊子。

（6）无灰滤纸，试片夹钳或夹具。

（7）异辛烷：分析纯。

（8）无水乙醇。

五、操作步骤

喷气燃料银片腐蚀试验

按 SH/T 0023《喷气燃料银片腐蚀试验法》操作。

1. 银片的准备

（1）表面处理。

先用细的碳化硅砂布（纸）把银片六个表面上的划痕和瑕疵磨去。再用 65μm（240 粒度）的碳化硅砂布（纸）打磨，以除去此前其他粒度砂布留下的磨痕。然后把试片浸入异辛烷中。

表面处理的手工操作步骤应为：将一张砂布（纸）放在平整的表面上，用异辛烷润湿砂布，将银片在砂布上旋转式地打磨，同时要用无灰滤纸夹持，以防止银片与手指接触。也可用规定粒度的砂布对银片进行机械磨光处理。

（2）最后磨光。

取一团脱脂棉，用一滴异辛烷将其润湿，从玻璃板上蘸取少许 150 目的碳化硅砂粒。把银片从异辛烷中取出，在无灰滤纸夹持保护下，用手指捏紧试片，在沾有碳化硅细砂粒的棉团上，依次磨光银片的两端和两边。用新的脱脂棉团用力擦拭。在随后的操作中，银片只准用不锈钢镊子夹持，而不许与手指接触。把银片夹在试片夹具中，用沾在脱脂棉上的碳化硅细砂粒磨光主表面。沿长轴方向磨片，磨程不小于试片长度。

此处，借助试片夹磨光有助于均匀地完整无损地磨光银片各个表面，得到完好的磨光银片。不宜使用棱角被磨成椭圆形的试片。其后，用干净的脱脂棉用力擦拭银片，除去所有金属屑，直至新脱脂棉上不再有金属粉末。将最后磨光的试片在 1 min 内浸入试样。

2. 试样的准备

（1）在取样及随后的处理中，特别要注意尽量避免让样品暴露在空气中，并防止暴露在直射的乃至散射的阳光下。在对燃料腐蚀性没有影响的容器中装注至少 250 mL 样品。

马口铁（镀锡钢板）容器对燃料腐蚀性有明显影响，最好用清洁的棕色玻璃瓶。样品应装满，上部空间不应大于 5%。取样后立即加盖，储于阴凉处，最好低于 4℃，并应尽快进行试验。

（2）若发现样品中有悬浮水（雾状），则应在避光的情况下通过中速定量滤纸过滤到清洁、干燥的试管中。无论试验前或试验后，银片接触水会产生渍斑，从而造成银片评级困难。

3. **试验步骤**

（1）量取 250 mL 试样，注入洁净的试管中。把最后磨光的银片悬放在玻璃支架上。将玻璃支架悬挂在冷凝器的玻璃钩上，随后小心地将试片连同冷凝器缓缓地下浸到试样中。

（2）将试管放入水浴，维持温度为 50±1℃，试验时间为 4 h 或产品标准规定的更长时间。流过冷凝器的水流速度约 10 mL/min，以形成热搅拌。试验完毕，从试管中取出银片，浸入异辛烷中。随后立即从异辛烷中取出银片，用定量滤纸吸干（不是擦干），检查银片的腐蚀痕迹。

4. **判断**

比较试验后银片和新磨光银片的外观（银片各个表面包括边角都应注意到），按表 12-1 的分级判断试样的腐蚀性。

表 12–1　银片分级表

级　别	命　名	现象描述
0	不变色	除局部可能稍失去光泽外，几乎和新磨光的银片相同
1	轻度变色	淡褐色，或银白色褪色
2	中度变色	孔雀屏色，如蓝色或紫红色或中度和深度麦黄色或褐色
3	轻度变黑	表面有黑色或灰色斑点和斑块，或有一层均匀的黑色沉积膜
4	变　黑	均匀地深度变黑，有或无剥落现象

5. **精密度**

按下述规定来判断试验结果的可靠性（95% 置信水平）。

重复性：同一操作者重复测定的两个评级结果不应有差异。

再现性：不同实验室各自提出的不同评级结果的差异不应大于 1 个级别。报告银片腐蚀试验的级别及试验时间。

六、注意事项

（1）银片要按规定磨光处理，不能在空气中长时间放置；尽量避免让样品暴露在空气中，并防止暴露在直射的乃至散射的阳光中。

（2）银片接触水会产生渍斑，造成银片评级困难，因此，无论试验前或试验后，均不应使银片与水接触。

（3）金属片在试样中必须按规定的温度范围恒温，且恒温时间必须准确。

七、质检报告单

喷气燃料银片腐蚀试验原始记录见表 12-2。

表 12-2 喷气燃料银片腐蚀试验原始记录表

记录编号 ________ 执行标准 ________ 油样名称 ________ 油料批号 ________
油样编号 ________ 取样地点 ________ 化验类别 ________ 仪器型号 ________
仪器编号 ________ 室　温 ________ 湿　度 ________

试验次数		一	二
金属片	种　类		
	规格 /（mm × mm × mm）		
洗涤试剂			
磨光材料			
试样用量 /mL			
试验温度 /℃			
恒温时间 /h			
现象描述			
结果判断			
腐蚀级别			
质量指标			
结　论			
备注：			

试验者 △△△　　审核者 △△△　　× × 年 × 月 × 日

八、项目考核

喷气燃料银片腐蚀试验评分细则见表 12-3。

表 12–3　喷气燃料银片腐蚀试验评分细则

操作时间：40 min

序号	考试内容	评分要素	配分	评分标准	扣分	得分	备注
1	准备工作	工具、用具准备齐全	3	少准备一件扣 1 分，扣完 3 分为止			
		检查试管是否清洁干燥	2	未检查不得分			
2	表面准备	采用砂纸去除银片 6 个面上的蚀污	3	未按规定操作扣 3 分			
		用砂纸处理，以除去此前用其他等级砂纸留下的打磨痕迹	5	未按规定操作扣 5 分			
		用定量滤纸擦去银片上的金属屑	2	未按规定操作扣 2 分			
		银片浸没在洗涤溶剂中	3	未按规定操作扣 3 分			
		用洗涤溶剂润湿砂纸，以旋转动作将银片对着砂纸摩擦	5	未按规定操作扣 5 分			
3	磨光	用脱脂棉蘸取砂粒，先摩擦钢片各端边，再磨其侧边，然后用新的脱脂棉团用力擦拭	7	未按规定操作扣 7 分			
		用镊子夹持银片，夹在磨片夹具上，用蘸上碳化硅（或氧化铝）砂粒的脱脂棉打磨银片的主表面	5	未按规定操作扣 5 分			
		打磨时应沿银片的长轴方向来回进行打磨，使打磨动程超出银片的末端	5	未按规定操作扣 5 分			
		用一块干净的脱脂棉用力擦拭银片，以除去所有的金属屑，直至用一块新的脱脂棉擦拭不再留下痕迹	6	未按规定操作扣 6 分			

续表 12-3

序号	考试内容	评分要素	配分	评分标准	扣分	得分	备注
4	测定	向试管中倒入 250 mL 样品	3	操作不正确扣 3 分			
		将最后磨光的银片在 1 min 内慢慢滑入试管并浸入试样中	4	操作不正确扣 4 分			
4	测定	用软木塞塞住试管口，浸入 50 ℃ ±1 ℃的浴中，经过 4 h± 5 min 后取出试管	5	操作不正确扣 5 分			
5	银片检查	把试管的内容物倒入高型烧杯中	3	操作不正确扣 3 分			
		取出银片，洗去试样	4	操作不正确扣 4 分			
		清洗后立即取出银片	6	操作不正确扣 6 分			
		将银片和腐蚀标准色板进行观察	6	操作不正确扣 6 分			
		使用扁平试管时要用脱脂棉塞住	6	操作不正确扣 6 分			
6	结果判断及记录	判定银片腐蚀结果	10	结果判断不正确扣 10 分			
		记录及时、准确，无漏项，书写工整，无涂改，杠改应签字	3	记录不符合要求一处扣 1 分			
7	仪器归位	试验完毕及时处理“三废”，仪器设备复位，物放有序	4	未处理“三废”扣 2 分，仪器未复位扣 2 分			
8	清理现场	打扫操作现场		未打扫现场从总分中扣 3 分，打扫不干净扣 1 分			
9	安全文明操作	按国家或企业颁发有关安全规定执行操作		每违反一项规定从总分中扣 5 分			
10	考试时限	在规定时间内完成		每超时 1 min 从总分中扣 5 分，超时 3 min 停止操作			
合计			100				
考核人签名： 日期：							

附录样表

某喷气燃料银片腐蚀试验原始记录见表 12-4。

表 12-4 某喷气燃料银片腐蚀试验原始记录表

记录编号 2023012 执行标准 SH/T 0023 油样名称 3 号喷气燃料 油料批号 ______

油样编号 ______ 取样地点 1 号罐 化验类别 入库 仪器型号 DSY-020A

仪器编号 01 室 温 21 ℃ 湿 度 60%

试验次数		一	二
金属片	种类	银片	银片
	规格 /（mm × mm × mm）	17 × 12.5 × 2.5	17 × 12.5 × 2.5
洗涤试剂		异辛烷	异辛烷
磨光材料		碳化硅，砂纸 65 μm，沙砾 105 μm	碳化硅，砂纸 65 μm，沙砾 105 μm
试样用量 /mL		250	250
试验温度 /℃		50	50
恒温时间 /h		4	4
现象描述		银白色褪色	银白色褪色
结果判断		轻度变色	轻度变色
腐蚀级别		1	1
质量指标		银色腐蚀 不大于 1 级	
结 论		按执行标准，合格	
备注：			

试验者 △△△　　　审核者 △△△　　　× × 年 × 月 × 日

项目十三　航空燃料水反应试验

情境描述

石油产品的洁净性是指石油产品中所含的水分、固体颗粒污染物（机械杂质）、表面活性物质及微生物等的多少。为了确保用油装备的正常工作，要求石油产品必须具有良好的洁净性。

现有3号喷气燃料，需对其洁净性进行评价，故检验中心需依据国家标准GB/T 1793，设计试验方案，严格执行试验标准，正确组装测定仪器设备，按标准规定条件进行水反应试验，检查油品中有无水溶性掺入物及评定燃料清洁度、油水分离性质。

一、学习目标

（1）掌握航空燃料的水反应试验测定原理、测定方法及影响测定结果准确性的因素。

（2）能按照执行标准规范完成操作并出具合格的原始记录表，依据评分细则分析误差产生的原因，并提出某些改进措施。

（3）具有一丝不苟地依据标准进行检验和判定的职业素养。

二、项目概述

引用标准：GB/T 1793《航空燃料水反应试验法》。

航空燃料的水反应试验是在室温下将燃料和磷酸盐缓冲溶液一起按规定条件摇动，随后观察缓冲溶液（水相）的体积变化、界面现象及两相分离程度。它是检查喷气燃料（也适用于航空汽油）中有无水溶性掺入物及评定燃料清洁度、油水分离性质的一种定性试验。

三、原理分析

将装在洁净的玻璃量筒内的试样与磷酸盐缓冲溶液在室温下用标准的方法摇匀，检查玻璃量筒的洁净性。当测量航空汽油时，水层体积的变化表明燃料中存在着水溶性组分，例如醇类物质。当测量航空涡轮燃料时，界面现象表明存在着部分溶解污染物，如表面活性剂。这些影响界面的污染物容易使过滤分离器很快失去作用导致游离水和颗粒物的通过。

水反应体积变化：航空汽油水溶性组分存在的定性指示。

水反应界面状况评级：定性评定水和航空涡轮燃料混合物形成界面膜或沉淀的趋势。

水反应分离程度评级：定性评定未充分清洁的玻璃器具在分离的燃料层和水层中形成乳状液和（或）沉淀的趋势。

膜：未黏附在玻璃量筒上的半透明薄层。

带状物：比头发状碎片粗的纤维和（或）多于 10% 的交织物。

碎片：头发状的纤维，其中少于 10% 被交织在一起。

四、仪器及试剂

（1）具塞玻璃量筒：100 mL，分度值为 1 mL，100 mL 刻线处到量筒口的距离为 50~60 mm。

（2）磷酸盐缓冲溶液：pH=7。将 1.15 g 无水磷酸氢二钾（K_2HPO_4）和 0.47 g 无水磷酸二氢钾（KH_2PO_4）溶解在 100 mL 水中。若要准备更大量的磷酸盐缓冲溶液，则需保持水溶液中的两种磷酸盐浓度与上面所述的相同。同样，实验室也可以使用商品缓冲溶液。

（3）蒸馏水或同等纯度的水。

（4）玻璃器皿洗液：饱和浓硫酸（H_2SO_4，相对密度 1.84）与重铬酸钾（$K_2Cr_2O_7$）或重铬酸钠（$Na_2Cr_2O_7$）的混合溶液。

（5）工业己烷：符合 GB/T 17602 要求。

（6）正庚烷。

（7）石油醚：60~90 ℃，符合 GB/T 15894 要求。

（8）丙酮。

五、操作步骤

按 GB/T 1793《航空燃料水反应试验法》操作。

喷气燃料水反应试验

1. **仪器准备**

进行试验之前应彻底清洗量筒。清洗过程如下：

首先，用热自来水冲洗量筒和塞子，以除去油迹，必要时要刷洗；或者用工业己烷、正庚烷或石油醚除去量筒和塞子上所有的油迹。然后用自来水冲洗。最后用丙酮冲洗。

按上述的步骤清洗后，将量筒和塞子浸入非离子型清洁剂溶液或玻璃器皿洗液中。在用非离子洗涤溶液或玻璃清洗液清洗后，分别用自来水和蒸馏水冲洗，随后用磷酸盐缓冲溶液冲洗并干燥。

若玻璃量筒清洗不够彻底，则试验可能会得出燃料被污染的错误指示。只能使用完全清洗干净的量筒。倒置清洗过的量筒，将清洗液彻底排除干净（没有液珠挂壁）的量筒才是完全清洁的。另外，分离程度评级等于或小于 2 级则表明玻璃量筒完全清洁。

2. **样品准备**

试样至少为 100 mL，要求使用清洁的容器。在任何情况下，采取的试样都不应进行预过滤。过滤介质可能会除去表面活性剂，表面活性剂的检测是本试验方法的目的之一。如果试样被颗粒物污染，那么测试前可进行沉降。

注意：测试结果容易受取样容器中的微量污染物影响。

3. **试验步骤**

（1）量取缓冲溶液和试样。

在室温下取 20 mL 磷酸盐缓冲溶液倒入量筒中，记录体积，精确到 0.5 mL。在室温下加 80 mL 试样，塞上玻璃塞。

（2）摇动。

上下摇动量筒 2 min ± 5 s，每秒 2~3 次，摇动幅度为 12~25 cm。

注意：小心摇动量筒以避免产生旋涡，因为注满会破坏可能形成的乳化。

（3）判断结果。

立即把量筒放在没有振动的平台上，静置 5 min。

不要拿起量筒，在散射光照射下，观察记录如下内容：

① 水相体积的变化，精确到 0.5 mL。

② 两相的分离评级情况（见表 13-1）。

表 13-1　分离程度

级　别	现　象
1	在每一层中或燃料层上，完全不存在乳化物和（或）沉淀物
2	除了在燃料层中有小气泡或小水滴外，其他同 1 级
3	在每一层中或在燃料层上有乳化物和（或）沉淀物，或者在水层中有小液滴，或小液滴黏附于量筒壁上（不包括燃料层上面的壁面）上

③ 界面情况评级（见表 13-2）。

表 13-2　界面情况

级　别	现　象
1	清澈和清洁
1b	小的清澈的气泡遮盖估计不大于 50% 的界面，界面处无碎片、带状物或膜
2	界面处有碎片、带状物或膜
3	有松散的带状物和（或）少量浮沫
4	有紧密的带状物和（或）较多浮沫

4. 精密度和偏差

（1）精密度：水相体积的变化是航空汽油水反应和水溶性组分的定性指示，所以没有精密度的报告。

由于航空涡轮燃料水反应评定方法完全是定性的，因此对水反应的界面评级规定精密度是不切实际的。

（2）偏差：由于体积变化值和界面评级仅是根据本试验方法而定义的，因此该方法测试步骤没有偏差。

六、注意事项

（1）量取缓冲溶液要准确至 0.5 mL，摇动混合液的时间、频率、幅度均应按规定进行，以防止摇动过于激烈产生旋涡运动，从而破坏可能产生的乳化。

（2）水相体积变化与界面情况评级要正确。

（3）试样不应过滤，以防除去试样中的表面活性物质。若被污染，则测定前可以进行沉淀处理。

七、质检报告单

航空燃料水反应试验原始记录见表 13-3。

表 13–3　航空燃料水反应试验原始记录表

记录编号 ________ 执行标准 ________ 油样名称 ________ 油料批号 ________ 油样编号 ________ 取样地点 ________ 化验类别 ________ 室　温 ________			
试 验 次 数		一	二
试样用量 /mL			
缓冲溶液用量 /mL			
结果判断	水相体积变化 /mL		
	界面情况		
	界面情况级别		
	两相的分离情况		
	分离情况级别		
质量指标			
结　论			

试验者 △△△　　　　审核者 △△△　　　　× × 年 × 月 × 日

八、项目考核

航空燃料水反应试验评分细则见表 13-4。

表 13–4　航空燃料水反应试验评分细则

操作时间：30 min

序号	考试内容	评分要素	配分	评分标准	扣分	得分	备注
1	准备工作	工具、用具准备齐全	5	未准备工具、用具不得分，少准备一件扣 1 分，扣完 5 分为止			
		检查玻璃器具	5	未检查不得分，漏查一件扣 2 分，有破损未检查出扣 3 分			

续表 13-4

序号	考试内容	评分要素	配分	评分标准	扣分	得分	备注
1	准备工作	洗涤量筒和塞子	10	未进行洗涤操作不得分，洗涤方法不正确扣 5 分，洗涤不干净扣 5 分			
		将量筒和塞子浸入清洁剂溶液或玻璃器皿洗液中	10	未按规定操作扣 10 分			
2	样品准备	使用清洁容器量取试样至少 100 mL	10	试样少于 100 mL 扣 5 分，未使用清洁容器扣 5 分			
3	测定	量取缓冲溶液和试样	15	未按规定操作扣 15 分			
		上下摇动量筒 2 min ± 5 s，每秒 2~3 次，摇动幅度 12~25 cm	15	未按规定操作扣 15 分			
		把量筒放在平台上，静置 5 min	5	未按规定操作扣 5 分			
4	结果判断及记录	判断结果	15	水相体积未精确到 0.5 mL 扣 5 分，两相的分离评级不准确扣 5 分，界面情况评级不准确扣 5 分			
		记录及时、准确，无漏项，书写工整，无涂改，杠改应签字	5	记录不及时一处扣 1 分，漏项一处扣 1 分，涂改一处扣 1 分，杠改未签字一处扣 2 分			
5	仪器归位	试验完毕及时处理“三废”，仪器复位，物放有序	5	未处理“三废”扣 3 分，仪器未复位扣 2 分			
6	清理现场	打扫操作现场		未打扫现场从总分中扣 3 分，打扫不干净扣 1 分			
7	安全文明操作	按国家或企业颁发有关安全规定执行操作		每违反一项规定从总分中扣 5 分，严重违规者取消考试资格			
8	考试时限	在规定时间内完成		每超时 1 min 从总分中扣 5 分，超时 3 min 停止操作			

续表 13-5

序号	考试内容	评分要素	配分	评分标准	扣分	得分	备注
合　计			100				
考核人签名： 日期：							

附录样表

某航空燃料水反应试验原始记录见表 13-5。

表 13-5　某航空燃料水反应试验原始记录表

记录编号 2023013　执行标准 GB/T 1793　油样名称 3 号喷气燃料　油料批号 ______ 油样编号 ______　取样地点 1 号罐　化验类别 出库　室　温 24 ℃			
试验次数		一	二
试样用量 /mL		80	80
缓冲溶液用量 /mL		20.0	20.0
结果判断	水相体积变化 /mL		
	界面情况	有小的干净气泡遮盖，遮盖面为界面的 2/5，界面处无碎片、带状物或薄膜	有小的干净气泡遮盖，遮盖面为界面的 1/5，界面处无碎片、带状物或薄膜
	界面情况级别	1b	1b
	两相的分离情况	在两相液体内的燃料层上，无乳化及沉淀物	在两相液体内和燃料层上，无乳化及沉淀物
	分离情况级别	1	1
质量指标		界面情况不大于 1b 级，分离程度不大于 2 级	
结　论		按执行标准，合格	

试验者 △△△　　　　审核者 △△△　　　　× × 年 × 月 × 日

项目十四　喷气燃料固体颗粒污染物测定

情境描述

石油产品的洁净性是指石油产品中所含的水分、固体颗粒污染物（机械杂质）、表面活性物质及微生物等的多少。为了确保用油装备的正常工作，要求石油产品必须具有良好的洁净性。

喷气燃料的洁净度是极其重要的指标。如果洁净度不达标，那么可能导致飞行事故的发生。现有3号喷气燃料，需对其洁净性进行评价，故检验中心需依据石化行业标准SH/T 0093，设计试验方案，严格执行试验标准，正确组装测定仪器设备，按标准规定条件测定3号喷气燃料的固体颗粒污染物含量。

一、学习目标

（1）掌握喷气燃料固体颗粒污染物测定原理及影响测定结果的因素。

（2）能按照执行标准规范完成操作并出具合格的原始记录表，依据评分细则分析误差产生的原因，并提出某些改进措施。

（3）具有一丝不苟地依据标准进行检验和判定的职业素养。

二、项目概述

引用标准：SH/T 0093《喷气燃料固体颗粒污染物测定法》。

固体颗粒污染物（机械杂质）是指存在于油品中不溶于规定溶剂（汽油、苯等）的杂质。这些杂质一般指的是砂子、尘土、铁屑和矿物盐（如氧化铁）以及不溶于溶剂的有机成分（如沥青质和碳化物等），这些杂质一般是在加工精制、运输、储存时混入的，会堵塞滤清器和喷油嘴，使供油不正常，严重时会导致供油中断。

三、原理分析

在规定的条件下，先将已知体积的试样通过玻璃砂芯过滤装置过滤、冲洗和干燥，再测试过滤膜片质量的增加。微孔薄膜过滤片上增加的质量即试样的总污染物质量。同时，也要测定位于试验过滤膜片下面的控制过滤膜片的质量变化。通过对比试验过滤膜片和控制过滤膜片的质量增加，可有效测量污染程度。

四、仪器与试剂

（1）分析天平：分度值 0.000 1 g，托盘直径大于 50 mm。

（2）电烘箱：不应用空气循环风扇，控制温度 90 ℃ ±5 ℃。

（3）培养皿：直径为 125 mm，内有可移动的玻璃支架。

（4）镊子：端头扁平，无锯齿。

（5）真空系统：真空度不小于 80 kPa。

（6）5 000 mL 吸滤瓶，1 000 mL 量筒。

（7）玻璃砂芯过滤装置（见图 14-1）：包括 1 个漏斗和 1 个带有玻璃砂芯作衬垫的漏斗座，微孔薄膜过滤片可以夹在这两者之间，并可用铝金属夹子夹住。

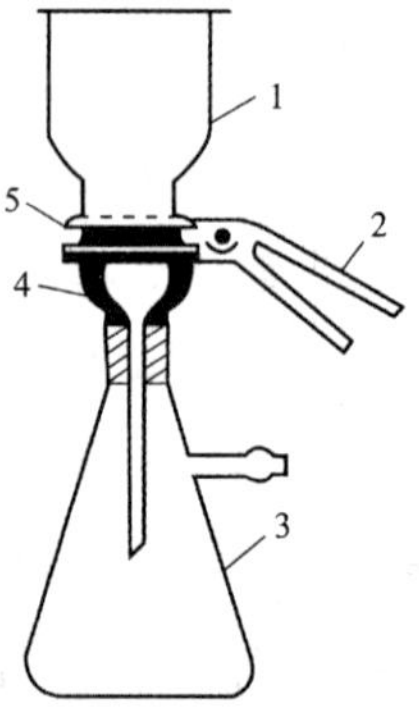

图 14-1　玻璃砂芯过滤装置

1—漏斗；2—铝金属夹；3—吸滤瓶；4—砂芯漏斗座；5—膜滤片。

（8）溶剂过滤器（亦称为清洗液过滤器，见图 14-2）：包括不锈钢过滤片夹具、过滤片（名义孔径 0.65 μm，平面直径 25 mm），500 mL 吸滤瓶和二联球。为操作方便，可在橡胶塞上打一小孔，使用时，用一手指按住小孔。使用后，手指一松开，滤液立即停喷。

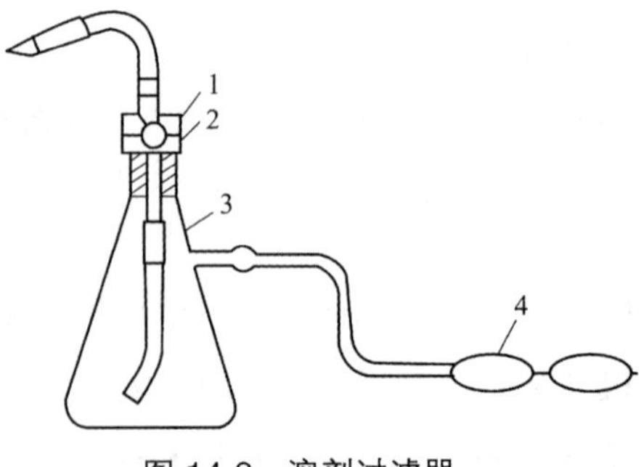

图 14-2　溶剂过滤器

1—不锈钢膜滤片夹具；2—过滤片；3—吸滤瓶；4—二联球。

（9）微孔薄膜过滤片（简称膜滤片）：2 张，直径 47~50 mm，名义孔径 0.8 μm，每张滤片质量不得超过 0.1 g。

（10）石油醚：分析纯，30~60 ℃。

五、操作步骤

喷气燃料固体颗粒污染物测定

按 SH/T 0093《喷气燃料固体颗粒污染物测定法》操作。

1. 取样

按 GB/T 4756 取样，试样量为 4~5 L，精确至 0.1 L。

2. 仪器准备

（1）首先用清洗剂清洗玻璃砂芯过滤装置，培养皿和玻璃支架，然后用自来水，蒸馏水清洗。

（2）用经溶剂过滤器过滤的石油醚淋洗上述仪器。

（3）经数秒钟后，在室温下或烘箱中干燥，并用经溶剂过滤器冲洗过的塑料布盖好。

3. 膜滤片准备

（1）用镊子小心地将 2 张膜滤片浸于盛有约 100 mL 经过过滤的石油醚的培养皿中浸泡，约 20 min。

（2）用镊子小心地将 2 张膜滤片分别放在 2 个有标记的培养皿中，为便于取夹，膜滤片应倾靠在皿内的玻璃支架上。

（3）将 2 个培养皿稍为打开，放入 90℃ ±5℃的烘箱中干燥 30 min。

（4）从烘箱中取出 2 个培养皿，置于天平附近待称，皿盖微开，40 min 后用镊子分别夹住膜滤片边缘放于天平上称量，注意膜滤片要放于秤盘中间。

（5）用镊子分别把 2 张膜滤片夹在玻璃砂芯过滤装置的对接处，上面的一张称为试验膜滤片，下面的称为控制膜滤片。然后用铝金属夹夹住玻璃砂芯过滤装置。

4. 测定

（1）剧烈摇动试样瓶约半分钟，并将一部分试样倒入过滤器漏斗中。

（2）开动真空泵进行过滤，3 min 后系统的真空度达到 80 kPa。

（3）在每加一次试样前都要搅拌试样，并始终维持玻璃砂芯过滤装置漏斗内有一定的液压。

（4）试样滤完后，记录过滤试样体积。使用溶剂过滤器，并用至少 50 mL 的石油醚冲洗试样瓶内壁，随后将冲洗液全部倒入过滤器漏斗中，使污染物尽量全部转移到膜滤片上。

（5）使系统放空后，停真空泵。通过溶剂过滤器用石油醚冲洗过滤器漏斗内壁，并让石油醚浸没膜滤片约 30 s，随后开动真空泵，待石油醚全部抽出后数秒钟，停真空泵。

（6）小心地卸下铝金属夹和漏斗，用镊子小心地从砂芯漏斗座上取下试验膜滤片及控制膜滤片，并分别放在2个有标记的带盖的培养皿中。

（7）按本方法膜滤片准备第（2）、（3）、（4）步骤，干燥称量膜滤片，注意不要扰动膜滤片表面上的污染物。

5. 计算

试样固体颗粒污染物含量X，用mg/L表示，按式（14-1）计算：

$$X(\text{mg/L})=\frac{(m_1-m_2)-(m_3-m_4)}{V}\times 1\,000 \tag{14-1}$$

式中 m_1——试验膜滤片试验后的质量，g；

m_2——试验膜滤片未经试验的质量，g；

m_3——控制膜滤片试验后的质量，g；

m_4——控制膜滤片未经试验的质量，g；

V——过滤试样的实际体积，L。

6. 精密度

重复性：统一操作者重复测定两个结果之差不应大于表14-1中数值。

表14–1 重复性

固体颗粒污染物含量/（$mg\cdot L^{-1}$）	重复性/（$mg\cdot L^{-1}$）
＜0.5	0.3
0.5~1.0	0.4
＞1.0	0.6

7. 报告

取重复测定两个结果的算术平均值作为测定结果，取至0.01 mg/L。

六、注意事项

（1）测定过程中加试样时要充分摇动，防止杂质沉淀，试样应分批加入。

（2）玻璃砂芯过滤装置、培养皿和玻璃支架必须清洁干燥，防止外来物混入试样中而影响测定结果。

（3）试验所用的仪器要严格按照试验规定清洗。

（4）试验的准备过程及操作过程都应在洁净环境中进行。

七、质检报告单

喷气燃料固体颗粒污染物测定原始记录见表 14-2。

表 14–2　喷气燃料固体颗粒污染物测定原始记录表

记录编号＿＿＿＿ 执行标准＿＿＿＿ 油样名称＿＿＿＿ 油料批号＿＿＿＿ 油样编号＿＿＿＿ 取样地点＿＿＿＿ 化验类别＿＿＿＿ 油　温＿＿＿＿ 室　温＿＿＿＿					
次数 / 项目		一		二	
试验片重	编　号				
	试验前，m_2/g				
	试验后，m_1/g				
控制片重	编　号				
	试验前，m_4/g				
	试验后，m_3/g				
过滤体积，V/L					
结果 / (mg · L^{-1})					
平均值 / (mg · L^{-1})					
重复性 / (mg · L^{-1})		允许差值		实测差值	
质量指数					
结　论					
备注（计算）：					

试验者<u>　△△△　</u>　　　　审核者<u>　△△△　</u>　　　　<u>××</u>年<u>×</u>月<u>×</u>日

八、项目考核

喷气燃料固体颗粒污染物测定评分细则见表 14-3。

表 14–3　喷气燃料固体颗粒污染物测定评分细则

操作时间：210 min

序号	考试内容	评分要素	配分	评分标准	扣分	得分	备注
1	准备工作	工具、用具准备齐全	5	少准备一件扣 2 分			
		检查玻璃器具	5	未检查不得分，漏查一件扣 2 分，有破损未检查出扣 3 分			
		洗涤玻璃砂芯过滤装置、培养皿和支架	10	洗涤方法不正确扣 5 分，洗涤不干净扣 5 分			
		膜滤片准备	12	未将膜滤片浸于经过过滤的石油醚的培养皿中浸泡扣 4 分，浸泡时候未够 20 min 扣 4 分，未将培养皿干燥并称重扣 4 分			
2	测定	剧烈摇动试样瓶约半分钟，将一部分试样倒入过滤器漏斗中	10	未按规定操作扣 10 分			
		开动真空泵进行过滤，3 min 后系统的真空度达到 80 kPa	10	未开动真空泵进行过滤扣 5 分，3 min 后真空度未达到 80 kPa 扣 5 分			
		加试样前搅拌试样，并维持过滤装置漏斗内有一定的液压	10	未按规定操作扣 10 分			
		试样滤完后，用溶剂清洗过滤器，使污染物尽量全部转移到膜滤片上	10	未记录过滤试样体积扣 3 分，未用石油醚冲洗试样瓶内壁扣 3 分，污染物未全部转移到膜滤片上扣 4 分			
		系统放空，停真空泵	10	系统未放空扣 5 分，未按规定操作停真空泵扣 5 分			
		取下试验膜滤片及控制膜滤片	6	未按要求操作扣 6 分			

续表 14-3

序号	考试内容	评分要素	配分	评分标准	扣分	得分	备注
3	计算及记录	计算方法正确，计算结果准确	5	计算方法不正确不得分，计算结果不准确扣 5 分			
		记录及时、准确，无漏项，书写工整，无涂改，杠改应签字	5	记录不及时一处扣 1 分，漏项一处扣 1 分，涂改一处扣 1 分，杠改未签字一处扣 2 分			
4	仪器归位	试验完毕及时处理“三废”，仪器复位	2	未处理“三废”扣 1 分，仪器未复位扣 1 分			
5	清理现场	打扫操作现场		未打扫现场从总分中扣 3 分，打扫不干净扣 1 分			
6	安全文明操作	按国家或企业颁发有关安全规定执行操作		每违反一项规定从总分中扣 5 分，严重违规者取消考试资格			
7	考试时限	在规定时间内完成		每超时 1 min 从总分中扣 5 分，超时 3 min 停止操作			
合计			100				
考核人签名： 日期：							

附录样表

某喷气燃料固体颗粒污染物测定原始记录见表 14-4。

表 14-4 某喷气燃料固体颗粒污染物测定原始记录表

记录编号 2023014　执行标准 SH/T 0093　油样名称 3 号喷气燃料　油料批号 ______
油样编号 ______　取样地点 ______　化验类别 ______　油　温 19 ℃
室　温 20 ℃

项目 \ 次数		一	二
试验片重	编号	A_1	A_2
	试验前，m_2/g	0.072 1	0.073 1
	试验后，m_1/g	0.072 6	0.073 7

续表 14-4

<table>
<tr><td colspan="6">记录编号 2023014　执行标准 SH/T 0093　油样名称 3 号喷气燃料　油料批号 ____
油样编号 ____　取样地点 ____　化验类别 ____　油　温 19 ℃
室　温 20 ℃</td></tr>
<tr><td colspan="2">次数 / 项目</td><td colspan="2">一</td><td colspan="2">二</td></tr>
<tr><td rowspan="3">控制片重</td><td>编　号</td><td colspan="2">B_1</td><td colspan="2">B_2</td></tr>
<tr><td>试验前，m_4/g</td><td colspan="2">0.073 4</td><td colspan="2">0.075 0</td></tr>
<tr><td>试验后，m_3/g</td><td colspan="2">0.073 6</td><td colspan="2">0.075 2</td></tr>
<tr><td colspan="2">过滤体积，V/L</td><td colspan="2">4.6</td><td colspan="2">4.6</td></tr>
<tr><td colspan="2">结果 /（$mg \cdot L^{-1}$）</td><td colspan="2">0.065</td><td colspan="2">0.087</td></tr>
<tr><td colspan="2">平均值 /（$mg \cdot L^{-1}$）</td><td colspan="4">0.08</td></tr>
<tr><td colspan="2">重复性 /（$mg \cdot L^{-1}$）</td><td>允许差值</td><td>0.3</td><td>实测差值</td><td>0.02</td></tr>
<tr><td colspan="2">质量指数</td><td colspan="4">固体颗粒污染物含量不大于 1 mg/L</td></tr>
<tr><td colspan="2">结　论</td><td colspan="4">按执行标准，合格</td></tr>
</table>

备注（计算）：

$$X=\frac{(m_1-m_2)-(m_3-m_4)}{V}\times 1\,000$$

$$X_1=\frac{(0.072\,6-0.072\,1)-(0.073\,6-0.073\,4)}{4.6}\times 1\,000=0.065$$

$$X_2=\frac{(0.073\,7-0.073\,1)-(0.075\,2-0.075\,0)}{4.6}\times 1\,000=0.087$$

$$\overline{X}=(0.065+0.087)/2=0.076\approx 0.08$$

试验者 △△△　　　　审核者 △△△　　　　× × 年 × 月 × 日

项目十五　航空燃料与馏分燃料电导率测定

情境描述

轻质石油产品（喷气燃料、汽油等）在泵送、加注、运输等过程中，特别是给飞机加油时，由于互相摩擦会产生静电。而燃料的导电性能差，容易发生静电积聚，在一定条件下，可能产生放电现象，点燃混合气，造成静电失火事故。

现有3号喷气燃料，某航空公司需对其洁净性进行评价，故检验中心需依据国家标准GB/T 6539，设计试验方案，严格执行试验标准，正确组装测定仪器设备，按标准规定条件测定3号喷气燃料的电导率。

一、学习目标

（1）掌握石油产品电导率测定原理、测定方法及影响测定结果的因素。

（2）能按照执行标准规范完成操作并出具合格的原始记录表，依据评分细则分析误差产生的原因，并提出某些改进措施。

（3）具有一丝不苟地依据标准进行检验和判定的职业素养。

二、项目概述

参考标准：GB/T 6539《航空燃料与馏分燃料电导率测定法》。

轻质石油产品（喷气燃料、汽油等）的导电性能差，电导率很低（航空燃料一般在0.1~100 pS/m间，通常为50 pS/m以下），pS/m（皮西门子/米）是电导率的单位（国际单位制：1 pS/m=$1\times10^{-12}\Omega^{-1}$ m^{-1}=1皮姆欧/米）。液体燃料在泵送、储存、加注、运输等过程中，由于互相摩擦而产生静电，易发生静电集聚甚至失火事故。为从根本上杜绝静电失火事故，主要的措施是向燃料中加入抗静电添加剂。抗静电添加剂的作用就是提高燃料的导电能力，使燃料的电导率达到50 pS/m（燃料电导率的安全值）以上。此时电荷的消散过程大大超过了电荷的形成过程，从而避免了静电电荷的危险积聚。

三、原理分析

轻质石油产品电导率测定，就是利用电导率测定仪测定燃料中抗静电添加剂加入量是否合乎要求。在浸没于燃料内的两个电极之间加一个直流电压，其间所产生的电流以电导率的数值来表示。为避免离子极化引起的误差，在施加电压后，应立即进行电流的瞬间测量。只要正确选择电极尺寸和电流测量仪表，就可测量 1 pS/m 或更高的电导率。应在现场测量电导率，以避免试样运送过程中发生衰减变化或被感染。若必须取样测量时，则必须严格遵守有关规定。

四、仪器及试剂

（1）电导池和电流测量仪：任何一种能在施加电压之后，瞬间给出电导率，并能满足本方法精密度要求的仪器。ME5368-C 型电导率仪如图 15-1 所示。

图 15-1　ME5368-C 型电导率仪

（2）温度计：具有适当测量范围，且能用于现场测量的温度计。

（3）测量容器：能全部浸没电导池的圆筒形容器，其容积不少于 1 L。

（4）异丙醇：分析纯。

（5）甲苯：分析纯。

（6）正庚烷：分析纯。

轻质石油产品
电导率测定

五、方法步骤

按 GB/T 6539《航空燃料与馏分燃料电导率测定法》操作。

1. 试验准备

试样的电导率应在现场测量，以避免试样运送过程中发生衰减变化或被污染。若必须取样测量时，则应遵守下列规定：

（1）试样尽可能多些，不少于 1 L。

（2）所有取样容器在取样前应用清洗溶剂彻底洗净，并用空气流吹干。所有容器包括盖子均应用待测试样清洗至少 3 次。

（3）为避免电导率的衰减变化，取样后应尽快测量，最迟不应超过 24 h。

2. 校准

校准方法应根据所用仪器型号决定。

3. 现场测量

（1）准备工作。

将清洁、干燥的电导池与仪器可靠连接并浸入待测的试样中，上下移动电导池，以泄出气泡和先前留存的残油。

要保证电导池全部浸入试样中，但要注意防止电导池与容器底部接触，以避免读数误差。如果容器底部有水分离层，那么在电导池与水接触后，仪表会失灵。此时必须用清洗溶剂彻底清洗，并在空气流中吹干。

（2）测量。

① 当电导池浸没并达到静止时，按下测量按钮接通电源和通过电导池的测量电压。当仪表指针偏转并稳定后，记下最大读数。此过程不应超过 3 s。

② 当仪器有几个量程时，要选择测量电导率最高灵敏度的量程，将测得的读数乘以倍数，便可得到正确的读数。

③ 重复测量，将电导池上下移动一小段距离（如在油罐中测量，约 0.5 m，可移动 3 次）以便在每次测量时，更新其所测的试样。

④ 由于电导率与温度有关，因此要同时测量试样温度。

4. 实验室测量

（1）清洗容器。

测量前要彻底清洗测量容器。

（2）清洗电导池。

用待测的试样彻底清洗电导池，以洗掉前次测量时留存的残余试样。

（3）测量。

把电导池全部浸没在待测试样中，注意电导池底部不要与容器接触，以免引起读数误差。按现场测量规定程序测量电导率和试样温度。

5. 报告

报告试样电导率和测量时的试样温度。如果电导率测定仪读数为零，那么可报告测量结果小于 1 pS/m。

6. 精密度及偏差

（1）本标准的精密度是由操作者和仪器组合，在同一测试地点得到的测试结果进行统计分析而确定。

① 重复性：同一操作者，在同一实验室使用同一仪器，按测量方法正确操作，对同一温度的样品进行测量，连续 20 次测量结果之差，仅允许 1 次超过表 15-1 所列数值。

② 再现性：不同操作者，在同一实验场所，按测量方法正确操作，对同一温度的样品进行测量，20 次测量结果之差，仅允许 1 次超过表 15-1 所列数值。

（2）操作者对装运燃料进行电导率测量时，其重复性数值类似于表 15-1 的数值，而再现性数值都达不到要求，建议操作者到大批燃料储存基地，按规定的方法对整批燃料或新取燃料进行电导率测量。这样可以确保获得与整批燃料一致的样品，并可应用表 15-1 中所示的精密度数值。

表 15–1　精密度

单位：　pS/m

电导率	重复性	再现性
1	1	1
15	1	3
20	1	4
30	2	6
50	3	10
70	4	13
100	5	17
200	10	32
300	14	45
500	21	69
700	29	92
1 000	39	125
1 500	55	177

（3）偏差：由于既没有公认的标准物，又没有适当的试验方法来确定电导率测定法的偏差，故无法给出偏差数值。

六、注意事项

（1）盛被测溶液的容器必须清洁，无离子污染。

（2）测定仪应安置于干燥环境，避免因水滴溅射或受潮引起仪表漏电或测量误差。

七、质检报告单

航空燃料与馏分燃料电导率测定原始记录见表 15-2。

表 15-2　航空燃料与馏分燃料电导率测定原始记录表

记录编号________ 执行标准________ 油样名称________ 油料批号________
油样编号________ 取样地点________ 化验类别________ 室　温________
湿　度________ 仪器型号________ 仪器编号________ 检定日期________

试验次数		一	二	三
试样用量 /mL				
试验储存时间 /h				
试样温度 /℃				
电导率记录 /($pS \cdot m^{-1}$)	1			
	2			
	3			
	4			
	5			
结果 / ($pS \cdot m^{-1}$)				
平均值 / ($pS \cdot m^{-1}$)				
重复性	允许差值 / ($pS \cdot m^{-1}$)			
	实测差值 / ($pS \cdot m^{-1}$)			
质量指标				
结　论				
备注：				

试验者 △△△　　审核者 △△△　　××年×月×日

八、项目考核

航空燃料与馏分燃料电导率测定评分细则见表 15-3。

表 15-3　航空燃料与馏分燃料电导率测定评分细则

操作时间：30 min

序号	考试内容	评分要素	配分	评分标准	扣分	得分	备注
1	准备工作	工具、用具准备齐全	5	未准备工具、用具不得分，少准备一件扣 1 分，扣完 5 分为止			
		检查并清洗测量容器	10	未检查不得分，未进行洗涤不得分，洗涤方法不正确扣 5 分，洗涤不干净扣 5 分			
		按规定方法取样，试样不少于 1 L	10	未按规定方法取样扣 5 分，试样少于 1 L 扣 5 分			
		仪器校准	10	未按仪器型号规定校准方法校准扣 10 分			
		将清洁、干燥的电导池与仪器可靠连接	5	未按规定要求连接扣 5 分			
		将仪器浸入试样中，泄出气泡和残油	15	仪器未完全浸入试样扣 5 分，气泡和残油未排净扣 10 分			
2	测定	当电导池浸没并达到静止时，测量电压	10	仪表指针偏转未达到稳定读数扣 5 分，操作时间超过 3 s 扣 5 分			
		重复测量，将电导池上下移动一小段距离，以便更新试样	15	未重复测量扣 5 分，未移动一小段距离更新试样扣 10 分			
		温度测量	5	未按规定操作测量温度扣 5 分			
3	计算及记录	计算方法正确，计算结果准确	5	计算方法不正确不得分，计算结果不准确扣 5 分			
		记录及时、准确，无漏项，书写工整，无涂改，杠改应签字	5	记录不及时一处扣 1 分，漏项一处扣 1 分，涂改一处扣 1 分，杠改未签字一处扣 2 分			

续表 15-3

序号	考试内容	评分要素	配分	评分标准	扣分	得分	备注
4	仪器归位	试验完毕及时处理“三废”，仪器复位，物放有序	5	未处理“三废”扣 3 分，仪器未复位扣 2 分			
5	清理现场	打扫操作现场		未打扫现场从总分中扣 3 分，打扫不干净扣 1 分			
6	安全文明操作	按国家或企业颁发有关安全规定执行操作		每违反一项规定从总分中扣 5 分，严重违规者取消考试资格			
7	考试时限	在规定时间内完成		每超时 1 min 从总分中扣 5 分，超时 3 min 停止操作			
合计			100				
考核人签名： 日期：							

附录样表

某航空燃料与馏分燃料电导率测定原始记录见表 15-4。

表 15-4 某航空燃料与馏分燃料电导率测定原始记录表

记录编号 ______ 执行标准 GB/T 6539 油样名称 3 号喷气燃料 油料批号 ______
油样编号 ______ 取样地点 1 号罐 化验类别 入库 室 温 19 ℃
湿 度 61% 仪器型号 ______ 仪器编号 ______ 检定日期 2023.5.10

试验次数		一	二	三
试样用量 /mL		1 000	1 000	
试验储存时间 /h		2	2	
试样温度 /℃		20	20	
电导率记录 /（$pS \cdot m^{-1}$）	1	214	218	
	2			
	3			
	4			
	5			

续表 15-4

记录编号＿＿＿ 执行标准 GB/T 6539	油样名称 3 号喷气燃料	油料批号＿＿＿	
油样编号＿＿＿ 取样地点 1 号罐	化验类别 入库	室　温 19 ℃	
湿　度 61% 仪器型号＿＿＿	仪器编号＿＿＿	检定日期 2023.5.10	
试验次数	一	二	三
结果 / ($pS \cdot m^{-1}$)	214	218	
平均值 / ($pS \cdot m^{-1}$)	216		
重复性 允许差值 / ($pS \cdot m^{-1}$)	10		
重复性 实测差值 / ($pS \cdot m^{-1}$)	4		
质量指标	电导率（50~600）pS/m		
结　论	按执行标准，合格		
备注：			

试验者 △△△　　审核者 △△△　　××年×月×日

项目十六 燃料胶质含量测定

情境描述

现有航空燃料和车用汽油，需对其重要质量指标——安定性能进行评价。安定性能的评价指标主要包括实际胶质含量、诱导期等。依据国家标准 GB/T 8019，设计试验方案，熟练操作试验所需仪器、设备，测定航空燃料的实际胶质含量。

一、学习目标

（1）掌握燃料胶质含量测定方法及影响测定结果的因素。

（2）能按照执行标准规范完成操作并出具合格的原始记录表，依据评分细则分析误差产生的原因，并提出某些改进措施。

（3）具备良好的团队合作精神。

（4）具有一丝不苟地依据标准进行检验和判定的职业素养。

二、项目概述

参考标准：GB/T 8019《燃料胶质含量的测定 喷射蒸发法》。

胶质是燃料中的烃类（主要是不饱和烃类）经氧化、聚合、缩合所生成的深褐色和黑色胶状物质，它也能在测定条件下形成。当胶质生成量不大时，它能溶解在燃料中，随着氧化加剧，胶质含量增多，使燃料颜色逐渐变黄，直至析出胶状沉淀。在放置很久的试样瓶或油箱底部的一层深色黏稠液体就是析出的胶质沉淀。

发动机燃料实际胶质是指发动机燃料在测定条件规定的热空气流中蒸发所得到的残渣，其含量以 mg/100 mL 表示。实际胶质含量作为评定燃料（汽油、煤油、柴油）在发动机中使用时生成胶质倾向的指标，对指导正确使用燃料有着重要意义。燃料中胶质含量过多，会引发油路堵塞、气门黏结、发动机功率降低，严重时，过多的胶质会卡住气门，造成发动机停止工作。另外，定期测定燃料的胶质，能够使我们依据胶质的变化情况正确储存油料。

三、原理分析

将已知量的试样在控制的温度、空气或蒸汽流的条件下蒸发。若试样为航空燃料，则将所得残渣称重，所得结果以“mg/100 mL”报告。若为车用汽油，则将正庚烷抽提前和抽提后的残渣称重，所得结果以“mg/100 mL”报告。

实际胶质：航空燃料的蒸发残渣，未经进一步处理。

溶液洗胶质含量：非航空燃料的蒸发残渣经过正庚烷洗涤，除去洗涤液后的残渣量。

注意：对车用汽油或非航空汽油，溶剂洗胶质以前被称作“实际胶质”。

未洗胶质含量：在试验条件下，非航空燃料的蒸发残渣量，未经进一步处理。

测定的实际胶质含量，不是指油品中含有胶状物的真正数量，只是作为评定发动机燃料在发动机作用时生成倾向的一个指标。因此，这个测定值与用其他方法所测出的胶状物质（如硫酸胶质、硅酸胶质等）的结果有所区别。

四、仪器及试剂

（1）实际胶质测定仪 1 台，0~360 ℃温度计 1 支。喷射蒸发法胶质含量测定仪如图 16-1 所示。

（2）胶质杯 2 个，25 mL 量筒（或吸量管）1 个，镀铬坩埚钳 1 把。

（3）分析天平 1 台，分度值为 0.1 mg。

（4）鼓风机或空气压缩机或空气供应总管。

（5）苯（或丙酮），化学纯；或乙醇 - 苯混合液，用 95% 乙醇（化学纯）与苯（化学纯）按体积 1∶4 配成。

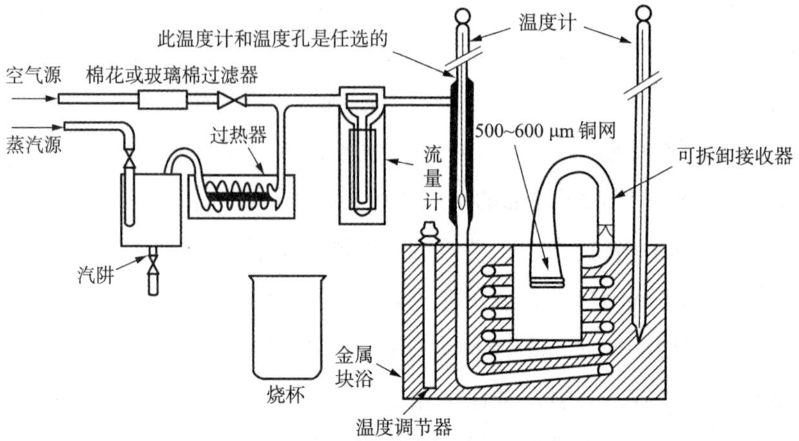

图 16-1　喷射蒸发法胶质含量测定仪

五、方法步骤

发动机燃料实际胶质测定

按 GB/T 8019《燃料胶质含量的测定 喷射蒸发法》操作。

1. 洗涤、干燥胶质杯

用胶质溶剂洗涤烧杯（包括配衡烧杯）直至无胶质。用水彻底清洗，并把它们浸泡在温和的碱性或中性的实验室去污剂清洗液中。用不锈钢镊子从清洗液中取出烧杯，并在以后也只许用镊子夹持。先用自来水，再用蒸馏水洗涤烧杯，并放在 150 ℃的烘箱中干燥至少 1 h，将烧杯放在天平附近的冷却容器中冷却至少 2 h。

2. 加热蒸发浴

按表 16-1 的规定，选择待测试样的试验条件。把蒸发浴温度加热到规定的试验温度。将空气或蒸汽引入装置，并调节流速至规定的流速。若使用外部预热器，则调节蒸发介质的温度，使试验孔达到规定的温度。

表 16–1　试验操作条件

样品类型	蒸发介质	操作温度 / ℃	
		浴	试验孔
航空汽油和车用汽油	空　气	160~165	150~160
喷气燃料	蒸　汽	232~246	229~235

3. 称量烧杯质量

第一次称量配衡烧杯和各试验烧杯的质量，称准至 0.1 mg，并记录。

4. 过滤量取试样

如果试样中存在悬浮或沉淀的固体物质，那么应充分混匀试样容器内盛的物质，立即在常压下使一定量的试样通过烧结玻璃漏斗过滤。用刻度量筒称取 50 mL ± 0.5 mL 的试样，倒入每个称过的烧杯（配衡烧杯除外）中。

5. 通气和蒸发

每种待侧的燃料各用一个烧杯。把装有试样的烧杯和配衡烧杯放入蒸发浴中，放进第一个烧杯和放进最后一个烧杯之间的时间要尽可能短。当用空气蒸发试样时，应使用不锈钢镊子或钳子，放上锥形适配器；当用蒸汽蒸发时，应在放上锥形适配器之前把烧杯加热 3~4 min。而锥形适配器在接到出口前须用蒸汽预热，锥形适配器要放在热蒸气浴顶端的中央，开始通入空气或蒸汽达到规定的流速，保持规定的温度和流速，使试样蒸发 30 min ± 0.5 min。同时进行试验的试样应具有相同的蒸发特性。

在引入空气或蒸汽流时，应该小心，避免飞溅。

6. 冷却称量

加热结束后，将烧杯从浴中转移至冷却容器中。将冷却容器放在天平附近至少2 h。第二次称量配衡烧杯和各试验烧杯的质量，称至0.1 mg，并记录。

7. 对盛有车用汽油残渣的烧杯处理

（1）向盛有车用汽油残渣的烧杯中加入25 mL正庚烷，并轻轻地旋转30 s，使混合物静置10 min，并用同样的方法处理平衡烧杯。小心地倒掉正庚烷溶液，防止任何固体残渣损失。重复上述方法进行第二次和第三次抽提。

（2）把处理过的烧杯（包括配衡杯）放入保持在160~165 ℃的蒸发浴中，不放锥形适配器，使烧杯干燥5 min ± 0.5 min。

（3）干燥时间到后，从浴中取出烧杯，放入冷却容器中，并使其在天平附近冷却至少2 h。称量配衡烧杯和各试验烧杯的质量，称至0.1 mg，并记录。

8. 计算

航空燃料的实际胶质含量按式（16-1）计算：

$$A=2\,000\,(B-D+X-Y) \tag{16-1}$$

车用汽油或其他非航空燃料的溶剂洗胶质含量按式（16-2）计算：

$$S=2\,000\,(C-D+X-Z) \tag{16-2}$$

车用汽油或其他非航空燃料的未洗胶质含量按式（16-3）计算：

$$U=2\,000\,(B-D+X-Y) \tag{16-3}$$

式中 A——实际胶质含量，mg/100 mL；

S——溶剂洗胶质含量，mg/100 mL；

U——未洗胶质含量，mg/100 mL；

B——第二次记下的试样烧杯加残渣质量，g；

C——记下的试样烧杯加残渣质量，g；

D——第一次记下的空烧杯质量，g；

X——第一次记下的配衡烧杯质量，g；

Y——第二次记下的空烧杯质量，g；

Z——记下的配衡烧杯质量，g。

9. 报告

（1）对航空燃料实际胶质含量大于或等于1 mg/100 mL的结果，报告实际胶质含量结果，按照GB/T 8170对数值进行修约，精确至1 mg/100 mL；对于小于1 mg/100 mL的结果，报告实际胶质含量为“＜1 mg/100 mL”。

（2）对非航空燃料溶剂洗胶质或未洗胶质含量大于或等于 0.5 mg/100 mL 的结果，报告溶剂洗胶质或未洗胶质含量结果，按照 GB/T 8170 对数值进行修约，精确至 0.5 mg/100 mL；对于小于 0.5 mg/100 mL 的结果，报告为"＜ 0.5 mg/100 mL"。如果未洗胶质含量小于 0.5 mg/100 mL，那么溶剂洗胶质含量也报告为"＜ 0.5 mg/100 mL"。

（3）对所有试样，若蒸发前进行了过滤步骤，则在胶质含量结果的数值后注明"过滤后"的字样。

10. 精密度

（1）重复性（r）。

由同一操作者使用同一仪器，在相同的操作条件下，对同一样品进行的两个试验结果之差，不应超过：

航空汽油实际胶质含量：$r=1.11+0.095X$

喷气燃料实际胶质含量：$r=0.588\,2+0.249\,0X$

车用汽油未洗胶质含量：$r=0.997X^{0.4}$

车用汽油溶剂洗胶质含量：$r=1.298X^{0.3}$

式中　X——重复测定结果的算术平均值。

（2）再现性（R）。

由不同操作者在不同实验室，对同一样品进行测定，所得两个独立结果之差，不应超过：

航空汽油实际胶质含量：$R=2.09+0.126X$

喷气燃料实际胶质含量：$R=2.941+0.279\,4X$

车用汽油未洗胶质含量：$R=1.928X^{0.4}$

车用汽油溶剂洗胶质含量：$R=2.494X^{0.3}$

式中　X——两个独立结果的算术平均值。

六、注意事项

（1）按照操作规范，严格要求，操作好喷射蒸发法实际胶质的测定仪。

（2）本法与发动机燃料实际胶质测定法 GB/T 509 都可以测定实际胶质，但一旦有争议，需要仲裁时，必须以本法为主。

（3）实际胶质也是发动机燃料在储存时氧化安定性的控制指标之一。实际胶质含量越高，燃料的氧化安定性越差，在发动机中使用时形成胶质的速度就快。实际胶质含量高会严重影响发动机油路和润滑系统的工作。

七、质检报告单

燃料胶质含量测定原始记录见表 16-2。

表 16-2　燃料胶质含量测定原始记录表

<table>
<tr><td colspan="4">记录编号＿＿＿＿＿　执行标准＿＿＿＿＿　油样名称＿＿＿＿＿　油料批号＿＿＿＿＿
油样编号＿＿＿＿＿　取样地点＿＿＿＿＿　化验类别＿＿＿＿＿　天平型号＿＿＿＿＿
仪器型号＿＿＿＿＿　仪器编号＿＿＿＿＿　室　　温＿＿＿＿＿</td></tr>
<tr><td colspan="2">试验次数</td><td>一</td><td>二</td></tr>
<tr><td colspan="2">胶质杯编号</td><td></td><td></td></tr>
<tr><td colspan="2">烘箱温度 /℃</td><td></td><td></td></tr>
<tr><td colspan="2">烘干时间 /h</td><td></td><td></td></tr>
<tr><td colspan="2">冷却时间 /h</td><td></td><td></td></tr>
<tr><td colspan="2">空胶质杯质量（D）/g</td><td></td><td></td></tr>
<tr><td colspan="2">空配衡杯质量（X）/g</td><td colspan="2"></td></tr>
<tr><td colspan="2">蒸发介质</td><td></td><td></td></tr>
<tr><td colspan="2">空气（蒸汽）流速 /（mL · s^{-1}）</td><td></td><td></td></tr>
<tr><td colspan="2">蒸发浴温度 /℃</td><td></td><td></td></tr>
<tr><td colspan="2">试验孔温度 /℃</td><td></td><td></td></tr>
<tr><td colspan="2">试样用量 /mL</td><td></td><td></td></tr>
<tr><td colspan="2">蒸发时间 /min</td><td></td><td></td></tr>
<tr><td colspan="2">冷却时间 /h</td><td></td><td></td></tr>
<tr><td colspan="2">烧杯 + 残渣质量（B）/g</td><td></td><td></td></tr>
<tr><td colspan="2">试验后配衡杯质量（Y）/g</td><td colspan="2"></td></tr>
<tr><td rowspan="6">车用汽油残渣处理</td><td>正庚烷用量 /mL</td><td></td><td></td></tr>
<tr><td>洗涤次数</td><td></td><td></td></tr>
<tr><td>干燥时间 /min</td><td></td><td></td></tr>
<tr><td>冷却时间 /h</td><td></td><td></td></tr>
<tr><td>烧杯 + 残渣质量（C）/g</td><td></td><td></td></tr>
<tr><td>试验后配衡杯质量（Z）/g</td><td></td><td></td></tr>
<tr><td rowspan="3">取值 /
［mg ·（100 mL）$^{-1}$］</td><td>实际胶质</td><td></td><td></td></tr>
<tr><td>溶剂洗胶质</td><td></td><td></td></tr>
<tr><td>未洗胶质</td><td></td><td></td></tr>
<tr><td colspan="2">平均值 /［mg ·（100 mL）$^{-1}$］</td><td></td><td></td></tr>
<tr><td colspan="2">重复性 /［mg ·（100 mL）$^{-1}$］</td><td>允许差值</td><td>实测差值</td></tr>
<tr><td colspan="2">质量指标</td><td colspan="2"></td></tr>
<tr><td colspan="2">结　论</td><td colspan="2"></td></tr>
<tr><td colspan="4">备注（计算）：</td></tr>
</table>

试验者＿△△△＿　　　　审核者＿△△△＿　　　　××年×月×日

八、项目考核

燃料胶质含量测定评分细则见表 16-3。

表 16-3　燃料胶质含量测定评分细则

操作时间：40 min

序号	考试内容	评分要素	配分	评分标准	扣分	得分	备注
1	准备工作	工具、用具准备齐全	6	未准备工具、用具不得分，少准备一件扣 2 分，扣完 6 分为止			
		正确配制胶质溶剂，等体积甲苯和丙酮的混合物	4	配制不正确扣 4 分			
		开启仪器，检查仪器	2	未检查扣 2 分			
		检查并擦净试验孔	4	未检查扣 2 分，未擦拭扣 2 分			
		设置浴温为 160~165 ℃	5	设置不正确扣 5 分			
		使用空气压缩机	5	未按规定操作扣 5 分			
		清洗胶质杯	6	不会清洗不得分，清洗不正确扣 6 分			
		正确使用恒温干燥箱进行烘干	6	不会使用不得分，使用不正确扣 6 分			
		正确使用干燥器	2	不会使用不得分，使用不正确扣 2 分			
		称量胶质杯至 0.1 mg	5	称量不准确或未称准至 0.1 mg 扣 5 分			
		观察试样中有无悬浮或沉淀固体，若有，则需过滤	2	未观察试样中有无悬浮或沉淀固体扣 2 分			
2	测定	量取试样 50 mL ± 0.5 mL	5	取样一次不成功扣 3 分，洒漏扣 2 分			
		正确调节转子流量计的流速	2	不会调节不得分，调节不正确扣 2 分			
		胶质杯放入要轻、时间要短	2	未按要求操作扣 2 分			
		锥形适配器位置放置正确	2	位置放置不正确扣 2 分			
		测定过程中试样不被吹出杯外	4	试样被吹出杯外扣 4 分			

续表 16-3

序号	考试内容	评分要素	配分	评分标准	扣分	得分	备注
2	测定	测定过程中浴温和气体流速保持稳定	2	浴温不稳定扣 1 分，气体流速不稳定扣 1 分			
		试样蒸发时间（30 min ± 0.5 min）与冷却时间（不少于 2 h）准确	6	蒸发与冷却时间不准确各扣 3 分			
		用正庚烷清洗摇动 30s 并静置 10 min	6	未摇动 30 s 扣 3 分，未静置 10 min 扣 3 分			
		最后一次抽提不带颜色，抽提不超过 3 次	6	未按要求操作扣 6 分			
		抽提后，不放锥形适配器，蒸发 5 min，冷却至少 2 h	6	蒸发与冷却时间不准确各扣 3 分			
3	计算和记录	计算方法正确，计算结果准确	5	计算方法不正确不得分，计算结果不准确扣 5 分			
		记录及时、准确，无漏项，书写工整，无涂改，杠改应签字	5	记录不符合要求一处扣 1 分			
4	仪器归位	试验完毕及时处理“三废”，仪器复位，物放有序	2	未处理“三废”扣 1 分，仪器未复位扣 1 分			
5	清理现场	打扫操作现场		未打扫现场从总分中扣 3 分，打扫不干净扣 1 分			
6	安全文明操作	按国家或企业颁发有关安全规定执行操作		每违反一项规定从总分中扣 5 分，严重违规者取消考试资格			
7	考试时限	在规定时间内完成		每超时 1 min 从总分中扣 5 分，超时 3 min 停止操作			
合　计			100				
考核人签名： 日期：							

附录样表

某燃料胶质含量测定原始记录见表 16-4。

表 16-4　某燃料胶质含量测定原始记录表

记录编号 <u>2023016</u>　执行标准 <u>GB/T 8019</u>　油样名称 <u>3 号喷气燃料</u>　油料批号 ______

油样编号 ______　取样地点 <u>1 号罐</u>　化验类别 <u>入库</u>　天平型号 ______

仪器型号 ______　仪器编号 ______　室　温 <u>20 ℃</u>

试验次数		一	二
胶质杯编号		1	2
烘箱温度 /℃		150	150
烘干时间 /h		1	1
冷却时间 /h		2	2
空胶质杯质量（D）/g		42.756 3	42.372 5
空配衡杯质量（X）/g		42.162 5	
蒸发介质		蒸　汽	蒸　汽
空气（蒸汽）流速 /（$mL \cdot s^{-1}$）		1 000	1 000
蒸发浴温度 /℃		232	232
试验孔温度 /℃		230	230
试样用量 /mL		50	50
蒸发时间 /min		30	30
冷却时间 /h		2	2
烧杯 + 残渣质量（B）/g		42.758 5	42.374 9
试验后配衡杯质量（Y）/g		42.162 4	
车用汽油残渣处理	正庚烷用量 /mL		
	洗涤次数		
	干燥时间 /min		
	冷却时间 /h		
	烧杯 + 残渣质量（C）/g		
	试验后配衡杯质量（Z）/g		
取值 /［$mg \cdot (100\ mL)^{-1}$］	实际胶质	5.2	5.0
	溶剂洗胶质		
	未洗胶质		
平均值 /［$mg \cdot (100\ mL)^{-1}$］		**5**	
重复性 /［$mg \cdot (100\ mL)^{-1}$］		允许差值 1.8	实测差值 0.2
质量指标		实际胶质 不大于 7 mg/100 mL	
结　论		按执行标准，合格	

备注（计算）：A=2 000（B−D+X−Y）

A_1=2 000（42.758 5−42.756 3+42.162 5−42.162 4）=5.2

A_2=2 000（42.374 9−42.372 5+42.162 5−42.162 4）=5.0

$\overline{A}$ =（5.2+5.0）/2=5.1 ≈ 5

r=0.588 2+0.249 0 $\overline{A}$ =0.588 2+0.249 0 × 5=1.8

试验者 <u>△△△</u>　　审核者 <u>△△△</u>　　<u>××</u>年<u>×</u>月<u>×</u>日

项目十七　汽油中四乙基铅含量测定

情境描述

为了提高汽油的辛烷值，增强其抗爆性，常在汽油中添加抗爆剂。四乙基铅是常用的抗爆剂。但由于四乙基铅本身具有较强的挥发性和毒性，且随汽油燃烧后会生成铅化合物并排放到空气中，会对环境造成非常大的污染，因此，近年来，世界各国都制定了严格的标准来限制其使用。

现有罐装汽油，某石油公司质检处要对其四乙基铅含量进行评价，则需要依据国家标准 GB/T 2432 设计试验方案，熟练操作试验所需仪器、设备，严格按照试验标准进行测定。

任务 1　EDTA 液制备

一、学习目标

（1）掌握标准滴定溶液配制与标定的方法及原理。

（2）掌握常用溶液浓度表示方法和配制溶液的注意事项。

（3）能按标准或规范配制制剂、制品、试液（一般溶液）、指示剂及指示液等。

（4）能按照执行标准规范完成操作并出具合格的原始记录表，依据评分细则分析误差产生的原因，并提出某些改进措施。

（5）具有一丝不苟地依据标准进行检验和判定的职业素养。

二、项目概述

引用标准：SH/T 0079《石油产品试验用试剂溶液配制方法》。

航空汽油中加入适量的四乙基铅可以提高它的抗爆性，但其加入量需要严格控制。乙二胺四乙酸二钠（简称 EDTA）标准滴定溶液用于测量航空汽油中四乙基铅的含量。在测量过程中，首先采用沸腾的盐酸分解汽油中的四乙基铅，生成氯化铅，然后加入过量的 EDTA 标准溶液与铅离子生成络合物，最后用氯化锌标准溶液滴定过量的 EDTA 标准溶液。

三、原理分析

称取一定量的基准物质，溶解后用待标定的溶液滴定，随后根据基准物质的质量及待标定溶液所消耗的体积，即可算出该溶液的准确浓度。大多数标准滴定溶液是通过标定的方法测定其准确浓度的。

EDTA 制成溶液后，可用 ZnO 工作基准试剂标定。当用缓冲溶液控制溶液酸度为 pH ≈ 10 时，EDTA 可与 Zn^{2+} 反应生成稳定的配合物。在滴定过程中，使用铬黑 T 作为指示剂，当溶液由酒红色变为纯蓝色时，达到滴定终点。

四、仪器及试剂

（1）50 mL 两用（酸式）滴定管 1 支，250 或 300 mL 锥形瓶 5 个，5 mL 吸量管 1 支，25 mL 量筒 2 个，滴瓶 2 个，玻璃试剂瓶 2 个，聚乙烯试剂瓶 1 个，干燥器 1 个，称量瓶 1 个，温度计 1 支（精度 0.2 ℃）。

（2）滴定台、滴定管夹 1 套，pH 试纸，电子天平（精度 0.000 1 g）1 台。

（3）工作基准试剂氧化锌，铬黑 T 指示液（5 g/L），盐酸溶液（20%），氨水溶液（10%），氨－氯化铵缓冲溶液（pH ≈ 10）。

（4）乙二胺四乙酸二钠溶液：配制成浓度约 0.02 mol/L 溶液。

五、操作步骤

按 GB/T 601《化学试剂 标准滴定溶液的制备》操作。

1. EDTA 标准滴定溶液的配制

称取 8 g EDTA，加 1 000 mL 水，加热溶解，冷却，摇匀。

2. EDTA 标准滴定溶液（0.02 mol/L）的标定

称取 0.42 g 于 800 ℃ ±50 ℃的高温炉中灼烧至恒重的工作基准试剂氧化锌，用少量水润湿，加 3 mL 盐酸溶液（20%）溶解，移入 250 mL 容量瓶中，稀释至刻度，摇匀。从中取 35.00~40.00 mL 溶液，加 70 mL 水，用氨水溶液（10%）调节溶液 pH 至 7~8，加 10 mL 氨—氯化铵缓冲溶液（pH ≈ 10）及 5 滴 5 g/L 的铬黑 T 指示液，用配制好的 EDTA 溶液滴定至溶液由紫色变为纯蓝色。同时做空白试验。

EDTA 标准滴定溶液的浓度［c（EDTA）］，数值以摩尔每升（mol/L）表示，按式（17-1）计算：

$$c(\text{EDTA})=\frac{m\times\frac{V_1}{250}\times 1\,000}{(V_2-V_0)\times M} \tag{17-1}$$

式中 m——氧化锌质量，g；

V_1——氧化锌溶液体积，mL；

V_2——实际消耗 EDTA 溶液的体积，mL；

V_0——空白试验消耗的 EDTA 溶液体积，mL；

M——氧化锌的摩尔质量，g/mol，［M（ZnO）=81.408］。

六、注意事项

（1）用少量水湿润的操作方法：可用胶头滴管或者洗瓶滴加去离子水，使氧化锌固体刚好完全湿润即可。若加水过量，则会稀释盐酸，使得氧化锌与盐酸反应很慢，甚至出现反应不完全的情况。

（2）用氨水（10%）将溶液 pH 调至 7~8 的操作方法：逐滴滴加氨水（10%）并快速摇动锥形瓶，至溶液刚出现乳白色时，溶液 pH 为 7~8。也可用加入小块 pH 试纸的方式，依据试纸颜色的变化判断其 pH 范围。

（3）测定过程中依次加盐酸（20%）、氨水溶液（10%）、氨－氯化氨缓冲溶液（pH≈10），顺序不能颠倒。

七、质检报告单

EDTA 标准滴定溶液标定原始记录见表 17-1。

表 17-1 EDTA 标准滴定溶液标定原始记录表

记录编号＿＿＿＿＿＿ 基准物质纯度＿＿＿＿＿＿＿＿ 室 温＿＿＿＿＿＿ 执行标准＿＿＿＿＿＿ 有（无）体积校正表＿＿＿＿＿＿ 滴管编号＿＿＿＿＿＿						
项 目		一	二	三	四	备 注
基准物质的质量 /g	m（称量瓶＋ZnO）/倾样前					
	m（称量瓶＋ZnO）/倾样后					
	m（ZnO）					
移取溶液体积 V_1/mL						

续表 17-1

记录编号＿＿＿＿＿＿　基准物质纯度＿＿＿＿＿＿＿＿＿　室　温＿＿＿＿＿＿
执行标准＿＿＿＿＿＿　有（无）体积校正表＿＿＿＿＿＿　滴管编号＿＿＿＿＿＿

项　目		一	二	三	四	备　注
滴定体积 / mL	初　读					
	终　读					
	滴定用量					
	体积校正值					
溶液温度 /℃						
温度补正值 / （$mL \cdot L^{-1}$）						
溶液温度校正值 / mL						
实际消耗体积 V_2/ mL						
空白试验体积 V_0/mL						
c（EDTA）/（$mol \cdot L^{-1}$）						
$\overline{c}$（EDTA）/（$mol \cdot L^{-1}$）						
重复性 /%		允许差值			实测数值	
计算过程：						

试验者<u>　△△△　</u>　　审核者<u>　△△△　</u>　　<u>××</u>年<u>×</u>月<u>×</u>日

八、项目考核

EDTA 标准滴定溶液制备评分细则见表 17-2。

表 17-2　EDTA 标准滴定溶液制备评分细则

操作时间：50 min

序号	考试内容	考核要点	配分	评分标准	扣分	得分	备注
1	任务准备	药品、试剂准备	4	药品规格不符合要求扣 1 分			
				指示剂、试剂配制不按照标准要求扣 1 分			
				工作基准试剂干燥不恒重扣 1 分			
				电热炉使用不规范扣 1 分			
		仪器准备	3	仪器设备准备不全扣 1 分			
				未检测仪器设备是否合格扣 1 分			
				未规范使用仪器设备扣 1 分			

续表 17-2

序号	考试内容	考核要点	配分	评分标准	扣分	得分	备注
2	工作基准试剂的称量	称量操作	4	未检查电子天平水平扣 1 分			
				未将托盘清理干净扣 1 分			
				敲样不正确、称量过程中天平门没关闭扣 2 分			
		称量范围	2	未将称量范围控制在规定量的 90%~110%扣 2 分			
		结束工作	2	未复原天平扣 1 分，未放回凳子扣 1 分			
3	托　盘天　平	使　用	1	操作不规范扣 1 分			
4	滴定操作	洗　涤	4	洗涤不干净，内壁挂水珠扣 1 分			
		试　漏		试漏不正确扣 1 分			
		润　洗		低于 3 遍、置换内壁蒸馏水不彻底扣 1 分			
		调零点		零点调整时液面与零刻线不相切扣 1 分			
		滴定速度	2	滴定速度太快，水流成线扣 1 分			
				半滴操作不规范扣 1 分			
5	终点颜色	纯蓝色	4	终点判断不正确一次扣 1 分，最多扣 4 分			
6	空白试验	规范性	1	空白试验不规范扣 1 分			
7	读数	读　数	3	未按规定操作读数扣 3 分			
8	原始数据记录	数据记录	3	未进行原始数据记录扣 3 分，用其他纸张记录扣 1 分			
9	文明操作、结束工作	摆放、洗涤、“三废”处理	3	仪器摆放不整齐扣 1 分			
				“三废”乱扔乱倒扣 1 分			
				结束后没有清洗仪器扣 1 分			
10	数据记录及处理	记　录	2	数据改正不规范扣 1 分			
				表中有缺项扣 1 分			
		计　算	2	数据计算错误扣 2 分			
		有效数字保留	2	有效数字位数保留不正确扣 1 分			
				有效数字位数修约不正确扣 1 分			

续表 17-2

序号	考试内容	考核要点	配分	评分标准	扣分	得分	备注
11	结果判定	精密度	30	相对极差≤ 0.20%，精密度有效，不扣分			
				相对极差 >0.20%，查找误差产生的原因并修正结果符合要求，不扣分；否则扣 30 分			
		准确度	25	｜相对误差｜≤ 0.20%，准确度有效，不扣分			
				｜相对误差｜ >0.20%，查找误差产生的原因并修正结果符合要求，不扣分；否则扣 25 分			
12	整理工作	现场清理	3	未将所用玻璃仪器清洗干净扣 1 分			
				未正确处理“三废”扣 2 分			
合　计			100				
考核人签名： 日期：							

附录样表

某 EDTA 标准滴定溶液标定原始记录见表 17-3。

表 17–3　某 EDTA 标准滴定溶液标定原始记录表

记录编号 2023011　基准物质纯度 工作基准试剂　室　温 19 ℃

执行标准 GB/T 601　有（无）体积校正表 有　滴管编号 12

项　目		一	二	三	四	备　注
基准物质的质量 /g	*m*（称量瓶 + ZnO）/ 倾样前	15.602 5	15.181 2	14.761 1	14.331 3	
	m（称量瓶 + ZnO）/ 倾样后	15.181 2	14.761 1	14.331 3	13.908 8	
	m（ZnO）	0.421 3	0.420 1	0.429 8	0.422 5	
移取溶液体积 V_1/mL		35.00	35.00	35.00	35.00	
滴定体积 / mL	初　读	0.00	0.00	0.00	0.00	
	终　读	36.25	36.20	36.16	36.34	
	滴定用量	36.25	36.12	36.95	36.34	
	体积校正值	−0.010	−0.011	−0.011	−0.010	
溶液温度 /℃		19	19	19	19	
温度补正值 /（$mL\cdot L^{-1}$）		0.18	0.18	0.18	0.18	

续表 17-3

<table>
<tr><td colspan="7">记录编号 2023011　基准物质纯度 工作基准试剂　室　温 19 ℃
执行标准 GB/T 601　有（无）体积校正表 有　滴管编号 12</td></tr>
<tr><td>项　目</td><td>一</td><td>二</td><td>三</td><td>四</td><td colspan="2">备　注</td></tr>
<tr><td>溶液温度校正值 /mL</td><td>0.007</td><td>0.007</td><td>0.007</td><td>0.007</td><td colspan="2"></td></tr>
<tr><td>实际消耗体积 V_2/mL</td><td>36.25</td><td>36.12</td><td>36.95</td><td>36.34</td><td colspan="2"></td></tr>
<tr><td>空白试验体积 V_0/mL</td><td colspan="6">0.02</td></tr>
<tr><td>c（EDTA）/（mol · L^{-1}）</td><td>0.019 998</td><td>0.020 013</td><td>0.020 015</td><td>0.020 005</td><td colspan="2"></td></tr>
<tr><td>$\overline{C}$（EDTA）/（mol · L^{-1}）</td><td colspan="6">0.020 01</td></tr>
<tr><td>重复性 / %</td><td>允许差值</td><td colspan="2">0.2</td><td>实测数值</td><td colspan="2">0.08</td></tr>
</table>

计算过程：

$$c(\text{EDTA})=\frac{m\times\frac{V_1}{250}\times 1\,000}{(V_2-V_0)\times M}$$

$$c_1=\frac{0.421\,3\times\frac{35.00}{250.0}\times 1\,000}{(36.25-0.02)\times 81.408}\ \text{mol/L}=0.019\,998\ \text{mol/L}$$

$$c_2=\frac{0.420\,1\times\frac{35.00}{250.0}\times 1\,000}{(36.12-0.02)\times 81.408}\ \text{mol/L}=0.020\,013\ \text{mol/L}$$

$$c_3=\frac{0.429\,8\times\frac{35.00}{250.0}\times 1\,000}{(36.95-0.02)\times 81.408}\ \text{mol/L}=0.020\,015\ \text{mol/L}$$

$$c_4=\frac{0.422\,5\times\frac{35.00}{250.0}\times 1\,000}{(36.34-0.02)\times 81.408}\ \text{mol/L}=0.020\,005\ \text{mol/L}$$

$$\bar{c}=\frac{0.019\,998+0.020\,013+0.020\,015+0.020\,005}{4}\ \text{mol/L}=0.020\,01\ \text{mol/L}$$

相对极差：$\frac{0.020\,015-0.019\,998}{0.020\,01}\times 100\%=0.08\%$

试验者 △△△　　审核者 △△△　　× × 年 × 月 × 日

任务 2　汽油中四乙基铅含量测定

一、学习目标

（1）掌握汽油中四乙基铅含量测定原理、方法及影响测定结果的因素。

（2）能按照执行标准规范完成操作并出具合格的原始记录表，依据评分细则分析误差产生的原因，并提出某些改进措施。

（3）具有认真负责，实事求是，坚持原则，一丝不苟地依据标准进行检验和判定的职业素养。

二、项目概述

引用标准：GB/T 2432《汽油中四乙基铅含量测定法（络合滴定法）》。

汽油中加入四乙基铅的目的是提高汽油的抗爆性（辛烷值）。例如国家标准规定 95 号航空汽油中四乙基铅含量不超过 3.3 g/kg。随着对环境保护的重视和石油炼制水平的提高，汽油中添加四乙基铅含量有下降的趋势。然而，目前还没有完全杜绝四乙基铅的使用。测试燃料中四乙基铅的含量显得尤为重要。

测定汽油中四乙基铅含量，既可检查汽油中四乙基铅含量是否符合规定，又可检查汽油在储存中四乙基铅含量的变化情况，从而间接了解辛烷值的变化情况。

三、原理分析

本方法测定原理是首先采用沸腾的浓盐酸分解试样中的四乙基铅，生成氯化铅。然后加入过量的乙二胺四乙酸二钠（EDTA）标准溶液与 Pb^{2+} 生成络合物。最后用氯化锌标准溶液进行返滴定（即用氯化锌标准溶液滴定过量的 EDTA 标准溶液）。根据返滴定用去氯化锌标准溶液的体积，得出被测试样中的铅所消耗的 EDTA 的体积，从而计算出试样中的四乙基铅含量。

用二甲酚橙作指示剂，六次甲基四胺和盐酸组成缓冲溶液，控制溶液 pH 为 5~6 时进行滴定，当溶液由黄色变成桃红色即滴定终点。

四、仪器及试剂

（1）滴定管：25 mL。

（2）移液管：25 mL 和 50 mL。

（3）具塞磨口锥形烧瓶：500 mL。

（4）量筒：50 mL 和 100 mL。

（5）温度计：0~100 ℃，分度为 1 ℃。

（6）石油密度计：0.710~0.770 g/mL。

（8）容量瓶：1 000 mL。

（8）电热板或密闭电炉：300 W。

（9）冷凝管：五球带磨口与锥形烧瓶配套。

（10）盐酸：分析纯，配成 6 mol/L 的盐酸水溶液。

（11）氨水：分析纯。

（12）六次甲基四胺：分析纯。

（13）氧化锌：分析纯或纯锌粒（分析纯）。

（14）EDTA；分析纯，配成 0.02 mol/L 的 EDTA 标准溶液。

（15）二甲酚橙指示剂：配成 5 g/L 水溶液（有效期为 1 个月）。

五、操作步骤

汽油中四乙基铅含量测定

按 GB/T 2432《汽油中四乙基铅含量测定法（络合滴定法）》操作。

1. 0.02 mol/L **氯化锌标准溶液的配制**

（1）称取经 800 ℃灼烧至恒重的氧化锌 1.628 g，称准至 0.000 2 g。加入 20 mL 6 mol/L 的盐酸水溶液及 25 mL 蒸馏水将其溶解，随后移入 1 000 mL 容量瓶中，加蒸馏水稀释至刻线，混匀。氧化锌实际质量为 G_1，氧化锌的相对分子质量为 81.38，氯化锌标准溶液的浓度 M_1（mol/L）按式（17-2）计算。

$$M_1=\frac{G_1}{81.38} \tag{17-2}$$

（2）将纯锌粒用 6 mol/L 的盐酸水溶液处理，去掉表面氧化物后用蒸馏水洗涤数次，于 150 ℃烘干，称取 1.3 g，称准至 0.000 2 g。用 20 mL 6 mol/L 的盐酸水溶液溶解，然后移入 1 000 mL 容量瓶中，加蒸馏水稀释至刻线，混匀。纯锌的实际质量为 G_2，锌的相对分子质量为 65.38，氯化锌标准溶液的浓度 M_2（mol/L）按式（17-3）计算。

$$M_2=\frac{G_2}{65.38} \tag{17-3}$$

2. 0.02 mol/L EDTA **标准溶液的配制和标定**

该溶液的配置和标定可以参照本项目任务 1 中的相关内容，也可以参照以下内容。

（1）配制：称取 8 g EDTA 溶于 1 000 mL 蒸馏水中，混匀。

（2）标定：称取 EDTA 标准溶液 25 mL 于锥形烧瓶中，加入 5 g/L 二甲酚橙水溶液 5~6 滴，用氨水调至桃红色，再用 6 mol/L 盐酸水溶液调至亮黄色，加 6 mol/L 盐酸水溶液 0.5 mL，加入六次甲基四胺 1.5~2.0 g，立即用 0.02 mol/L 氯化锌标准溶液滴定至溶液由黄色变为桃红色即为终点。EDTA 标准溶液的浓度 M_3 按式（17-4）计算。

$$M_3=\frac{M_2 \cdot V_1}{25} \tag{17-4}$$

式中　V_1——滴定时消耗氯化锌标准溶液的体积，mL；

M_2——氯化锌标准溶液浓度，mol/L；

25——量取 EDTA 标准溶液的体积，mL。

每次滴定至少进行 3 次，各次测定结果间的差数不应超过算术平均值的 0.2%。

3. 试样抽提

在洁净的 500 mL 具塞锥形烧瓶中，用移液管注入 50 mL 试样，加入 30 mL 盐酸，装上回流冷凝管，置于电热板或密闭电炉上加热，进行抽提。由具塞锥形烧瓶内混合液沸腾开始，记下时间，25 min 后停止加热。用 40~50 mL 蒸馏水冲洗冷凝管及具塞锥形烧瓶内壁，在冷水中冷却至 25~30 ℃。

4. 滴定

在经过冷却后的抽提液中，用滴定管准确加入 25 mL 0.02 mol/L EDTA 标准溶液，加入 5 g/L 二甲酚橙水溶液 5~6 滴，此时抽提液为黄色，先用氨水调至抽提液呈桃红色，再用 6 mol/L 盐酸水溶液调至黄色，接着继续加入 6 mol/L 盐酸水溶液 0.5 mL，随后加入六次甲基四胺 1.5~2 g，立即用 0.02 mol/L 氯化锌标准溶液滴定，滴定至抽提液由黄色变为桃红色即滴定终点。

注意：加热抽提应在通风橱内进行或在冷凝管上端接上带软木塞的胶管，胶管下端插入缓冲气瓶内，由缓冲气瓶引出的胶管再插入盛有氢氧化钠水溶液的瓶内。

5. 计算

试样中四乙基铅含量 X，用 1 kg 试样中含四乙基铅的克数表示，按式（17-5）计算：

$$X=\frac{M_3 \cdot V_1 - M_2 \cdot V_2}{V_3 \cdot \rho} \times 323.2 \tag{17-5}$$

式中　V_1——EDTA 标准溶液的体积，mL；

M_3——EDTA 标准溶液的摩尔浓度，mol/L；

V_2——滴定时消耗氯化锌标准溶液的体积，mL；

M_2——氯化锌标准溶液摩尔浓度，mol/L；

V_3——试样的体积，mL；

ρ——在试验温度下试样的密度，g/mL；

323.2——四乙基铅的相对分子质量。

6. **报告**

取重复测定两个结果的算术平均值作为测定结果。

7. **精密度**

精密度要求见表 17-4。

表 17–4　精密度要求

四乙基铅含量 / （g · kg^{-1}）	允许差数
≤ 1.5	较小结果的 3%
>1.5	较小结果的 1.5%

六、注意事项

（1）盐酸分解四乙基铅必须反应完全，加热抽提时间不得少于 25 min，否则四乙基铅分解效果不好，使测定结果偏小。

（2）二甲酚橙指示剂的水溶液放置一个月后对铅只呈浅红色，影响终点颜色的观察，甚至滴定过程中没有颜色变化，故规定二甲酚橙指示剂的有效期为一个月。

（3）测定中盐酸的加入量很多，其目的是保证四乙基铅分解抽提完全。但测定时会有大量氯化氢气体逸出，因此抽提应在通风橱内进行或在冷凝管上端接上带软木塞的胶管，将胶管下端插入缓冲瓶中，由缓冲瓶引出的胶管插入盛有碱溶液的瓶内。盛装碱溶液的瓶中加几滴酚酞指示剂，当瓶内液体呈无色时，应补充碱溶液，否则因溶液已呈酸性，吸收装置失去作用，造成腐蚀并污染环境。

七、质检报告单

汽油中四乙基铅含量测定原始记录见表 17-5。

表 17–5　汽油中四乙基铅含量测定原始记录表

记录编号________ 执行标准________ 油样名称________ 油料批号________ 油样编号________ 取样地点________ 化验类别________ 滴管编号________ 室　温________ 氯化锌标准滴定溶液浓度________ 标定日期________ EDTA 标准滴定溶液浓度________ 标定日期________			
试验次数	一	二	三
试样用量 /mL			
试样视密度 / （g·cm^{-3}）			

续表 17-5

<table>
<tr><td colspan="5">记录编号________　执行标准________　油样名称________　油料批号________
油样编号________　取样地点________　化验类别________　滴管编号________
室　温________　氯化锌标准滴定溶液浓度________　标定日期________
EDTA 标准滴定溶液浓度________　标定日期________</td></tr>
<tr><td colspan="2">试验次数</td><td>一</td><td>二</td><td>三</td></tr>
<tr><td colspan="2">EDTA 溶液用量 /mL</td><td></td><td></td><td></td></tr>
<tr><td rowspan="5">测定记录</td><td>终读 /mL</td><td></td><td></td><td></td></tr>
<tr><td>初读 /mL</td><td></td><td></td><td></td></tr>
<tr><td>终读改正 /mL</td><td></td><td></td><td></td></tr>
<tr><td>初读改正 /mL</td><td></td><td></td><td></td></tr>
<tr><td>改正后用量 /mL</td><td></td><td></td><td></td></tr>
<tr><td colspan="2">结果 /（g · kg⁻¹）</td><td></td><td></td><td></td></tr>
<tr><td colspan="2">平均值 /（g · kg⁻¹）</td><td colspan="3"></td></tr>
<tr><td colspan="2">重复性</td><td>允许差值</td><td></td><td>实测差值</td></tr>
<tr><td colspan="2">质量指标</td><td colspan="3"></td></tr>
<tr><td colspan="2">结　论</td><td colspan="3"></td></tr>
<tr><td colspan="5">备注（计算）</td></tr>
</table>

试验者__△△△__　　审核者__△△△__　　××年×月×日

八、项目考核

汽油中四乙基铅含量测定评分细则见表 17-6。

表 17–6　汽油中四乙基铅含量测定评分细则

操作时间：50 min

序号	考试内容	评分要素	配分	评分标准	扣分	得分	备注
1	仪器准备	工具、用具准备齐全	5	未准备工具、用具不得分，少准备一件扣 1 分，扣完 5 分为止			
		检查仪器	5	少检查一项扣 1 分，扣完 5 分为止			
		洗涤玻璃仪器	5	未按规定操作一处扣 1~2 分，扣完 5 分为止			

续表 17-6

序号	考试内容	评分要素	配分	评分标准	扣分	得分	备注
2	溶液准备	0.02 mol/L 氯化锌标准溶液的配制	5	未按规定操作一处扣 1~2 分，扣完 5 分为止			
		0.02 mol/L EDTA 标准溶液的配制	5	未按规定操作一处扣 1~2 分，扣完 5 分为止			
		0.02 mol/L EDTA 标准溶液的标定	5	未按规定操作一处扣 1~2 分，扣完 5 分为止			
3	试样抽提	用移液管注入 50 mL 试样，加入 30 mL 盐酸，装上回流冷凝管，加热，进行抽提	8	试样少于 50 mL 扣 3 分，冷凝管连接不正确扣 3 分，溶液洒漏扣 2 分			
		由具塞锥形烧瓶内混合液沸腾开始，记下时间，经 25 min 停止加热	8	未在混合液沸腾开始计时扣 4 分，加热时间未满 25 min 扣 4 分			
		冲洗仪器内壁，在冷水中冷却至 25~30℃	8	未用蒸馏水冲洗仪器扣 4 分，未冷却至 25~30 ℃扣 4 分			
4	滴定	用滴定管准确加入 25 mL 0.02 mol/L EDTA 标准溶液，加入 5 g/L 二甲酚橙水溶液 5~6 滴	10	未按规定操作一处扣 2~3 分，扣完 10 分为止			
		用 6 mol/L 盐酸水溶液调至黄色后继续加入 6 mol/L 盐酸水溶液 0.5 mL，再加入六次甲基四胺 1.5~2 g	10	未按规定操作一处扣 2~3 分，扣完 10 分为止			
		用 0.02 mol/L 氯化锌标准溶液滴定，滴定至抽提液由黄色变为桃红色即为终点	10	未按规定操作一处扣 2~3 分，扣完 10 分为止			
5	计算和记录	计算方法正确，试验结果准确，试剂瓶贴标签	10	计算方法不正确扣 3 分，结果不准确扣 3 分，试剂瓶标签漏扣 4 分			
		记录及时、准确，无漏项，书写工整，无涂改	4	记录不及时或不准确一处扣 1 分，漏项一处扣 1 分，书写不工整或涂改一处扣 1 分，扣完 4 分为止			

续表 17-6

序号	考试内容	评分要素	配分	评分标准	扣分	得分	备注
6	仪器归位	试验完毕及时处理“三废”，仪器复位	2	未处理“三废”扣 1 分，仪器未复位扣 1 分			
7	清理现场	打扫操作现场		未打扫现场从总分中扣 3 分，打扫不干净扣 1 分			
8	安全文明操作	按国家或企业颁发有关安全规定执行操作		每违反一项规定从总分中扣 5 分，严重违规者取消考试资格			
9	考试时限	在规定时间内完成		每超时 1 min 从总分中扣 5 分，超时 3 min 停止操作			
合　　计			100				
考核人签名： 日期：							

附录样表

某汽油中四乙基铅含量测定原始记录见表 17-7。

表 17–7　某汽油中四乙基铅含量测定原始记录表

记录编号 2023017　执行标准 GB/T 2432　油样名称＿＿＿＿　油料批号＿＿＿＿

油样编号＿＿＿＿　取样地点 1 号罐　化验类别 入库　滴管编号 010

室　温 23 ℃　氯化锌标准滴定溶液浓度 0.020 16 mol/L　标定日期 2023.5.1

EDTA 标准滴定溶液浓度 0.020 35 mol/L　标定日期 2023.5.1

试验次数		一	二	三
试样用量 /mL		50	50	
试样视密度 /（$g\cdot cm^{-3}$）		0.753 0	0.753 0	
EDTA 溶液用量 /mL		25	25	
测定记录	终读 /mL	9.75	9.80	
	初读 /mL	0.00	0.00	
	终读改正 /mL	0.00	0.00	
	初读改正 /mL	0.00	0.00	
	改正后用量 /mL	9.75	9.80	
结果 /（$g\cdot kg^{-1}$）		2.680	2.671	
平均值 /（$g\cdot kg^{-1}$）		2.68		

续表 17-7

记录编号 2023017 执行标准 GB/T 2432 油样名称____ 油料批号____ 油样编号____ 取样地点 1 号罐 化验类别 入库 滴管编号 010 室　温 23 ℃ 氯化锌标准滴定溶液浓度 0.020 16 mol/L 标定日期 2023.5.1 EDTA 标准滴定溶液浓度 0.020 35 mol/L 标定日期 2023.5.1					
试验次数	一		二		三
重复性	允许差值	0.04	实测差值		0.009
质量指标	四乙基铅不大于 3.2 g/kg				
结论	按执行标准，合格				
备注（计算）$X=(M_3V_1-M_2V_2)\times 323.2/V_3\cdot\rho$ $X_1=(0.020\ 35\times 25-0.020\ 16\times 9.75)\times 323.2/(50\times 0.753\ 0)=2.680$（g/kg） $X_2=(0.020\ 35\times 25-0.020\ 16\times 9.80)\times 323.2/(50\times 0.753\ 0)=2.671$（g/kg） $\overline{X}=(2.680+2.671)/2=2.68$（g/kg） M_3—EDTA 标准滴定溶液浓度，mol/L；M_2—氯化锌标准滴定溶液浓度，mol/L； V_1—EDTA 标准滴定溶液的体积，mL；V_2—滴定所消耗的氯化锌标准滴定溶液的体积，mL； V_3—试样的体积，mL；ρ—测定温度下试样的视密度。					

试验者 △△△　　审核者 △△△　　××年×月×日

项目十八　润滑脂游离碱和游离有机酸测定

情境描述

游离有机酸和游离碱是指润滑脂在生产过程中未经充分皂化后的有机酸和过剩的碱。

某石化企业，现生产有2号航空润滑脂，出厂之前需对其重要质量指标——腐蚀性进行评价，故质检中心需依据石化行业标准SH/T 0329，设计试验方案，严格执行试验标准，正确组装测定仪器设备，按标准规定条件进行测定。

任务1　盐酸标准滴定溶液标定

一、学习目标

（1）掌握标准滴定溶液配制与标定的方法及原理。

（2）掌握常用溶液浓度表示方法，配制溶液注意事项。

（3）能按标准或规范配制制剂、制品、试液（一般溶液）、指示剂及指示液等。

（4）能按照执行标准规范完成操作并出具合格的原始记录表，依据评分细则分析误差产生的原因，并提出某些改进措施。

（5）具有一丝不苟地依据标准进行检验和判定的职业素养。

二、项目概述

引用标准：GB/T601《化学试剂 标准滴定溶液的制备》。

皂基润滑脂在制造过程中会带入微量的碱，盐酸标准滴定溶液就是根据酸碱中和原理来测定游离碱的含量。将润滑脂试样加入溶剂油（或苯）－乙醇混合溶剂中，加热回流至试样完全溶解。酚酞为指示剂，以盐酸标准滴定溶液滴定其游离碱或以氢氧化钾-乙醇标准滴定溶液滴定其游离有机酸。

三、原理分析

称取一定量的基准物质，溶解后用待标定的溶液滴定，然后根据基准物质的质量及待标定溶液所消耗的体积，即可算出该溶液的准确浓度。大多数标准滴定溶液是通过标定的方法测定其准确浓度的。

以工作基准试剂无水碳酸钠与盐酸标准滴定溶液发生酸碱反应为原理，借助滴定分析仪器设备规范完成盐酸标准滴定溶液标定的操作，并出具合格的盐酸标准滴定溶液标定的原始记录表。

四、仪器及试剂

（1）250 mL 或 300 mL 锥形瓶 5 个，50 mL 量筒 1 个，干燥器，称量瓶 1 个，滴瓶 1 个，洗瓶 1 个，温度计 1 支（精度 0.2 ℃）。

（2）电子天平（精度：0.000 1 g）1 台，滴定台、滴定管夹 1 套，电热板 1 台。

（3）工作基准试剂碳酸钠。

（4）溴甲酚绿－甲基红指示液：将 3 份 1 g/L 溴甲酚绿的乙醇（95%）溶液和 1 份 2 g/L 甲基红的乙醇（95%）溶液混合均匀。

（5）盐酸溶液：配制成浓度约 0.05 mol/L 溶液。

五、操作步骤

按 GB/T601《化学试剂 标准滴定溶液的制备》操作。

1. 配制

盐酸溶液（0.05 mol/L）配制：量取 4.5 mL 盐酸，注入 1 000 mL 水中，摇匀。考虑到浓盐酸的挥发性，可适当多取一点。

2. 标定

称取 0.95 g 于 270~300 ℃高温炉中灼烧至恒重的工作基准试剂无水碳酸钠，溶于水中，移入 250 mL 容量瓶中，稀释至刻度，摇匀。取 20.00~25.00 mL 溶液，加 30 mL 水，加 10 滴溴甲酚绿－甲基红混合指示液，用配制好的盐酸溶液滴定至溶液由绿色变为暗红色，煮沸 2 min，加盖具有钠石灰管的橡胶塞，冷却，继续滴定至溶液再次呈暗红色。同时做空白试验。

盐酸标准滴定溶液的浓度［c（HCl）］，单位以摩尔每升（mol/L）表示，按式（18-1）计算：

$$c\text{(HCl)}=\frac{m\times\dfrac{V_1}{250.0}\times 1\,000}{(V_2-V_0)\times M} \tag{18-1}$$

式中　m——工作基准试剂无水碳酸钠的质量，g；

V_1——准确移取碳酸钠溶液体积的准确数值，mL；

V_2——实际消耗盐酸溶液体积，mL；

V_0——空白试验消耗盐酸溶液体积，mL；

M——以$\frac{1}{2}Na_2CO_3$为基本单元的碳酸钠的摩尔质量，g/mol［$M(\frac{1}{2}Na_2CO_3)$=52.994 g/moL］。

六、注意事项

（1）所配制的标准滴定溶液的浓度值与所规定的浓度值之差的绝对值不应大于所规定浓度值的5%。

（2）标定好的标准滴定溶液在每次使用前，应当摇匀，使瓶内壁上凝聚的水滴与溶液混合。

（3）在接近滴定终点时应剧烈摇动，或最好把溶液加热至沸腾并摇动，以赶出CO_2，随后将溶液冷却后，继续滴定。

七、质检报告单

盐酸标准溶液标定原始记录见表18-1。

表18–1　盐酸标准溶液标定原始记录表

记录编号______ 执行标准______		基准物质纯度______ 有（无）体积校正表______			室　温______ 滴管编号______	
项　目		一	二	三	四	备　注
基准物质的质量/g	m（称量瓶+Na_2CO_3）/倾样前					
	m（称量瓶+Na_2CO_3）/倾样后					
	m（Na_2CO_3）					
移取溶液的体积V_1/mL						

续表 18-1

记录编号________ 执行标准________		基准物质纯度________ 有（无）体积校正表________			室　温________ 滴管编号________	
项　目		一	二	三	四	备　注
滴定体积/mL	初　读					
	终　读					
	滴定用量					
	体积校正值					
溶液温度/℃						
温度补正值/（mL·L^{-1}）						
溶液温度校正值/mL						
实际消耗体积 V_2/mL						
空白试验体积 V_0/mL						
c（HCl）/（moL·L^{-1}）						
$\overline{c}$（HCl）/（moL·L^{-1}）						
重复性/%		允许差值		实测数值		
计算过程：						

试验者__△△△__　　审核者__△△△__　　× × 年 × 月 × 日

八、项目考核

盐酸标准溶液标定评分细则见表 18-2。

表 18–2　盐酸标准溶液标定评分细则

操作时间：40 min

序号	考核内容	考核要点	配分	评分标准	扣分	得分	备注
1	任务准备	药品、试剂准备	4	药品规格不符合要求扣 1 分			
				指示剂、试剂配制不按照标准要求扣 1 分			
				工作基准试剂干燥不恒重扣 1 分			
				电热炉使用不规范扣 1 分			
		仪器准备	3	仪器设备准备不全扣 1 分			
				未检测仪器设备是否合格扣 1 分			
				未规范使用仪器设备扣 1 分			

续表 18-2

序号	考核内容	考核要点	配分	评分标准	扣分	得分	备注
2	工作基准试剂的称量	称量操作	4	未检查电子天平水平扣 1 分			
				未将托盘清扫干净扣 1 分			
				敲样不正确、称量过程中天平门未关闭扣 2 分			
		称量范围	2	未将称量范围控制在规定量的 90%~110% 扣 2 分			
		结束工作	2	未复原天平扣 1 分			
				未放回凳子扣 1 分			
3	托　盘天　平	使　用	2	称量操作不规范扣 2 分			
4	滴定操作	洗　涤	4	洗涤不干净，内壁挂水珠扣 1 分			
		试　漏		试漏不正确扣 1 分			
		润　洗		润洗低于 3 遍，置换内壁蒸馏水不彻底扣 1 分			
		调零点		零点调整时液面与零刻线不相切扣 1 分			
		滴定速度	2	滴定速度太快，水流成线扣 1 分			
				半滴操作不规范扣 1 分			
5	滴定终点颜色	暗红色	4	终点判断不正确一次扣 1 分，最多扣 4 分			
6	空白试验	规范性	3	空白试验不规范扣 3 分			
7	读　数	读　数	4	在竖直状态下静止 1 min 后读数，否则扣 4 分			
8	文明操作、结束工作	摆放、洗涤、“三废”处理	3	仪器摆放不整齐扣 1 分			
				“三废”乱扔乱倒扣 1 分			
				结束后没有清洗仪器扣 1 分			
9	数据记录及处理	记　录	1	数据改正不规范扣 1 分			
				表中有缺项扣 1 分			
		计　算	2	数据计算错误扣 2 分			
		有效数字保留	2	有效数字位数保留不正确扣 1 分			
				有效数字位数修约不正确扣 1 分			

续表 18-2

序号	考核内容	考核要点	配分	评分标准	扣分	得分	备注
10	结果判定	精密度	30	相对极差≤ 0.20%，精密度有效，不扣分			
				相对极差 >0.20%，查找误差产生的原因并修正结果符合要求，不扣分；否则扣 30 分			
		准确度	25	｜相对误差｜≤ 0.20%，准确度有效，不扣分			
				｜相对误差｜ >0.20%，查找误差产生的原因并修正结果符合要求，不扣分；否则扣 25 分			
11	整理工作	现场清理	3	所用玻璃仪器未清洗干净扣 1 分			
				未按要求将“三废”倒入指定的回收桶扣 2 分			
合计			100				
考核人签名： 日期：							

附录样表

某盐酸标准溶液标定原始记录见表 18-3。

表 18–3　某盐酸标准溶液标定原始记录表

记录编号 2023011 执行标准 GB/T601		基准物质纯度 工作基准试剂 有（无）体积校正表 有			室　温 24 ℃ 滴管编号 11	
项　目		一	二	三	四	备　注
基准物质的质量 /g	m（称量瓶 +Na_2CO_3）/ 倾样前	15.602 5	14.651 2	13.701 1	12.747 3	
	m（称量瓶 +Na_2CO_3）/ 倾样后	14.651 2	13.701 1	12.747 3	11.794 8	
	m（Na_2CO_3）	0.951 3	0.950 1	0.953 8	0.952 5	
移取溶液的体积 V_1/mL		25.00	25.00	25.00	25.00	
滴定体积 /mL	初　读	0.00	0.00	0.00	0.00	
	终　读	35.97	35.95	36.06	36.06	
	滴定用量	35.97	35.95	36.06	36.06	
	体积校正值	−0.010	−0.011	−0.011	−0.010	

续表 18-3

记录编号 2023011	基准物质纯度 工作基准试剂		室　温 24 ℃		
执行标准 GB/T601	有（无）体积校正表 有		滴管编号 11		
项　目	一	二	三	四	备　注
溶液温度 /℃	24	24	24	24	
温度补正值 /（mL·L^{-1}）	−0.80	−0.80	−0.80	−0.80	
溶液温度校正值 /mL	−0.029	−0.029	−0.029	−0.029	
实际消耗体积 V_2/mL	35.93	35.91	36.02	36.02	
空白试验体积 V_0/mL	0.02				
c（HCl）/（moL·L^{-1}）	0.049 989	0.049 954	0.049 995	0.049 927	
$\overline{c}$（HCl）/（moL·L^{-1}）	0.049 97				
重复性 /%	允许差值	0.2	实测数值	0.14	

计算过程：

$$c(\mathrm{HCl})=\frac{m\times\frac{V_1}{250.0}\times 1\,000}{(V_2-V_0)\times M}$$

$$c_1=\frac{0.951\,3\times\frac{25.00}{250.0}\times 1\,000}{(35.93-0.02)\times 52.994}\ \mathrm{mol/L}=0.049\,989\ \mathrm{mol/L}$$

$$c_2=\frac{0.950\,1\times\frac{25.00}{250.0}\times 1\,000}{(35.91-0.02)\times 52.994}\ \mathrm{mol/L}=0.049\,954\ \mathrm{mol/L}$$

$$c_3=\frac{0.953\,8\times\frac{25.00}{250.0}\times 1\,000}{(36.02-0.02)\times 52.994}\ \mathrm{mol/L}=0.049\,995\ \mathrm{mol/L}$$

$$c_4=\frac{0.952\,5\times\frac{25.00}{250.0}\times 1\,000}{(36.02-0.02)\times 52.994}\ \mathrm{mol/L}=0.049\,927\ \mathrm{mol/L}$$

$$\overline{c}=\frac{0.049\,989+0.049\,954+0.049\,995+0.049\,927}{4}\ \mathrm{mol/L}=0.049\,97\ \mathrm{mol/L}$$

$$相对极差：\frac{0.049\,995-0.049\,927}{0.049\,97}\times 100\%=0.14\%$$

试验者 △△△　　　　审核者 △△△　　　　××年×月×日

任务 2 润滑脂游离碱或游离有机酸测定

一、学习目标

（1）掌握游离碱和有机酸的测定原理、方法及影响结果准确性的主要因素。

（2）能按照执行标准规范完成操作并出具合格的原始记录表，依据评分细则分析误差产生的原因，并提出某些改进措施。

（3）具有严谨认真、实事求是、一丝不苟的质检精神。

二、项目概述

引用标准：SH/T 0329《润滑脂游离碱和游离有机酸测定法》。

游离碱是在皂基润滑脂制造过程中未与脂肪酸或油脂作用完的碱。一般在制造皂基润滑脂时，常用过量的碱以保证皂化完全，并使产品含微量的碱。少量游离碱的存在既有利于抑制皂的水解，又可中和润滑脂在储存和使用中因氧化而生成的酸，从而降低润滑脂对金属的腐蚀。但游离碱的含量不能大于 0.2%，否则不仅会引起金属的腐蚀（特别是对有色金属），还会影响润滑脂的结构和性质，使其滴点降低，锥入度变大，热安定性下降，甚至难以成脂。游离有机酸是润滑脂在储存和使用过程中因氧化而生成的酸。游离有机酸会腐蚀金属，因此一般润滑脂中不允许含有游离有机酸。

三、原理分析

润滑脂游离碱和游离有机酸的测定是根据酸碱中和反应进行的。试验时，用沸腾的汽油及 60% 的乙醇将润滑脂溶解，并抽提润滑脂中的游离碱或游离有机酸。在加入酚酞后若呈红色则表示有游离碱，此时用 0.05 mol/L 盐酸标准溶液滴定；若没有颜色则表示有游离有机酸，此时用 0.05 mol/L 氢氧化钾 - 乙醇标准溶液滴定。根据盐酸或氢氧化钾 - 乙醇标准溶液的消耗量，算出试样里的游离碱或游离有机酸的含量（质量分数）。

本法与酸值测定法的区别主要有：一是使用汽油溶解润滑脂；二是所用抽提剂为 60% 乙醇，便于汽油与乙醇分层而更加明显地观察到滴定颜色的变化，还可兼顾溶解游离碱和游离有机酸；三是采用冷滴定，防止和减少皂的水解。

四、仪器及试剂

（1）65% 乙醇。

（2）氢氧化钾：分析纯。用精制的乙醇配成氢氧化钾 - 乙醇标准滴定溶液［c（KOH）=0.05 mol/L］。

（3）盐酸：分析纯。用蒸馏水配成盐酸标准滴定溶液［c（HCl）=0.05 mo1/L］。

（4）苯：分析纯。

（5）酚酞：配成 10 g/L 乙醇指示液。

（6）磨口锥形瓶或锥形烧瓶：250~300 mL。

（7）微量滴定管：2 mL，分度为 0.02 mL。

（8）蛇形或球形冷凝管：长约 300 mm。

（9）电热板或水浴。

（10）刮刀、烧杯或瓷杯。

（11）量筒：50 mL 和 100 mL。

五、操作步骤

按 SH/T 0329《润滑脂游离碱和游离有机酸测定法》操作。

润滑脂游离碱或游离有机酸测定

1. 取样

用刮刀将试样的表面刮掉，然后在不靠近容器壁的至少 3 处，取约等量的试样，装在小烧杯中搅匀。

在清洁、干燥的磨口锥形烧瓶中称取试样 2~3 g，精确至 0.001 g；试验黏稠和难溶润滑脂时，称取 1~1.5 g，精确至 0.001 g；试验含有游离有机酸在 0.1 mgKOH/g 以下的润滑脂时，可称取 4~5 g，精确至 0.1 g。

2. 中和

在另一只清洁、干燥的磨口锥形烧瓶中，加入溶剂油 30 mL 和 60% 乙醇 20 mL，用具有磨口塞的回流冷凝管或用冷凝管上具有锡纸包住的软木塞塞好，在不断摇动的同时，将混合物煮沸 5 min。对难溶于溶剂油的试样，可用苯代替溶剂油。

向煮沸过的溶剂油 - 乙醇混合物中，加入 3~4 滴酚酞乙醇指示液，在不断摇动的同时趁热用氢氧化钾 - 乙醇标准滴定溶液中和，出现淡玫瑰红色为止。

3. 溶解试样

将中和过的溶剂油 - 乙醇混合物注入装有已称试样的磨口锥形烧瓶中，用具有磨口塞的回流冷凝管或用已用锡纸包住的软木塞塞好的冷凝管密封锥形烧瓶。在不断摇动的同时将溶液煮沸，直至试样完全溶解，继续煮沸 5 min，随后从冷凝管上取下冷凝管，用锡纸包住的软木塞将装有混合物的锥形瓶塞好，在不断摇动的情况下，用冷却水将溶液冷至室温。

4. 滴定

向混合物中加入 3~4 滴酚酞乙醇指示液，在不断摇动的同时进行滴定，若乙醇 – 水层为玫瑰红色，则用 0.05 mol/L 盐酸标准滴定溶液滴定，直至颜色消失；若乙醇 – 水层为无色，则 0.05 mol/L 氢氧化钾 - 乙醇标准滴定溶液滴定，直至淡玫瑰红色出现，滴定要连续进行但不超过 3 min。

5. 计算

（1）试样的游离碱 X［NaOH%（m/m）］按式（18-2）计算：

$$X[\text{NaOH\%}(m/m)]=\frac{V\cdot c\times 0.040\times 100}{m}=\frac{V\cdot c\times 4.0}{m} \tag{18-2}$$

式中 V——滴定试样混合液所消耗盐酸标准滴定溶液的体积，mL；

c——盐酸标准滴定溶液的实际浓度，mol/L；

m——试样的质量，g；

0.040——与 1.00 mL 盐酸标准滴定溶液［c（HCl）=1.000 mol/L］相当的以克表示的碱（以氢氧化钠表示）的质量。

（2）试样的游离有机酸含量以酸值或以百分数表示。

① 试样的酸值 X（mgKOH/g）按式（18-3）计算：

$$X(\text{mgKOH/g})=\frac{V\cdot c\times 0.056\,1}{m}\times 1\,000 \tag{18-3}$$

式中 V——滴定试样混合液所消耗氢氧化钾乙醇标准滴定溶液的体积，mL；

c——氢氧化钾乙醇标准滴定溶液的实际浓度，mol/L；

m——试样的质量，g；

0.056 1——与 1.00 mL 氢氧化钾乙醇标准滴定溶液［c（KOH）=1.000 mol/L］相当的以克表示的酸（以氢氧化钾表示）的质量。

② 试样的游离有机酸 X［换算为油酸 %（m/m）］按式（18-4）计算：

$$X=\frac{V\cdot c\times 0.282\,5\times 100}{m}=\frac{V\cdot c\times 28.25}{m} \tag{18-4}$$

式中 V——滴定试样混合液所消耗氢氧化钾 - 乙醇标准溶液的体积，mL；

c——氢氧化钾 - 乙醇标准溶液的实际浓度，mol/L；

m——试样的质量，g；

0.282 5——与 1.00 mL 氢氧化钾乙醇标准滴定溶液［c（KOH）=1.000 mol/L］相当的以克表示的油酸的质量。

6. 精密度

（1）游离碱重复测定两个结果的差数，不应超过 0.02%（质量分数）。

（2）酸值重复测定两个结果的差数，不应超过表 18-4 所列数值。

（3）游离有机酸重复测定两个结果的差数，不应超过 0.02%（质量分数）（换算为油酸）。

（4）取重复测定两个结果的算术平均值，作为试样的游离碱或游离有机酸的测定结果。

（5）试样中游离碱含量在 0.02%（质量分数）以下时，判断为无。

表 18–4　精密度要求

酸值 /（mg KOH · g^{-1}）	允许差数 /（mg KOH · g^{-1}）
<0.1	0.02
0.1~1.0	0.05
>1.0	0.1

六、注意事项

（1）要按试验方法规定，准确配制 60%（体积）乙醇溶液，以控制水解。本方法测定的游离碱不仅包括试样中未皂化的碱，还包括在 60%（体积）乙醇溶液中，试样所含的皂类因水解而生成的碱。乙醇浓度大，皂水解出的碱量会减少；反之，碱量会增加。

（2）由于皂的水解与温度的高低、时间的长短有关。因此滴定前必须将试样冷却至室温，同时平行试验冷却时间应一致。

（3）滴定时摇动要均匀，以免误认为汽油层所出现的红色为终点，但也不要摇动过猛，以免出现乳浊而影响判断终点的颜色。

（4）有些试样滴定到终点，因皂继续进行水解，往往出现返红现象（滴定已到无色，片刻后又出现红色），有时可能多次反复才能滴至终点，造成结果偏高。为使测定结果准确，必须控制在 3 min 内滴完，而且滴定应连续进行，终点颜色以保持 30 s 为宜。

七、质检报告单

游离碱（酸）测定原始记录见表 18-5。

表 18-5 游离碱（酸）测定原始记录表

记录编号__________ 执行标准__________ 油样名称__________ 油样编号__________
取样地点__________ 化验类别__________ 仪器编号__________ 室　温__________
HCl（KOH- 乙醇溶液）浓度______________ HCl（KOH- 乙醇溶液）标定日期______________

试验次数		一	二	三	四
锥瓶编号					
试样用量 /mL					
加热时间 /min					
滴定记录 /mL	终　读				
	初　读				
	终读改正				
	初读改正				
改正后用量 /mL					
［NaOH%（m/m）］结果					
［油酸 %（m/m）］结果					
平均值					
重复性	允许差值				
	实测差值				
质量指标					
结　论					
备注（计算）：					

试验者△△△　　审核者△△△　　××年×月×日

注：根据实际情况选择：HCl 或 KOH- 乙醇溶液的浓度，HCl 或 KOH- 乙醇溶液标定日期，［NaOH%（m/m）］结果或［油酸 %（m/m）］结果。

八、项目考核

润滑脂游离碱或游离有机酸测定评分细则见表 18-6。

表 18–6　润滑脂游离碱或游离有机酸测定评分细则

操作时间：60 min

序号	考试内容	评分要素	配分	评分标准	扣分	得分	备注
1	准备工作	工具、用具准备齐全	4	少准备一件扣 1 分，扣完 4 分为止			
		检查玻璃仪器	5	未按规定操作扣 5 分			
		洗涤玻璃仪器	5	未按规定操作扣 5 分			
		检查微量滴定管（碱式）、移液管检定证书及其有效期	3	未检查检定证书及其有效期各扣 1 分，未唱读扣 1 分			
		冷凝管上、下水连接正确	4	连接不正确扣 4 分			
		准备微量滴定管，润洗，试漏，排出气泡	5	未按规定操作扣 5 分			
		按规定方法取试样，装在小烧杯中搅匀	5	未按规定方法取试样扣 3 分，未搅拌扣 2 分			
2	测定	称取试样	5	未按规定方法称取扣 5 分			
		加入溶剂油 30 mL 和 60% 乙醇 20 mL，在不断摇动的同时，将混合物煮沸 5 min	10	未足量称取溶剂油和乙醇扣 4 分，未摇动扣 3 分，煮沸未满 5 min 扣 3 分			
		加入 3~4 滴酚酞乙醇指示液，趁热用氢氧化钾 - 乙醇标准滴定溶液中和，直至出现淡玫瑰红色	10	滴定未按规定操作扣 5 分，终点颜色判断不正确扣 5 分			
		将中和过的溶剂油 – 乙醇混合物注入锥形烧瓶中	3	未按规定操作扣 3 分			
		连接球形冷凝管与锥形瓶，继续加热，煮沸 5 min	2	未按规定操作扣 2 分			

续表 18-6

序号	考试内容	评分要素	配分	评分标准	扣分	得分	备注
2	测定	不断摇动，用冷却水将溶液冷至室温	2	操作错误扣 2 分			
		加入 3~4 滴酚酞乙醇指示液，趁热用标准滴定溶液滴定	12	未按规定操作扣 12 分			
		滴定过程中，停止加热到滴定达到终点，不应超过 3min	5	操作不正确扣 5 分			
		滴定操作及读数	10	未按规定操作扣 10 分			
3	计算及记录	计算方法正确，计算结果准确	4	计算方法不正确或计算结果不准确扣 4 分			
		记录及时、准确，无漏项，书写工整，无涂改	4	记录不及时一处扣 2 分，漏项一处扣 1 分，涂改一处扣 1 分			
4	仪器归位	试验完毕及时处理“三废”，仪器复位，物放有序	2	未处理“三废”扣 1 分，仪器未复位扣 1 分			
5	清理现场	打扫操作现场		未打扫现场从总分中扣 3 分，打扫不干净扣 1 分			
6	安全文明操作	按国家或企业颁发有关安全规定执行操作		每违反一项规定从总分中扣 5 分，严重违规者取消考试资格			
7	考试时限	在规定时间内完成		每超时 1 min 从总分中扣 5 分，超时 3 min 停止操作			
合计			100				
考核人签名： 日期：							

附录样表

某游离碱（酸）测定原始记录见表 18-7。

表 18–7　某游离碱（酸）测定原始记录表

记录编号 2023018　执行标准 SH/T 0329　油样名称＿＿＿　油样编号＿＿＿
取样地点 1 号库　化验类别 入　库　仪器编号＿＿＿　室　温＿＿＿
HCl 浓度 0.049 98 mol/L　HCl 溶液标定日期＿＿＿

试验次数		一	二	三	四
锥瓶编号		1	2		
试样用量 /mL		4.5	4.7		
加热时间 /min		5	5		
滴定记录 /mL	终　读	1.626	1.628		
	初　读	0.000	0.000		
	终读改正	0.000	0.000		
	初读改正	0.000	0.000		
改正后用量 /mL		1.626	1.628		
结果［NaOH%（m/m）］		0.072	0.069		
平均值		0.07 NaOH%			
重复性	允许差值	0.02 NaOH%			
	实测差值	0.003 NaOH%			
质量指标		游离碱不大于 0.15 NaOH%			
结　论		按执行标准，合格			

备注（计算）：$X=4\times V\times c/m$

$X_1=4\times 1.626\times 0.049\,98/4.5\approx 0.072$

$X_2=4\times 1.628\times 0.049\,98/4.7\approx 0.069$

$\overline{X}=(0.072+0.069)/2\approx 0.07$

试验者 △△△　　审核者 △△△　　× × 年 × 月 × 日

项目十九 润滑脂和石油脂锥入度测定

情境描述

润滑脂的稠度是可塑性的一个特征，稠度通常用锥入度表示。锥入度是润滑脂和石油脂的稠度或软硬程度的指标，是正确选用润滑脂的依据之一。

某航空公司，现有 2 号低温润滑脂，需对其稠度进行评价，故质检中心需依据国家标准 GB/T 269，设计试验方案，严格执行试验标准，正确组装测定仪器设备，按标准规定条件测定润滑脂的锥入度。

一、学习目标

（1）掌握润滑脂锥入度的测定原理、方法及影响测定结果准确度的因素。

（2）能按照执行标准规范完成操作并出具合格的原始记录表，依据评分细则分析误差产生的原因，并提出某些改进措施。

（3）具有认真负责、实事求是、坚持原则、一丝不苟地依据标准进行检验和判定的职业素养。

二、项目概述

参考标准：GB/T 269《润滑脂和石油脂锥入度测定法》。

锥入度是指在规定的时间、温度等条件下，规定重量的标准圆锥体穿入润滑脂试样的深度，以 1/10 mm 表示。

锥入度是表示润滑脂稠度的指标，是选用润滑脂的依据之一。锥入度的大小是确定润滑脂牌号的依据。锥入度越大，稠度越小，润滑脂牌号越小。因此，了解锥入度测定的意义，掌握锥入度的测定方法尤为重要。

三、原理分析

润滑脂锥入度可分为：工作锥入度、不工作锥入度、延长工作锥入度和块锥入度。

润滑脂锥入度测定是在 25 ℃条件下进行的。测定时，将锥体组合件从锥入度计上释放，使锥体下落 5 s，测定锥体在润滑脂中的刺入深度。不工作锥入度是在尽可能少搅动的情况下，将试料移入适宜试验的容器中进行测定的。

工作锥入度是使试料在润滑脂工作器中 60 次往复工作后进行测定的。

延长工作锥入度是使试料在润滑脂工作器中多于 60 次往复工作后进行测定的。

块锥入度是用润滑脂切割器切割块状润滑脂，在新切割的立方体表面上进行测定的。

石油脂锥入度是将试样首先按规定条件熔化和冷却，然后按润滑脂锥入度测定方法进行测定的。

四、仪器及试剂

（1）锥入度计：设计成能测定锥体刺入试样中的深度，以 0.1 mm 为单位。锥入度计的锥体组合件或平台必须能精确调节锥尖位于润滑脂平面上时其指示器读数指零。当释放锥体时，至少能下落 62 mm，且无明显摩擦。锥尖应不能碰击试样容器底部。仪器应带有水平调节螺丝和乙醇水平仪，以保持锥杆处于垂直位置。锥入度计如图 19-1 所示，SK-4509A 锥入度测定仪如图 19-2 所示。

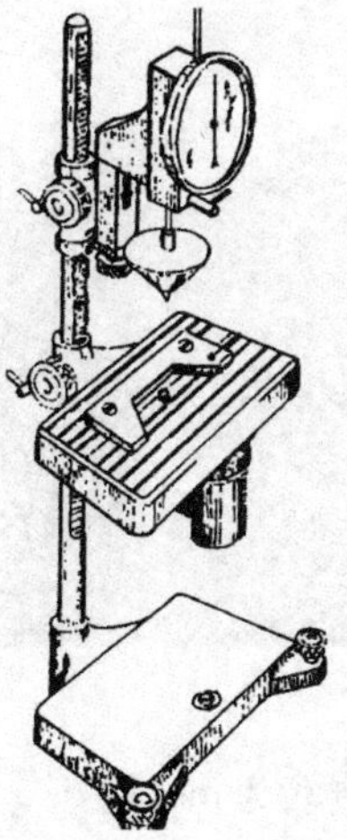

图 19-1　锥入度计

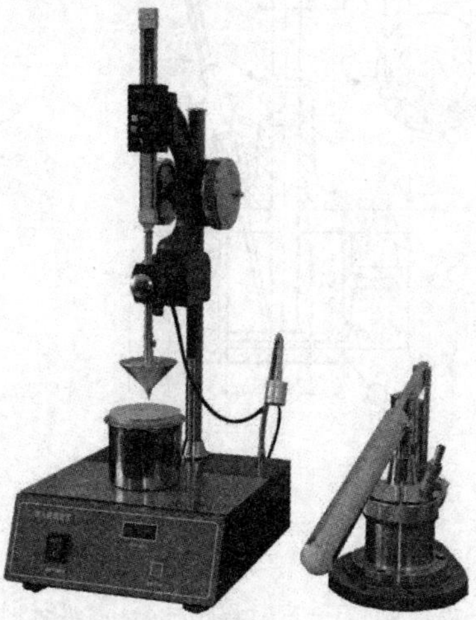

图 19-2　SK-4509A 锥入度测定仪

（2）全尺寸锥体和锥杆：锥体由镁或其他适宜材料制造的圆锥体和可拆卸的淬火钢尖组成，如图 19-3 所示。锥体总质量为 102.5 g ± 0.05 g，锥杆质量为 47.5 g ± 0.05 g。由刚性杆组成的锥杆其上端有一“台阶”，其下端有一连接锥体的适当结构。只要锥体总的外形及质量分布不变，允许修改内部结构，以达到规定质量。外表面应抛光，使其非常光滑。

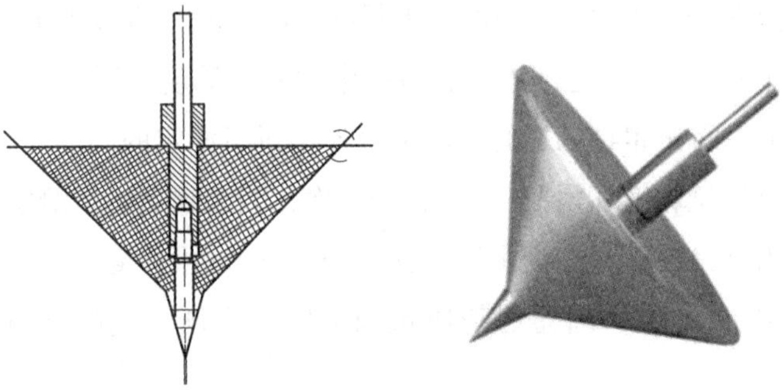

图 19-3　全尺寸锥体

（3）全尺寸润滑脂工作器：应符合图 19-4 所示尺寸。图中未标尺寸部分要求不是很严格，可以根据具体要求改变。可采用其他紧固盖子及固定工作器的方法。工作器可制成手工操作或机械操作。工作速度应达到（60±10）次 /min，工作行程为 67~71 mm，工作器应带有 1 支在 25 ℃校正过的合适温度计，通过排气阀插入。

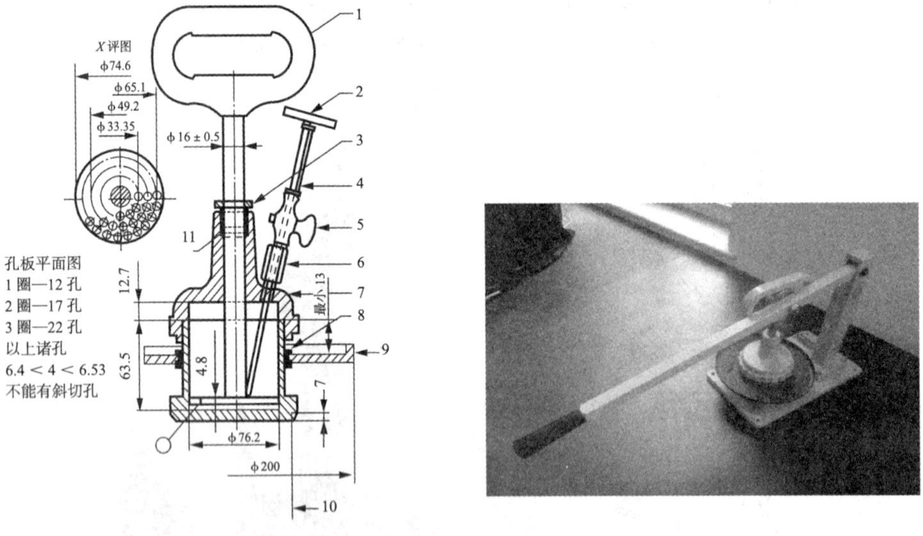

图 19-4　全尺寸润滑脂工作器（图中的单位为 mm）

1—把手；2—温度计；3—密封螺帽；4—温度计衬套；5—排气阀；6—接头；7—盖；8—切开的橡皮管；9—溢流环（任意设计的）；10—任意设计的，供定中心设备使用，与脂杯内径同心；11—填料。

（4）溢流环（任意设计的）：它是使溢流出的润滑脂放回工作器脂杯的有效辅助装置。在测定锥入度时，溢流环应安放在距脂杯边缘以下至少 13 mm 位置。溢流环边高为 13 mm。

（5）润滑脂切割器：具有牢固地安装的带斜削刀的锋利刀片，刀片必须平直锋利。

（6）水浴：能够维持在 25 ℃ ±0.5 ℃，并能容纳装配好的润滑脂工作器。若水浴用于不工作锥入度试样，则需备有防止试样表面与水接触的设施。水浴应带有盖子，使试样上部的空气温度维持 25 ℃。

（7）温度计：25 ℃校正过的温度计，用于水浴或空气浴。

（8）烘箱：能够维持 85 ℃ ±2 ℃，用于熔化石油脂样品。

（9）刮刀：宽度为 32 mm，长度不少于 150 mm 的耐腐蚀方头硬刀片。

（10）秒表：分度为 0.1 s。

（11）石油脂试料容器：直径 100 mm ± 5 mm，深度 65 mm 或大于 65 mm 的平底圆筒形的容器。

五、操作步骤

按 GB/T 269《润滑脂和石油脂锥入度测定法》操作。

润滑脂
锥入度测定

（一）润滑脂全尺寸锥入度测定

1. 工作锥入度测定

（1）试验准备。

① 取样。

按 SH/T 0229 润滑脂取样法，取足够试样（至少 0.5 kg），用刮刀将试样填入清洁的工作器脂杯中，使之填满，并装至杯口形成凸出 13 mm 球面，填入时不使杯中留有空隙或积存气泡。为除去混入的空气，在装填过程中不时振动脂杯。

② 恒温。

试样填满工作器脂杯后，拧上盖子，打开排气阀，将孔板压到杯底，从排气阀插入温度计，使温度计水银球位于润滑脂的中心。将装配好的工作器放入保持在 25 ℃ ±0.5 ℃的水浴中，直到温度计指示出润滑脂的工作器及试样温度达到 25 ℃ ±0.5 ℃。从水浴中取出润滑脂工作器，擦去工作器表面的水。

③ 捣动（工作）。

取出温度计，关上排气阀。使润滑脂在 1 min 内经受孔板 60 次的往复工作。随后将孔板返回顶部位置。打开排气阀，取下盖子和孔板，将沾在孔板上易刮下的试样尽量刮回脂杯内。

④ 振动脂杯。

在凳子上或地板上强烈振动脂杯，以填满留下的孔穴，除去混入的空气，但勿使试样溅出脂杯。在操作中，应尽量减少搅动，以防试样因过度搅动而超过规定的 60 次工作次数限制。

⑤ 刮平试样。

刮刀保持倾斜 45° 沿杯边移动，刮去高出脂杯边缘多余的试样，并保留刮下的试样，以便在下次试验时用来填补脂杯。

(2)锥入度测定。

① 清洗锥体和锥杆。

在每次试验前，仔细清洗锥体。在清洗锥体时，为避免锥杆扭弯，可将锥杆牢固地固定在提升位置，用蘸有汽油的棉花擦净锥体，不得转动锥体，以防不当操作而导致的机械磨损。

② 放置脂杯。

将脂杯放在锥入度计平台上，并调节到完全水平位置。注意在测定过程中，试样的温度要保持在 25 ℃ ±0.5 ℃。

③ 调整锥体和指示杆高度。

调整锥体、指示杆高度，使锥尖对准脂杯中心，并刚好和试样表面接触。随后压下指示杆与锥杆顶接触，将刻度盘指针调节为“0”位。

④ 测定在启动秒表的同时，迅速释放锥杆，使其自由下落 5 s±0.1 s，慢慢压下指示杆与锥杆接触，随后从指示器刻度盘上读出锥入度值，作为第一次测定结果。刻度盘上的 1° 相当于锥体沉入试样 0.1 mm。

⑤ 重复操作。

重复（1）条中的④、⑤和（2）条中所述操作，再测定两次，即在同一试样中相继进行 3 次测定。

2. 不工作锥入度测定

(1)试验准备。

① 取样。

取足够试样（至少 0.5 kg）。若试样的锥入度大于 200 单位，则取样量至少为脂杯用量的 3 倍。用刮刀将试样填入脂杯中或内部尺寸相同的金属容器中，最好是整块地从容器中将试样转移到脂杯或金属容器中，转移时，尽量少搅动试样。

② 恒温。

将装满试样的脂杯或金属容器放入 25 ℃的水浴中保持足够的时间，使试样温度达到 25 ℃ ±0.5 ℃。

③ 刮平试样。

斜持刮刀，使之与移动方向成 45° 刮过脂杯边缘，刮去高出脂杯的多余试样。在每次测定不工作锥入度时，对试样表面不须作进一步刮平。

（2）锥入度测定。

① 清洗锥体和锥杆。

按工作锥入度测定（2）条①中所述操作。

② 放置脂杯。

按工作锥入度测定（2）条②中所述操作。

③ 调整锥体、指示杆高度。

调整锥体和指示杆高度，若试样锥入度超过200单位，则应小心地将锥体对准容器的中心，此试样中只能测定1次。如果试样锥入度为200单位或小于200单位，那么可在同一容器中测定3次，3次测定点位于容器各隔120°的3个半径（容器中心到边缘）的中点上。使锥尖刚好与试样表面接触，随后压下指示杆与锥杆顶接触，观察锥尖影子，精确调节，将刻度盘指针调节为“0”位。

④ 测定。

按工作锥入度测定（2）条④中所述操作。

⑤ 重复测定。

按上述操作，补充测定两次。对试样锥入度超过200单位的可在一个容器中测定一次换一次试样，也可分别在两个容器中各测1次。

3. 延长工作锥入度测定

（1）试验准备。

① 保温。

化验室温度如在15~30 ℃，不需要进一步控制润滑脂工作器温度。但在试验前，试样在化验室放置足够时间，以使试样温度达到15~30 ℃。

② 捣动。

按工作锥入度测定（1）所述操作，在脂杯中装满试样，装好工作器，按规定或商定次数进行往复工作。

③ 恒温捣动。

试样工作后立即将工作器放在25 ℃ ±0.5 ℃的水浴或空气浴中1.5 h，取出工作器，使试样再往复工作60次。

（2）测定。

按工作锥入度测定第（1）条④、⑤和第（2）条所述操作。

4. 块锥入度测定

（1）试验准备。

① 取样。

取足够数量的润滑脂试样，确保试样足够硬，在室温下用润滑脂切割器将试样切成边长约 50 mm 的立方体。为保持试样的形状，切割时使切割器刀的不倾斜面朝着试样，在一个棱角的相邻 3 个面上各切去厚约 1.5 mm 的一层试样，为便于辨认，可截去这个棱角的顶角。务必不要触碰切出的 3 个新试样的表面，操作刮刀时，不要使这 3 个表面与切割器底板相接触。在 3 个表面上进行测定的目的是在测定纤维性润滑脂时补偿纤维定向性对最终数据的影响。当有关单位同意时，对于光滑结构非纤维性润滑脂，可以只在一个表面进行测定。

② 恒温。

将切割好的试样放入 25 ℃的空气浴中至少 1 h（当试样温度与试验温度之差大于 8 ℃或试样质量超过 0.5 kg 时，允许延长恒温时间，以保证试样在测定前达到 25 ℃ ±0.5 ℃）。

（2）测定。

将试样平稳地放在锥入度计平台上，使试样的一个试验面朝上。调节测定机构使锥体处于“0”位，仔细调节仪器使锥尖刚好接触试样的中心表面。在启动秒表的同时，迅速释放锥杆，使其自由落下 5 s±0.1 s，慢慢压下指示杆与锥杆接触，随后记录刻度盘上的锥入度值，作为第一次测定结果，在一个暴露表面上共测定 3 次，测定点距边至少 6 mm，并尽可能远离被触动过的地方、气孔或表面其他缺陷。

如果其中任意结果与其他差值超过 3 个单位，那么需要进行相应补充测定，直到 3 个数值之差不超过 3 个单位，取 3 个数值的平均值作为受试表面的锥入度。

（3）重复测定按上述操作，在试杆另外两个试验面上进行重复测定，并分别记录平均值。

（二）石油脂锥入度测定

1. 准备试样

（1）对于石油脂锥入度大于 200 单位，需取约 1 kg 的试样；对于锥入度等于或小于 200 单位，需取约 700 g 试样。

（2）若石油脂锥入度大于 200 单位，则分别准备三份试样；若锥入度等于或小于 200 单位，则取一份试样。

（3）将试样放入保持 85 ℃ ±2 ℃的烘箱中熔化，同时将试样容器放入烘箱中使其温度达到 85 ℃。当试样熔化并达到 82~85 ℃时，取出试样容器，将试样充满，至离容器边沿 6 mm 以内。随后把充满试样的容器置于温度在 25 ℃ ±2 ℃的地方冷却 16~18 h。在测定前，把充满试样的容器放在水浴中 2 h（若试样为合成脂，则容器需加盖），使其温度达到 25 ℃ ±0.5 ℃（不要对试样表面刮平）。从水浴中取出后，立即进行测定。如果室温超出 27 ℃，那么在测定前，应把锥体放在水浴中，使其恒温至 25 ℃ ±0.5 ℃，取出后用清洁的布或纸擦干。如果室温明显超出 27 ℃，那么必须多次调节锥体温度。

2. 锥入度测定

按润滑脂全尺寸锥入度测定第 2 条中（2）所述步骤操作。

某些较硬的石油脂凝固时，在中心部位会形成明显的凹陷，对这种试样，不应在凹陷处测定，应在偏离中心位置的平面测定。

（三）精密度

1. 重复性

同一操作者，用同一台仪器对同一试样重复测定结果之差，不应超过表 19-1、表 19-2 规定的数值。

2. 再现性

不同化验室不同操作者对同一试样进行测定的两个结果之差，不应超过表 19-1、表 19-2 规定的数值。

表 19–1 全尺寸锥入度精密度规定

锥入度	锥入度范围 /0.1 mm	重复性 /0.1 mm	再现性 /0.1 mm
工　作	130~475	5	14
不工作	85~475	6	18
延长工作	130~475	7	23①
块	85 以下	3	7

注①：在室温 21~29 ℃内，往复工作 60 000 次测定的锥入度。

表 19–2 石油脂锥入度精密度规定

重复性 /0.1 mm	$2+0.05P_3$
再现性 /0.1 mm	$9+0.12P_3$

注：P3 为两个测定结果的平均值。

六、注意事项

（1）脂杯温度。温度计插入脂杯中后应严格控制在 25 ℃ ±0.5 ℃。试验结果表明：脂杯温度对锥入度测定结果有明显影响，在不同温度（23~27 ℃）下对同一润滑脂样品进行测定，温度升高，锥入度值也增加。

（2）试样温度。当室温与测定温度相差较大时，应适当延长恒温时间，务使试样温度真正达到测定温度。在测定温度中，不得将未经恒温和搅动的试样补充到脂杯内。因此，刮平后多余的试样可储存在测定温度下，以便备用。

（3）锥入度锥杆的位置。锥入度锥杆应该调整垂直，保证锥杆能自由下落。套管内壁与锥杆表面应该用汽油擦拭干净，以免增加它们之间的摩擦。

（4）释放时间。释放时间对锥入度有一定的影响。试验结果表明：随释放时间的增加，测得的锥入度值也增加，时间太短或太长，都会给测定结果带来一定影响。

七、质检报告单

润滑脂和石油脂锥入度测定原始记录见表 19-3。

表 19–3　润滑脂和石油脂锥入度测定原始记录表

<table>
<tr><td colspan="6">记录编号______　执行标准______　油样名称______
油料批号______　油样编号______　取样地点______
化验类别______　仪器编号______　室　温______</td></tr>
<tr><td colspan="2">试验次数</td><td colspan="2">一</td><td colspan="2">二</td></tr>
<tr><td colspan="2">水浴温度 /℃</td><td colspan="2"></td><td colspan="2"></td></tr>
<tr><td colspan="2">保温时间 /min</td><td colspan="2"></td><td colspan="2"></td></tr>
<tr><td colspan="2">剪切频率 /（次 · min^{-1}）</td><td colspan="2"></td><td colspan="2"></td></tr>
<tr><td rowspan="5">测定记录 /（1/10 mm）</td><td>1</td><td colspan="2"></td><td colspan="2"></td></tr>
<tr><td>2</td><td colspan="2"></td><td colspan="2"></td></tr>
<tr><td>3</td><td colspan="2"></td><td colspan="2"></td></tr>
<tr><td>4</td><td colspan="2"></td><td colspan="2"></td></tr>
<tr><td>5</td><td colspan="2"></td><td colspan="2"></td></tr>
<tr><td colspan="2">结果 /（1/10 mm）</td><td colspan="2"></td><td colspan="2"></td></tr>
<tr><td colspan="2">平均值 /（1/10 mm）</td><td colspan="4"></td></tr>
<tr><td colspan="2">重复性 /（1/10 mm）</td><td>允许差值</td><td></td><td>实测差值</td><td></td></tr>
<tr><td colspan="2">质量指标</td><td colspan="4"></td></tr>
<tr><td colspan="2">结　论</td><td colspan="4"></td></tr>
<tr><td colspan="6">备注（计算）：</td></tr>
</table>

试验者 △△△　　审核者 △△△　　× × 年 × 月 × 日

八、项目考核

润滑脂和石油脂锥入度测定评分细则见表 19-4。

表 19-4　润滑脂和石油脂锥入度测定评分细则

试题名称：润滑脂全尺寸工作锥入度测定　　　　操作时间：60 min

序号	考试内容	评分要素	配分	评分标准	扣分	得分	备注
1	准备工作	工具、用具准备齐全	4	少准备一件扣 1 分，扣完 4 分为止			
		检查试验仪器	5	未按规定操作扣 1 ~ 2 分，扣完 5 分为止			
		取足够试样（至少 0.5 kg）填入工作器脂杯中，使之填满并装至杯口形成凸出 13 mm 球面	5	未按规定操作扣 5 分			
		样填满工作器脂杯后，插入温度计，使温度计水银球位于润滑脂的中心	10	工作器脂杯未填满扣 5 分，温度计位置安装错误扣 5 分			
		将装配好的工作器放入保持在 25 ℃的水浴中，直到温度达到 25 ℃ ±0.5 ℃，取出润滑脂工作器，擦去水分	5	未按规定方法操作扣 5 分			
		使润滑脂在 1 min 内经受孔板 60 次的往复工作，将沾在孔板上易刮下的试样刮回脂杯	15	未在 1 min 内完成规定操作扣 5 分，往复工作未满 60 次扣 5 分，试样未完全刮回脂杯扣 5 分			
		振动脂杯，填满留下的空穴，勿使试样溅出脂杯	10	存在空穴扣 5 分，试样溅出脂杯扣 5 分			
		刮刀保持倾斜 45° 沿杯边移动，刮去多余的试样	5	未按规定方法扣 5 分			
2	测定	清洗锥体和锥杆	5	未按规定方法扣 5 分			
		将脂杯放在锥入度计平台上，并调节到完全水平位置，试样的温度要保持在 25 ℃ ±0.5 ℃	10	脂杯未调至完全水平扣 5 分，温度未保持在 25 ℃ ±0.5 ℃扣 5 分			
		调整锥体、指示杆高度，使锥尖对准脂杯中心，并刚好和试样表面接触	5	未按规定方法完成扣 5 分			

续表 19-4

序号	考试内容	评分要素	配分	评分标准	扣分	得分	备注
2	测定	启动秒表的同时，迅速释放锥杆，从指示器刻度盘上读出锥入度值，作为第一次测定结果	5	未按规定方法完成扣5分			
		重复操作，再测定两次	5	未按规定方法完成扣5分			
3	计算及记录	计算方法正确，计算结果准确	4	计算不正确、结果不准确分别扣2分			
		记录及时、准确，无漏项，书写工整，无涂改，杠改应签字	4	记录不及时一处扣2分，漏项一处扣1分，涂改一处扣1分			
4	仪器归位	试验完毕及时处理“三废”，仪器复位，物放有序	3	未处理“三废”扣2分，仪器未复位扣1分			
5	清理现场	打扫操作现场		未打扫现场从总分中扣3分，打扫不干净扣1分			
6	安全文明操作	按国家或企业颁发有关安全规定执行操作		每违反一项规定从总分中扣5分，严重违规者取消考试资格			
7	考试时限	在规定时间内完成		每超时1 min从总分中扣5分，超时3 min停止操作			
合　计			100				
考核人签名： 日期：							

附录样表

某润滑脂和石油脂锥入度测定原始记录见表 19-5。

表 19-5　某润滑脂和石油脂锥入度测定原始记录表

记录编号 2023019	执行标准 GB/T 269	油样名称
油料批号	油样编号	取样地点 1 号库
化验类别 入库	仪器编号	室　温 26 ℃

试验次数		一		二	
水浴温度 /℃		25			
保温时间 /min		30			
剪切频率 /（次 · min^{-1}）		60			
测定记录 /（1/10 mm）	1	279.3			
	2	280.5			
	3	280.2			
	4				
	5				
结果 /（1/10 mm）		280.0			
平均值 /（1/10 mm）		280			
重复性 /（1/10 mm）		允许差值	5	实测差值	1.2
质量指标		工作锥入度 265~295（1/10 mm）			
结　论		按执行标准，合格			
备注（计算）： X=（279.3+280.5+280.2）/3=280.0					

试验者 △△△　　　　审核者 △△△　　　　×× 年 × 月 × 日

项目二十 润滑脂滴点测定

情境描述

耐温性是润滑脂的一个重要使用性能。耐温性差的润滑脂在使用过程中会因摩擦热而变软，从摩擦表面流出，影响正常润滑，造成机械磨损。润滑脂的耐温性用滴点表示。现有出厂的某低温航空润滑脂，须依据国家标准 GB/T 4929 设计试验方案，正确操作试验用仪器和设备，严格执行试验标准，进行滴点测定。

一、学习目标

（1）掌握润滑脂滴点和宽温度范围滴点测定原理、测定方法及影响测定结果的因素。

（2）掌握润滑脂滴点和宽温度范围滴点适用范围。

（3）能按照执行标准规范完成操作并出具合格的原始记录表，依据评分细则分析误差产生的原因，并提出某些改进措施。

（4）具有一丝不苟地依据标准进行检验和判定的职业素养。

二、项目概述

引用标准：GB/T 4929《润滑脂滴点测定法》和 GB/T 3498《润滑脂宽温度范围滴点测定法》。

将润滑脂在规定条件下加热，当其达到一定流动性时的最低温度，称为润滑脂的滴点。滴点测定可测得润滑脂从不流动状态到流动状态的温度。但由于润滑脂是复杂的胶体混合物，滴点本身没有绝对的物理意义，它能在较大的温度范围内变化。因此，滴点只能表示一定条件下润滑脂变为流动状态的温度，并不能说明润滑脂可以在滴点以下的任何温度长期使用。

三、原理分析

润滑脂滴点主要有滴点和宽温度范围滴点两种。它们都是在一定条件下利用润滑脂受热后产生熔化或油皂分离的现象，测出润滑脂的滴点。通常，前者只能测定250 ℃以下的滴点，而后者可测定高达330 ℃的各种类型润滑脂的滴点。

滴点不但表示润滑脂的耐热性，而且可以大致区分润滑脂类型。另外，滴点还可以确定润滑脂的最高使用温度，即滴点应比润滑部位的最高工作温度高20~30 ℃。

四、仪器及试剂

（1）滴点测定仪［油浴、金属浴（铝块炉）各1台］。

（2）滴点温度计3支。

（3）刮刀、瓷板或玻璃板。

（4）脂杯、试管温度计、抛光金属棒。

脂杯如图20-1所示。试管温度计装配如图20-2所示。

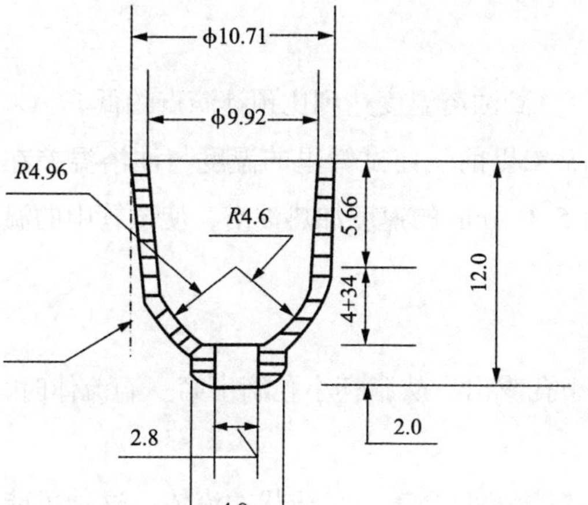

图20-1　脂杯（图中的单位为mm）

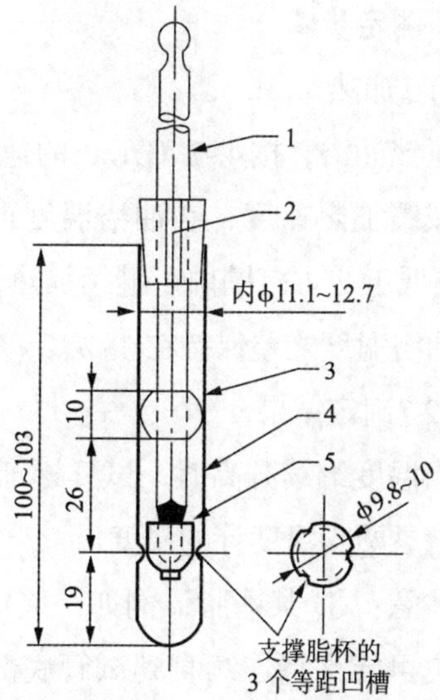

图20-2　试管温度计装配（图中的单位为mm）

1—温度计；2—木塞透气孔；3—软木导环；4—试管；5—脂杯。

五、操作步骤

润滑脂滴点测定

（一）按GB/T 4929《润滑脂滴点测定法》操作

1. 试验准备

（1）试装仪器。

安装仪器时，将两个软木塞套在温度计上，调节上面软木塞的位置，使温度计球的顶端离杯底约 3 mm。在油浴中另挂一支温度计，使其水银球与试管中温度计的水银球位于同一水平面。在试管里温度计水银球的下端的位置不是关键的，只要不堵塞脂杯的小孔即可。由于脂杯内表面涂有脂膜，因此温度计水银球不能与试样接触。

（2）装脂杯。

取下脂杯，把脂杯大口压入试样，直到装满试样，要尽可能不搅动试样。用刮刀除去多余试样。在底部小口垂直位置拿着脂杯，轻轻地按住杯，向下穿抛光金属棒，直到棒伸出约 25 mm。使金属棒以接触杯的上下圆周边的方式压向脂杯。保持这样的接触，用食指旋转棒上脂杯，使它螺旋状向下运动，以除去棒上附着的呈圆锥形的试样，当脂杯最后滑出棒的末端时，在脂杯内侧应留下一层厚度均匀的光滑脂膜。

（3）安装仪器。

将脂杯和温度计放入试管中，并把试管固定在油浴中，使油面距试管边缘不超过 6 mm。应适当选择试管里固定温度计的软木塞，使温度计上的 76 mm 浸入标记与软木塞下缘对齐。

2. 测定步骤

（1）加热。

搅拌油浴，按 4~7 ℃/min 的速度升温，直到油浴温度达到比预计滴点约低 17 ℃。随后减缓加热速度，在油浴温度再升高 2.5 ℃以前，使试管里的温度与油浴温差在 2 ℃或低于 2 ℃范围内。继续加热，以 1~1.5 ℃/min 的速度加热油浴，使试管中的温度和油浴温度之差保持在 1~2 ℃。

（2）确定结果。

当温度继续升高时，试样逐渐从脂杯小孔露出。从脂杯小孔滴出第一滴流体时，立即记录两支温度计的温度。

注意：① 某些脂，例如一些铝基脂，在熔融时会滴出呈线状的流体。这种可能断裂也可能保持连续直到试管底部。若出现后一种情况，则应记录流体到达底部时的温度。

② 有些脂，特别是含有铝皂的脂，其滴点随着脂的老化而降低。这种滴点的变化比在不同化验室里的允许误差大得多。因此，当进行化验室之间的对比试验时，必须在 6 天内完成。

③ 若两个试样具有大致相同的滴点，则可在同一油浴里同时测定。

3. 精密度

（1）重复性。

同一操作者在同台仪器上对同一试样进行测定两个结果之差不应超过 7 ℃。

（2）再现性。

同一操作者在不同化验室对同一试样进行测定，各自提出的结果之差不应超过 13 ℃。

4. 报告结果

以油浴温度计与试管中的温度计的读数的平均值作为试样的滴点。

（二）按 GB/T 3498《润滑脂宽温度范围滴点测定法》操作

润滑脂宽
温度滴点

宽温度范围滴点测定仪器如图 20-3 所示。

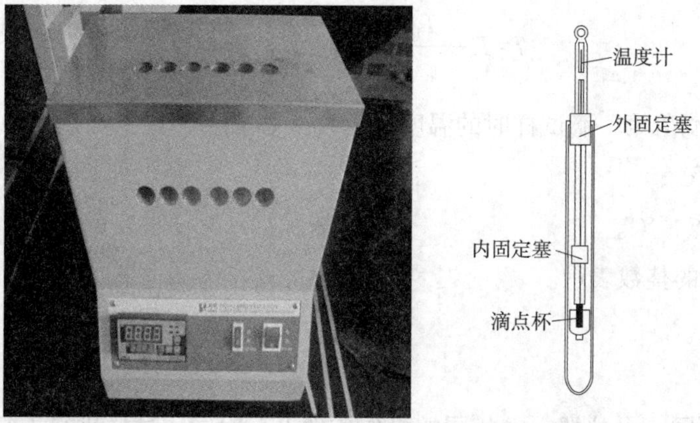

图 20-3　宽温度范围滴点测定仪器

1. 操作步骤

（1）在炉子的每个试管孔内插一支空试管，在温度计孔中插一支量程为 −5~400 ℃的温度计。

（2）控制加热器电流，将炉温调节到润滑脂滴点高限温度所要求的水平。

（3）选择和使用试管及附件，使温度计摆动尽量小。试验前，所有的部件必须处于室温。将附件装配到温度计上。调节衬套和衬套支撑圈，使衬套支撑圈距离温度计球端大约 25 mm。把脂杯支架放到试管中。在试管中放入温度计深度量规和温度计组合件。调节温度计，使其球端位于量规的底部。调节衬套和温度计夹，使衬套的凸肩压在试管口的边缘。试验前，使用脂杯量规选择一个符合该量规尺寸的脂杯，并测量脂杯小口的直径，以确保其尺寸符合规定。

（4）从脂杯大口压入试样，装满为止。用刮刀除去多余的润滑脂，使脂面与杯口平齐。将脂杯小口朝下，保持垂直，从小口轻轻地插入金属棒，直到棒伸出脂杯大口约 25 mm。用金属棒同时接触脂杯上下圆周，挤压杯中的脂，用食指使脂杯在棒上旋转，螺旋向下移动，这样做可以将脂的锥体部分黏附在棒上而被除去。当脂杯从棒下端滑出后，杯内留下一层厚度均匀的平滑脂膜。

（5）从试管中取出温度计组合件和深度量规，在试管中放入脂杯，并重新装上温度计组合件。不必调节温度计位置，因为此时温度计球端和杯口之间已有适当的间隙。

（6）从铝块炉中取出空试管，插入试管组合件。

（7）记录从脂杯滴落第一滴试样时的温度，准确到 1 ℃。

（8）可以同时进行重复测定。

2. 计算

按式（20-1）计算滴点：

$$T=T_0+\frac{T_1-T_0}{3} \tag{20-1}$$

式中 T_0——从脂杯滴落第一滴试样时的温度计读数，℃；

T_1——炉温，℃；

T——试样滴点，℃。

结果应以最接近的整数表示。

3. 精密度

（1）重复性。

同一操作者使用同一台仪器，在相同的操作条件下，对同一试样进行重复测定，测得的两个连续测定结果之差，不应超过表 20-1 给出的值。

表 20-1 重复性规定

润滑脂滴点 /℃	重复性 /℃
<116	6
116~221	8
222~277	6
278~304	7
305~330	18

当得到的两次测定结果之差小于方法的重复性数值时，取两次结果的算术平均值为试样的滴点。

（2）再现性。

不同操作者在不同实验室，对同一试样在规定的试验条件下进行试验，所得到的两个独立试验结果之差，不应超过表 20-2 给出的值。

表 20-2　再现性规定

润滑脂滴点 /℃	再现性 /℃
<116	9
116~221	12
222~277	16
278~304	12
305~330	24

如果两个实验室各自提供了一个符合再现性要求的结果，那么应取这两个结果的平均值作为试验的结果。

六、注意事项

（1）正确安装仪器。按 GB/T 4929 法将脂杯和温度计放入试管内，并把试管固定在油浴中。使油面距试管边缘不超过 6 mm。应适当选择试管里固定温度计的软木塞，使温度计上的 76 mm 浸入标记与软木塞下缘对齐。

（2）GB/T 4929 的试验结果应取油浴温度计与试管内温度计读数的平均值。

（3）采用 GB/T 3498 方法测定时，应控制加热器电流，将炉温调节到润滑脂滴点高限温度所要求的水平。润滑脂滴点高限温度与炉温对应关系见表 20-3。

表 20-3　润滑脂滴点高限温度与炉温对应关系

炉温 /℃	滴点高限温度 /℃
121 ± 3	116
232 ± 3	221
288 ± 3	277
316 ± 3	304
343 ± 3	330

七、质检报告单

润滑脂滴点测定原始记录见表 20-4。

表 20-4　润滑脂滴点测定原始记录表

记录编号______			执行标准______		油样名称______	
油料批号______			油样编号______		取样地点______	
化验类别______			仪器编号______		室　温______	
试验次数	一			二		
温度计编号	油浴温度计	试管温度计		油浴温度计	试管温度计	
检定日期						
试验情况	油浴温度 /℃	滴出第一滴液体时温度 /℃	现　象	油浴温度 /℃	滴出第一滴液体时温度 /℃	现　象
温度计修正值 /℃						
取值 /℃						
滴点 /℃						
平均值 /℃						
重复性 /℃	允许差值			实测差值		
质量指标						
结　论						
备注：						

试验者 △△△　　　　审核者 △△△　　　　××年×月×日

润滑脂宽温度范围滴点测定原始记录见表 20-5。

表 20-5　润滑脂宽温度范围滴点测定原始记录表

记录编号______		执行标准______		油样名称______
油料批号______		油样编号______		取样地点______
化验类别______		仪器编号______		室　温______
试验次数	一		二	
温度计编号	铝块炉	试　管	铝块炉	试　管

续表 20-5

<table>
<tr><td colspan="7">记录编号______　执行标准______　油样名称______
油料批号______　油样编号______　取样地点______
化验类别______　仪器编号______　室　温______</td></tr>
<tr><td>试验次数</td><td colspan="3">一</td><td colspan="3">二</td></tr>
<tr><td>检定日期</td><td></td><td colspan="2"></td><td></td><td colspan="2"></td></tr>
<tr><td rowspan="4">试验情况</td><td>炉温 T_1/℃</td><td>第一滴试样滴下温度 T_0/℃</td><td>现　象</td><td>炉温 T_1/℃</td><td>第一滴试样滴下温度 T_0/℃</td><td>现　象</td></tr>
<tr><td></td><td></td><td></td><td></td><td></td><td></td></tr>
<tr><td></td><td></td><td></td><td></td><td></td><td></td></tr>
<tr><td></td><td></td><td></td><td></td><td></td><td></td></tr>
<tr><td>温度计修正值 /℃</td><td></td><td></td><td></td><td></td><td></td><td></td></tr>
<tr><td>取值 /℃</td><td></td><td></td><td></td><td></td><td></td><td></td></tr>
<tr><td>滴点 /℃</td><td colspan="3"></td><td colspan="3"></td></tr>
<tr><td>平均值 /℃</td><td colspan="6"></td></tr>
<tr><td>重复性 /℃</td><td>允许差值</td><td colspan="2"></td><td>实测差值</td><td colspan="2"></td></tr>
<tr><td>质量指标</td><td colspan="6"></td></tr>
<tr><td>结　论</td><td colspan="6"></td></tr>
<tr><td colspan="7">备注（计算）：</td></tr>
</table>

试验者　△△△　　审核者　△△△　　××年×月×日

八、项目考核

润滑脂滴点测定评分细则见表 20-6。

表 20–6　润滑脂滴点测定评分细则

操作时间：60 min

序号	考试内容	评分要素	配分	评分标准	扣分	得分	备注
1	准备工作	工具、用具准备齐全	4	未准备工具、用具不得分，少准备一件扣 1 分，扣完 4 分为止			
		检查试验仪器	5	未检查不得分，少检查一项扣 1 分，扣完 5 分为止			
		试装试验仪器	10	未按规定安装试验仪器扣 5 分，温度计位置安装不正确扣 5 分			

续表 20-6

序号	考试内容	评分要素	配分	评分标准	扣分	得分	备注
1	准备工作	取下脂杯，压入试样，直到装满试样	10	未按规定方法扣 10 分			
		刮刀保持倾斜 45° 沿杯边移动，刮去多余的试样	5	未按规定方法扣 5 分			
		拿着脂杯，按住杯，向下穿抛光金属棒	5	未按规定方法扣 5 分			
		将脂杯和温度计放入试管中，并把试管固定在油浴中，使油面距试管边缘不超过 6 mm	10	未按规定方法扣 5 分，油面距试管边缘超过 6 mm 扣 5 分			
2	测定	搅拌油浴，按 4~7 ℃ /min 的速度升温，直到油浴温度达到比预计滴点约低 17 ℃	15	未搅拌油浴扣 5 分，升温速度未在 4~7 ℃ /min 范围内扣 5 分，加热温度超过预计滴点约低 17 ℃扣 5 分			
		降低加热速度，使油浴温度再升高 2.5 ℃以前，试管温度与油浴温差大不于 2 ℃	5	未按规定方法扣 5 分			
		继续加热，以 1~1.5 ℃ /min 的速度加热油浴，使试管温度和油浴温差保持在 1~2 ℃	10	未按 1~1.5 ℃ /min 速度加热扣 5 分，未按规定保持温差扣 5 分			
		继续升高温度，试样逐渐从脂杯小口露出，第一滴流体滴出，立即记录温度	10	未按规定方法扣 5 分，温度记录错误扣 5 分			
3	计算及记录	计算方法正确、结果准确	4	计算错误或计算结果不准扣 4 分			
		记录及时、准确，无漏项，书写工整，无涂改，杠改应签字	4	记录不及时一处扣 1 分，漏项一处扣 1 分，涂改一处扣 1 分，杠改未签字一处扣 1 分			
4	仪器归位	试验完毕及时处理“三废”，仪器复位，物放有序	3	未处理“三废”扣 2 分，仪器未复位扣 1 分			

续表 20-6

序号	考试内容	评分要素	配分	评分标准	扣分	得分	备注
5	清理现场	打扫操作现场		未打扫现场从总分中扣 3 分，打扫不干净扣 1 分			
6	安全文明操作	按国家或企业颁发有关安全规定执行操作		每违反一项规定从总分中扣 5 分，严重违规者取消考试资格			
7	考试时限	在规定时间内完成		每超时 1 min 从总分中扣 5 分，超时 3 min 停止操作			
合　计			100				
考核人签名： 日期：							

润滑脂宽温度范围滴点测定评分细则见表 20-7。

表 20–7　润滑脂宽温度范围滴点测定评分细则

操作时间：60 min

序号	考试内容	评分要素	配分	评分标准	扣分	得分	备注
1	准备工作	工具、用具准备齐全	4	未准备工具、用具不得分，少准备一件扣 1 分，扣完 4 分为止			
		检查试验仪器	5	未检查不得分，少检查一项扣 1 分，扣完 5 分为止			
		洗涤脂杯、支架、试管等	5	未进行洗涤不得分，洗涤方法不正确扣 3 分，洗涤不干净扣 2 分			
		在炉子的试管孔内插一支空试管、量程为 −5~400 ℃的温度计	5	未按规定方法扣 5 分			
		控制加热器电流	5	未按规定方法扣 5 分			
		试装试验仪器	10	未按规定安装试验仪器扣 5 分，温度计位置安装不正确扣 5 分			

续表 20-7

序号	考试内容	评分要素	配分	评分标准	扣分	得分	备注
2	测定	取下脂杯，压入试样，直到装满试样	10	未按规定方法扣 10 分			
		刮刀保持倾斜 45° 沿杯边移动，刮去高出脂杯边缘多余的试样	5	未按规定方法扣 5 分			
		拿着脂杯，按住杯，向下穿抛光金属棒	10	未按规定方法扣 10 分			
		从试管中取出温度计组合件和深度量规，在试管中放入脂杯，并重新装上温度计组合件	10	未按规定方法扣 10 分			
		从铝块炉中取出空试管，插入试管组合件	10	未按规定方法扣 10 分			
		当温度继续升高时，试样逐渐从脂杯小口露出，从脂杯小口滴出第一滴流体时，立即记录两支温度计的温度	10	未按规定方法扣 5 分，温度记录错误扣 5 分			
3	计算及记录	计算方法正确，计算结果准确	4	计算方法不正确或计算结果不准确扣 4 分			
		记录及时、准确，无漏项，书写工整，无涂改，杠改应签字	4	记录不及时一处扣 1 分，漏项一处扣 1 分，涂改一处扣 1 分，杠改未签字一处扣 1 分			
4	仪器归位	试验完毕及时处理“三废”，仪器复位，物放有序	3	未处理“三废”扣 2 分，仪器未复位扣 1 分			
5	清理现场	打扫操作现场		未打扫现场从总分中扣 3 分，打扫不干净扣 1 分			
6	安全文明操作	按国家或企业颁发有关安全规定执行操作		每违反一项规定从总分中扣 5 分，严重违规者取消考试资格			

续表 20-7

序号	考试内容	评分要素	配分	评分标准	扣分	得分	备注
7	考试时限	在规定时间内完成		每超时 1 min 从总分中扣 5 分，超时 3 min 停止操作			
合　　计			100				
考核人签名： 日期：							

附录样表

某润滑脂滴点测定原始记录见表 20-8。

表 20–8　某润滑脂滴点测定原始记录表

<table>
<tr><td colspan="7">记录编号 2023020　　执行标准 GB/T 4929　　油样名称 某润滑脂
油料批号＿＿＿　　油样编号＿＿＿　　取样地点 1 号库
化验类别 入库　　仪器编号＿＿＿　　室　温 19 ℃</td></tr>
<tr><td>试验次数</td><td colspan="3">一</td><td colspan="3">二</td></tr>
<tr><td rowspan="2">温度计编号</td><td>油浴温度计</td><td colspan="2">试管温度计</td><td>油浴温度计</td><td colspan="2">试管温度计</td></tr>
<tr><td>10</td><td colspan="2">11</td><td>10</td><td colspan="2">11</td></tr>
<tr><td>检定日期</td><td>2023.5.30</td><td colspan="2">2023.4.21</td><td>2023.5.30</td><td colspan="2">2023.4.21</td></tr>
<tr><td rowspan="4">试验情况</td><td>油浴温度 /℃</td><td>滴出第一滴液体时温度 /℃</td><td>现　象</td><td>油浴温度 /℃</td><td>滴出第一滴液体时温度 /℃</td><td>现　象</td></tr>
<tr><td>266.0</td><td>265.0</td><td>滴下</td><td>267.0</td><td>266.0</td><td>滴下</td></tr>
<tr><td></td><td></td><td></td><td></td><td></td><td></td></tr>
<tr><td></td><td></td><td></td><td></td><td></td><td></td></tr>
<tr><td>温度计修正值 /℃</td><td>−1.2</td><td>−0.8</td><td></td><td>−1.2</td><td>−0.8</td><td></td></tr>
<tr><td>取值 /℃</td><td>264.8</td><td>264.2</td><td></td><td>265.8</td><td>265.2</td><td></td></tr>
<tr><td>滴点 /℃</td><td colspan="3">264.5</td><td colspan="3">265.5</td></tr>
<tr><td>平均值 /℃</td><td colspan="6">265</td></tr>
<tr><td>重复性 /℃</td><td>允许差值</td><td colspan="2">7</td><td>实测差值</td><td colspan="2">1.0</td></tr>
<tr><td>质量指标</td><td colspan="6">滴点不低于 175℃</td></tr>
<tr><td>结　论</td><td colspan="6">按执行标准，合格</td></tr>
<tr><td colspan="7">备注：（略）</td></tr>
</table>

试验者 △△△　　　　审核者 △△△　　　　× × 年 × 月 × 日

某润滑脂宽温度范围滴点测定原始记录见表 20-9。

表 20–9　某润滑脂宽温度范围滴点测定原始记录表

记录编号 2023020　　执行标准 GB/T 3498　　油样名称 某润滑脂

油料批号 ______　　油样编号 ______　　取样地点 1 号库

化验类别 出库　　仪器编号 ______　　室　温 21 ℃

试验次数	一			二		
温度计编号	铝块炉	试　管		铝块炉	试　管	
	13	18		13	19	
检定日期	2023.5.30	2023.4.21		2023.5.30	2023.4.21	
试验情况	炉温 T_1/℃	第一滴试样滴下温度 T_0/℃	现　象	炉温 T_1/℃	第一滴试样滴下温度 T_0/℃	现　象
	313.0	293.0	滴下	313.0	294.0	滴下
温度计修正值 /℃	−1.2	−0.8		−1.2	0.2	
取值 /℃	311.8	292.2		311.8	294.2	
滴点 /℃	298.7			300.1		
平均值 /℃	299					
重复性 /℃	允许差值	7		实测差值	1.4	
质量指标	滴点不低于 250℃					
结　论	按执行标准，合格					

备注（计算）：$D=T_0+\dfrac{T_1-T_0}{3}$

$$D_1=292.2+\frac{311.8-292.2}{3}=298.7$$

$$D_2=294.2+\frac{311.8-294.2}{3}=300.1$$

$$\bar{D}=\frac{D_1+D_2}{2}=\frac{298.7+300.1}{2}=299.4\approx 299$$

试验者 △△△　　审核者 △△△　　× × 年 × 月 × 日

项目二十一　润滑脂分油量测定

情境描述

石油产品在正常的储存或使用条件下保持性质不发生永久变化的能力，称为石油产品的安定性。按石油产品使用性能要求，石油产品的安定性分为氧化安定性、热安定性、光安定性、剪切安定性、机械安定性、胶体安定性等。由于石油产品的组成和使用条件不同，评定安定性的方法也不同。

润滑脂分油量是评定润滑脂胶体安定性的指标。分油量大，表明油皂分离倾向大，胶体安全性差；反之，分油量小，胶体安全性好。某石化公司，现有一批润滑脂，经过长时间储存，需对其安定性重新进行评价，需依据国家标准GB/T 392设计试验方案，正确操作试验用仪器和设备，严格执行试验标准，进行分油量测定。

一、实习目的

（1）掌握润滑脂锥网分油量和压力分油的测定原理、方法及影响测定结果准确性的因素。

（2）能按照执行标准规范完成操作并出具合格的原始记录表，依据评分细则分析误差产生的原因，并提出某些改进措施。

（3）具有一丝不苟地依据标准进行检验和判定的职业素养。

二、项目概述

引用标准：GB/T 392《润滑脂压力分油测定法》和NB/SH/T 0324《润滑脂分油的测定 锥网法》。

润滑脂的分油量对其贮存和使用有一定的影响。润滑脂在贮存过程中，常会出现分油现象，在炎热地区更为明显。润滑脂出现微量分油，对质量影响不大，如果滴点、锥入度等主要指标合格，那么可以使用，但不宜继续储存，以免大量分油，使润滑脂质量继续下降；如果润滑脂出现大量分油，那么质量显著下降，对使用是不利的。因为，大量分油后，稠化剂和基础油之间的比例变化会引起稠度、强度极限和相似黏度等相应改变，使脂中润滑油流失而失去润滑作用和保护作用。这样的润滑脂是不能在高温与负荷较重的摩擦部位使用的。

三、原理分析

测定润滑脂的分油量有多种方法，通常采用升高温度、增大压力和离心力来加速分油，从而测定分油量。我国测定润滑脂分油量的标准方法有压力法、漏斗法和锥网法，现常用的是压力法和锥网法，具体评定方法有 GB/T 392 和 NB/SH/T 0324。通常按润滑脂的使用环境和条件，选择测定分油量的方法。一般在常温下使用的润滑脂，采用压力分油法测定分油量；在高温条件下使用的润滑脂，如航空润滑脂，则采用锥网分油法测定。

压力法首先利用加压分油器将油从润滑脂内压出，然后测定被压出的油量。锥网法是将已称量的试样放入一个锥形的镍丝、镍铜合金丝网或不锈钢丝网中，将丝网悬挂在烧杯上，加热到规定的时间和温度，对分出的油进行称量，并以开始测量的试样的质量分数报告。

四、实习仪器及试剂

（1）压力分油测定仪，分析天平或电子天平，秒表或表，100 ℃烘箱。

（2）钢网，200 mL 无嘴烧杯，带挂钩的杯盖，直径 55 mm 定量滤纸，刮刀。

（3）洗涤汽油，润滑油。

压力分油测定仪示意图如图 21-1 所示。压力分油测定仪实物如图 21-2 所示。

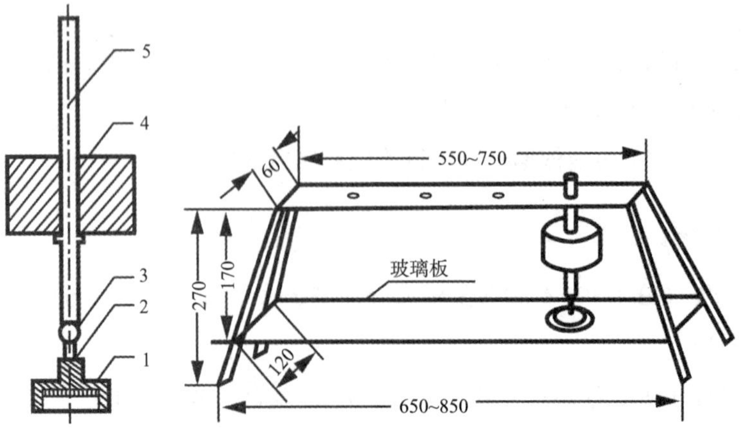

图 21-1　压力分油测定仪示意图（图中的单位为 mm）

1—盛脂皿；2—活塞；3—金属球；4—重锤；5—连杆。

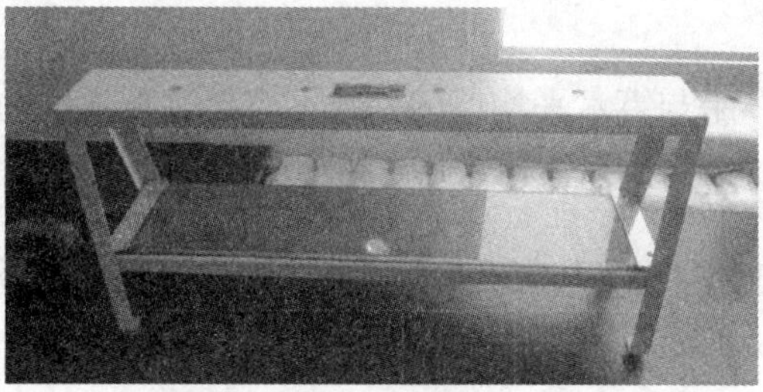

图 21-2　压力分油测定仪实物

五、试验步骤

润滑脂压力分油测定法

（一）压力法（按 GB/T 392《润滑脂压力分油测定法》操作）

（1）将带活塞的皿用溶剂洗涤，烘干备用。

（2）剪取与皿外径相等的滤纸 1 张，用润滑油浸湿，随后，将其夹在 2 张洁净的滤纸中间，吸去多余的油。

（3）将上述准备好的皿和滤纸一起称重，称准至 0.000 2 g。

（4）用刮刀将试样涂到有活塞的皿中，不得形成气泡和空隙。将浸油滤纸紧贴在试样的表面上，不得有空隙。随后称量，称准至 0.000 2 g。

（5）当室温为 15~25 ℃时，把 10 张洁净滤纸叠放在加压分油器的玻璃板上，把皿放在滤纸层上面。当室温低于 15 ℃或高于 25 ℃时，则应在恒温水浴中进行测定，水浴的温度应保持在 20 ℃ ±2 ℃。在水浴中的圆杯里依次放入 10 张滤纸和盛试样的皿，将杯盖盖上，恒温 30 min 后，进行测定。

（6）首先用水平仪检查仪器架是否水平，然后在活塞柄的圆穴里放一颗传送压力的金属球，把连杆和重锤从加压分油器架的孔下端穿入，压在活塞柄的球上，同时开始计时。

（7）30 min 后，卸下连杆、重锤和金属球，随后把装有试样的皿和原贴在试样表面的 1 张浸油滤纸，一起称重，称准至 0.000 2 g。

（8）计算。

由于挤压而从试样分离出来的油重量 X（%）按式（21-1）计算：

$$X=\frac{m_2-m_3}{m_2-m_1}\times 100 \tag{21-1}$$

式中　m_1——未装试样的皿和 1 张浸油滤纸的重量，g；

m_2——装有试样的皿和 1 张浸油滤纸在试验前的重量，g；

m_3——装有试样的皿和 1 张浸油滤纸在试验后的重量，g。

（9）精密度。

① 平行测定两个结果与算术平均值的差数不应超过算术平均值的 ±5%。

② 取平行测定两个结果的算术平均值，作为试样的分油量。

（二）锥网法（按 NB/SH/T 0324《润滑脂分油的测定 锥网法》操作）

润滑脂分油的测定 锥网法

1. **仪器准备**

（1）使用合适的溶剂仔细地清洗锥网、烧杯和盖。使锥网自然风干。

（2）确保锥网清洁、无残留物，以确保分油可以渗出。若锥网网面出现不规则的情况如破缝、凹痕、折痕或者锥网网眼扩大或变小，则应立即更换。锥网试验装置结构如图 21-3 所示。

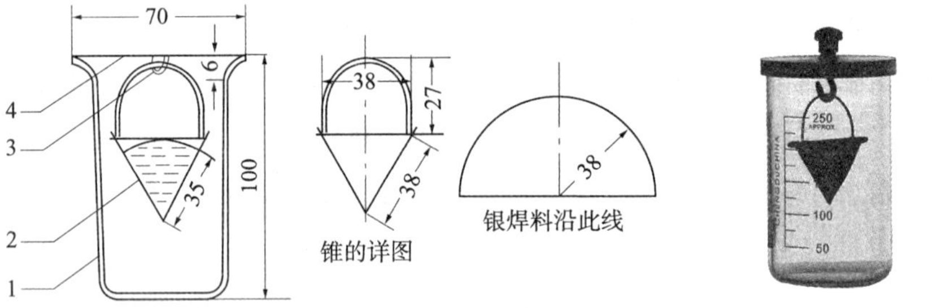

图 21-3 锥网试验装置结构图（图中的单位为 mm）

1—烧杯；2—试样；3—挂钩；4—盖。

2. **试验步骤**

（1）预先加热恒温箱到试验温度。除非有其他特殊要求，试验在 100 ℃ ±0.5 ℃的标准条件下进行 30 h±0.25 h。

（2）称量烧杯，精确到 0.01 g，m_i。

（3）组装网、盖和烧杯，称皮重，精确到 0.01 g。

（4）用合适的刮刀，将足够的润滑脂试样填入网内，尽可能地达到图 21-3 中所示的水平，避免形成气泡。小心操作，注意不要使试样从网眼里挤出来。使试样的顶部光滑并呈凸圆形，防止分出的油积留。

（5）将配完整的设备如图 21-3 所示，称量精确到 0.01 g。利用差值来计算润滑脂试样的质量，m。

（6）将装配好的锥网分油设备放入控制在规定温度下的恒温箱内，放置规定时间。

（7）从恒温箱中取出锥网分油设备，冷却到室温。从烧杯上取下盖，轻轻敲击，使锥网尖端的油沿烧杯壁滴入烧杯内，从而避免锥网尖端的油残留。称量烧杯，包括收集到的分出油，精确到 0.01 g，m_f。

（8）在试验完成后，按照要求清洗设备，为下次试验做准备。

3. 计算

试验的分油量 X［%（质量分数）］按式（21-2）计算：

$$X=\frac{m_f-m_i}{m}\times 100 \tag{21-2}$$

式中　m_i——加热前的空烧杯质量，g；

m_f——加热后烧杯的质量，g；

m——试样的质量，g。

4. 精密度和偏差

（1）精密度。

① 重复性（r）。

在同一实验室，由同一操作者使用同一台仪器，在相同操作条件下，对同一试验进行重复测定，测得的两个结果之差不应超过式（21-3）的要求。

$$r=1.151\times X^{0.5} \tag{21-3}$$

式中　X——两个重复测定结果的算术平均值。

② 再现性（R）。

由不同操作者在不同实验室，使用不同仪器对同一试样在规定的试验条件下进行试验，所得的两个单一独立结果之差不应超过式（21-4）的要求。

$$R=1.517\times X^{0.5} \tag{21-4}$$

式中　X——两个单一独立结果的算术平均值。

（2）偏差。

润滑脂分油量的测定方法不存在偏差，因为试样的分油量仅仅由此试验方法所定。

六、注意事项

（一）压力分油法

（1）测定是在加压条件下进行的，施加的压力必须保持恒定。加压分油器的连杆、金属球、活塞及重锤的总质量应为 1 000 g ± 10 g，测定前须进行验校。

（2）测定前，支架必须调整至水平，连杆重锤应垂直于支架；否则，将造成试样所受的垂直正压力不是 1 000 g±10 g，并使试样不均匀地分油，导致测定结果不准确。

（3）温度是影响分油量的重要因素，测定应选择在 20 ℃左右进行；装有试样的皿中不能有气泡和空隙，浸油滤纸与试样表面之间不得有空隙。

（二）锥网分油法

（1）控制恒温箱温度为 100 ℃ ±0.5 ℃，分油时间为 30 h。

（2）洗涤后的烧杯不能用手直接接触，称量前要将锥网锥尖上的油滴移入烧杯内。

（3）锥网悬挂要垂直。在锥网中装油时，网尖应装满并避免形成气泡和空隙，锥网顶部应呈光滑凸圆形。

七、质检报告单

润滑脂压力分油测定原始记录见表 21-1。

表 21–1 润滑脂压力分油测定原始记录表

<table>
<tr><td colspan="6">记录编号________ 执行标准________ 油样名称________ 油料批号________
油样编号________ 取样地点________ 仪器编号________ 天平器号________
化验类别________ 室　温________</td></tr>
<tr><td colspan="2">试验次数</td><td>一</td><td>二</td><td>三</td><td>四</td></tr>
<tr><td colspan="2">试验温度 /℃</td><td></td><td></td><td></td><td></td></tr>
<tr><td colspan="2">试验时间 /min</td><td></td><td></td><td></td><td></td></tr>
<tr><td colspan="2">（皿＋滤纸重），m_1/g</td><td></td><td></td><td></td><td></td></tr>
<tr><td rowspan="2">皿＋脂＋滤纸重</td><td>试验前，m_2/g</td><td></td><td></td><td></td><td></td></tr>
<tr><td>试验后，m_3/g</td><td></td><td></td><td></td><td></td></tr>
<tr><td colspan="2">结果 /%</td><td></td><td></td><td></td><td></td></tr>
<tr><td colspan="2">平均值 /%</td><td colspan="2"></td><td colspan="2"></td></tr>
<tr><td colspan="2">重复性 / %</td><td>允许差值</td><td></td><td>实测差值</td><td></td></tr>
<tr><td colspan="2">质量指标</td><td colspan="4"></td></tr>
<tr><td colspan="2">结　论</td><td colspan="4"></td></tr>
<tr><td colspan="6">备注（计算）：</td></tr>
</table>

试验者 △△△　　　审核者 △△△　　　××年×月×日

润滑脂锥网分油测定原始记录见表 21-2。

表 21-2　润滑脂锥网分油测定原始记录表

<table>
<tr><td colspan="5">记录编号____________　执行标准____________　油样名称____________
油料批号____________　油样编号____________　取样地点____________
化验类别____________　天平器号____________　室　温____________</td></tr>
<tr><td>试验次数</td><td colspan="2">一</td><td colspan="2">二</td></tr>
<tr><td>空烧杯质量，m_1/g</td><td colspan="2"></td><td colspan="2"></td></tr>
<tr><td>空烧杯 + 网 + 盖质量 m_2/g</td><td colspan="2"></td><td colspan="2"></td></tr>
<tr><td>（m_2+ 试样质量），m_3/g</td><td colspan="2"></td><td colspan="2"></td></tr>
<tr><td>试样质量 /g</td><td colspan="2"></td><td colspan="2"></td></tr>
<tr><td>试验温度 /℃</td><td colspan="2"></td><td colspan="2"></td></tr>
<tr><td>试验时间 /h</td><td colspan="2"></td><td colspan="2"></td></tr>
<tr><td>试验后烧杯质量，m_4/g</td><td colspan="2"></td><td colspan="2"></td></tr>
<tr><td>分出油质量 /g</td><td colspan="2"></td><td colspan="2"></td></tr>
<tr><td>结果 /%</td><td colspan="2"></td><td colspan="2"></td></tr>
<tr><td>平均值 /%</td><td colspan="4"></td></tr>
<tr><td>重复性 /%</td><td>允许差值</td><td></td><td>实测差值</td><td></td></tr>
<tr><td>质量指标</td><td colspan="4"></td></tr>
<tr><td>结　论</td><td colspan="4"></td></tr>
<tr><td colspan="5">备注（计算）：</td></tr>
</table>

试验者　△△△　　　审核者　△△△　　　××年×月×日

八、项目考核

润滑脂压力分油测定评分细则见表 21-3。

表 21-3　润滑脂压力分油测定评分细则

操作时间：60 min

序号	考试内容	评分要素	配分	评分标准	扣分	得分	备注
1	准备工作	工具、用具准备齐全	4	未准备工具、用具不得分，少准备一件扣 1 分，扣完 4 分为止			
		检查试验仪器	5	未检查不得分，少检查一项扣 1 分，扣完 5 分为止			

续表 21-3

序号	考试内容	评分要素	配分	评分标准	扣分	得分	备注
		洗涤盛脂皿	5	未进行洗涤不得分，洗涤方法不正确扣 3 分，洗涤不干净扣 2 分			
2	测定	剪取与皿外径相等的滤纸 1 张，用润滑油浸湿，吸去多余的油	10	未按规定方法扣 5 分，未吸去多余润滑油扣 5 分			
		将准备好的皿和滤纸一起称重，称准至 0.000 2 g	10	未按规定方法操作扣 5 分，未精确至 0.000 2 g 扣 5 分			
		用刮刀将试样涂到有活塞的皿中，不得形成气泡和空隙	5	未按规定方法扣 5 分			
		将浸油滤纸紧贴在试样的表面上，不得有空隙，随后称量，称准至 0.000 2 g	10	未按规定方法扣 5 分，未精确至 0.000 2 g 扣 5 分			
		当室温为 15~25 ℃时，把 10 张洁净滤纸叠放在加压分油器的玻璃板上，把皿放在滤纸层上面	10	未按规定方法扣 5 分，室温未控制在 15~25 ℃扣 5 分			
		用水平仪检查仪器架是否水平	8	未按规定方法扣 8 分			
		安装连杆、重锤和金属球	7	未按规定方法扣 7 分			
		经 30 分钟后，卸下连杆、重锤和金属球，称重，称准至 0.000 2 g	15	未按规定方法操作扣 5 分，时间未满 30 min 扣 5 分，称重未精确至 0.000 2 g 扣 5 分			
3	计算及记录	计算方法正确，计算结果准确	4	计算方法不正确或计算结果不准确扣 4 分			
		记录及时、准确，无漏项，书写工整，无涂改，杠改应签字	4	记录不及时一处扣 1 分，漏项一处扣 1 分，涂改一处扣 1 分，杠改未签字一处扣 1 分			
4	仪器归位	试验完毕及时处理“三废”，仪器复位，物放有序	3	未处理“三废”扣 2 分，仪器未复位扣 1 分			

续表 21-3

序号	考试内容	评分要素	配分	评分标准	扣分	得分	备注
5	清理现场	打扫操作现场		未打扫现场从总分中扣3分，打扫不干净扣1分			
6	安全文明操作	按国家或企业颁发有关安全规定执行操作		每违反一项规定从总分中扣5分，严重违规者取消考试资格			
7	考试时限	在规定时间内完成		每超时1 min从总分中扣5分，超时3 min停止操作			
合　　计			100				
考核人签名： 日期：							

润滑脂锥网分油测定评分细则见表 21-4。

表 21–4　润滑脂锥网分油测定评分细则

操作时间：31 h

序号	考试内容	评分要素	配分	评分标准	扣分	得分	备注
1	准备工作	工具、用具准备齐全	4	未准备工具、用具不得分，少准备一件扣1分，扣完4分为止			
		检查试验仪器	5	未检查不得分，少检查一项扣1分，扣完5分为止			
		洗涤锥网、烧杯和盖等	10	未进行洗涤不得分，洗涤方法不正确扣6分，洗涤不干净扣4分			
		检查锥网确定是否清洁，无残留物以确保分油可以渗出	10	未按规定方法操作扣10分			

续表 21-4

序号	考试内容	评分要素	配分	评分标准	扣分	得分	备注
2	测定	预先加热恒温箱到试验温度，试验在 100 ℃ ±0.5 ℃的标准条件下进行 30 h ± 0.25 h	10	未加热至规定温度扣 5 分，未在规定时间内完成扣 5 分			
		称量烧杯，精确到 0.01 g	10	未按规定方法操作扣 5 分，未精确到 0.01 g 扣 5 分			
		组装网、盖和烧杯，称皮重，精确到 0.01 g	10	未按规定方法操作扣 5 分，未精确到 0.01 g 扣 5 分			
		用刮刀将试样涂到有活塞的皿中，不得形成气泡和空隙	5	未按规定方法取样扣 3 分，装填过程中未振动扣 2 分			
		将设备装备完成，称量精确到 0.01 g	10	未按规定方法扣 5 分，未精确到 0.0 1 g 扣 5 分			
		将装配好的锥网分油设备放入控制在规定温度下的恒温箱内，放置规定时间	5	未按规定方法操作扣 5 分			
		从恒温箱中取出锥网分油设备，冷却到室温并称量烧杯，精确到 0.01 g	10	未按规定方法操作扣 5 分，未精确至 0.01 g 扣 5 分			
3	计算及记录	计算方法正确，计算结果准确	4	计算方法不正确或计算结果不准确扣 4 分			
		记录及时、准确，无漏项，书写工整，无涂改，杠改应签字	4	记录不及时一处扣 1 分，漏项一处扣 1 分，涂改一处扣 1 分，杠改未签字一处扣 1 分			
4	仪器归位	试验完毕及时处理“三废”，仪器复位，物放有序	3	未处理“三废”扣 2 分，仪器未复位扣 1 分			
5	清理现场	打扫操作现场		未打扫现场从总分中扣 3 分，打扫不干净扣 1 分			
6	安全文明操作	按国家或企业颁发有关安全规定执行操作		每违反一项规定从总分中扣 5 分，严重违规者取消考试资格			

续表 21-4

序号	考试内容	评分要素	配分	评分标准	扣分	得分	备注
7	考试时限	在规定时间内完成		每超时 1 min 从总分中扣 5 分，超时 3 min 停止操作			
合　计			100				
考核人签名： 日期：							

附录样表

某润滑脂压力分油测定原始记录见表 21-5。

表 21-5　某润滑脂压力分油测定原始记录表

记录编号 2023021 执行标准 GB/T 392 油样名称 某润滑脂 油料批号______ 油样编号______
取样地点 1 号库 仪器编号______ 天平器号______ 化验类别 储存 室　温 21 ℃

试验次数		一	二	三	四
试验温度 /℃		21	21		
试验时间 /min		30	30		
（皿 + 滤纸重），m_1/g		25.926 5	24.982 5		
皿 + 脂 + 滤纸重	试验前，m_2/g	27.122 5	28.682 1		
	试验后，m_3/g	27.109 3	28.642 3		
结果 /%		1.10	1.08		
平均值 /%		1.1			
重复性 /%		允许差值	0.06	实测差值	0.02
质量指标		分油量　不大于 26.0%(m/m)			
结　论		按执行标准，合格			

备注（计算）：$X=\dfrac{m_2-m_3}{m_2-m_1}\times 100$

$$X_1=\frac{27.122\,5-27.109\,3}{27.122\,5-25.926\,5}\times 100=1.10$$

$$X_2=\frac{28.682\,1-28.642\,3}{28.682\,1-24.982\,5}\times 100=1.08$$

允许差值：$1.1\times 5\%\approx 0.06$

试验者 △△△　　　审核者 △△△　　　××年×月×日

某润滑脂锥网分油测定原始记录见表 21-6。

表 21-6　某润滑脂锥网分油测定原始记录表

记录编号 2023021 油料批号 化验类别 储存	执行标准 NB/SH/T 0324 油样编号 天平器号		油样名称 某润滑脂 取样地点 1号库 室　温 21 ℃
试验次数	一		二
空烧杯质量，m_1/g	88.03		84.56
（空烧杯＋网＋盖质量），m_2/g	166.55		154.29
m_2+ 试样质量，m_3/g	177.33		164.28
试样质量 /g	10.78		9.99
试验温度 /℃	100		100
试验时间 /h	30		30
试验后烧杯质量，m_4/，g	88.16		84.74
分出油质量 /g	0.13		0.18
结果 /%	1.21		1.80
平均值 /%	1.5		
重复性 /%	允许差值	1.4	实测差值　0.59
质量指标	分油量 不大于 5%（m/m）		
结　论	按执行标准，合格		

备注（计算）：

$$X=\frac{m_4-m_1}{m_3-m_2}\times 100$$

X_1=（88.16−88.03）×100/10.78=1.21

X_2=（84.74−84.56）×100/9.99=1.80

$\overline{X}$ =（1.21+1.80）/2=1.5

$R=1.151\times X^{0.5}\approx 1.4$

试验者 △△△　　　　审核者 △△△　　　　××年×月×日

附录一

附表 1–1　产品标准密度表一

温度/℃	视密度 / (kg · m^{-3})											温度/℃
	713.0	715.0	717.0	719.0	721.0	723.0	725.0	727.0	729.0	731.0	733.0	
	20 ℃密度 / (kg · m^{-3})											
4.50	698.8	700.9	702.9	704.9	706.9	709.0	711.0	713.0	715.0	717.0	719.1	4.50
4.75	699.1	701.1	703.1	705.1	707.2	709.2	711.2	713.2	715.3	717.3	719.3	4.75
5.00	699.3	701.3	703.4	705.4	707.4	709.4	711.4	713.5	715.5	717.5	719.5	5.00
5.25	699.5	701.6	703.6	705.6	707.6	709.6	711.7	713.7	715.7	717.7	719.7	5.25
5.50	699.8	701.8	703.8	705.8	707.8	709.9	711.9	713.9	715.9	717.9	720.0	5.50
5.75	700.0	702.0	704.0	706.1	708.1	710.1	712.1	714.1	716.2	718.2	720.2	5.75
6.00	700.2	702.2	704.3	706.3	708.3	710.3	712.3	714.4	716.4	718.4	720.4	6.00
6.25	700.5	702.5	704.5	706.5	708.5	710.6	712.6	714.6	716.6	718.6	720.6	6.25
6.50	700.7	702.7	704.7	706.7	708.8	710.8	712.8	714.8	716.8	718.9	720.9	6.50
6.75	700.9	702.9	704.9	707.0	709.0	711.0	713.0	715.0	717.1	719.1	721.1	6.75
7.00	701.1	703.2	705.2	707.2	709.2	711.2	713.3	715.3	717.3	719.3	721.3	7.00
7.25	701.4	703.4	705.4	707.4	709.4	711.5	713.5	715.5	717.5	719.5	721.5	7.25
7.50	701.6	703.6	705.6	707.7	709.7	711.7	713.7	715.7	717.7	719.8	721.8	7.50
7.75	701.8	703.8	705.9	707.9	709.9	711.9	713.9	715.9	718.0	720.0	722.0	7.75
8.00	702.1	704.1	706.1	708.1	710.1	712.1	714.2	716.2	718.2	720.2	722.2	8.00
8.25	702.3	704.3	706.3	708.3	710.4	712.4	714.4	716.4	718.4	720.4	722.4	8.25
8.50	702.5	704.5	706.5	708.6	710.6	712.6	714.6	716.6	718.6	720.7	722.7	8.50
8.75	702.7	704.8	706.8	708.8	710.8	712.8	714.8	716.9	718.9	720.9	722.9	8.75
9.00	703.0	705.0	707.0	709.0	711.0	713.0	715.1	717.1	719.1	721.1	723.1	9.00
9.25	703.2	705.2	707.2	709.2	711.3	713.3	715.3	717.3	719.3	721.3	723.3	9.25
9.50	703.4	705.4	707.5	709.5	711.5	713.5	715.5	717.5	719.5	721.6	723.6	9.50
9.75	703.7	705.7	707.7	709.7	711.7	713.7	715.7	717.8	719.8	721.8	723.8	9.75
10.00	703.9	705.9	707.9	709.9	711.9	714.0	716.0	718.0	720.0	722.0	724.0	10.00
10.25	704.1	706.1	708.1	712.2	712.2	714.2	716.2	718.2	720.2	722.2	724.2	10.25

续附表 1-1

温度/℃	视密度/（kg·m^{-3}）											温度/℃
	713.0	715.0	717.0	719.0	721.0	723.0	725.0	727.0	729.0	731.0	733.0	
	20 ℃密度/（kg·m^{-3}）											
10.50	704.3	706.4	708.4	710.4	712.4	714.4	716.4	718.4	720.4	722.5	724.5	10.50
10.75	704.6	706.6	708.6	710.6	712.6	714.6	716.6	718.7	720.7	722.7	724.7	10.75
11.00	704.8	706.8	708.8	710.8	712.9	714.9	716.9	718.9	720.9	722.9	724.9	11.00
11.25	705.0	707.0	709.1	711.1	713.1	715.1	717.1	719.1	721.1	723.1	725.1	11.25
11.50	705.3	707.3	709.3	711.3	713.3	715.3	717.3	719.3	721.4	723.4	725.4	11.50
11.75	705.5	707.5	709.5	711.5	713.5	715.5	717.6	719.6	721.6	723.6	725.6	11.75
12.00	705.7	707.7	709.7	711.7	713.8	715.8	717.8	719.8	721.8	723.8	725.8	12.00
12.25	705.9	708.0	710.0	712.0	714.0	716.0	718.0	720.0	722.0	724.0	726.0	12.25
12.50	706.2	708.2	710.2	712.2	714.2	716.2	718.2	720.2	722.3	724.3	726.3	12.50
12.75	706.4	708.4	710.4	712.4	714.4	716.4	718.5	720.5	722.5	724.5	726.5	12.75
13.00	706.6	708.6	710.6	712.7	714.7	716.7	718.7	720.7	722.7	724.7	726.7	13.00
13.25	706.9	708.9	710.9	712.9	714.9	716.9	718.9	720.9	722.9	724.9	724.9	13.25
13.50	707.1	709.1	711.1	713.1	715.1	717.1	719.1	721.1	723.2	725.2	727.2	13.50
13.75	707.3	709.3	711.3	713.3	715.3	717.4	719.4	721.4	723.4	725.4	727.4	13.75
14.00	707.5	709.5	711.6	713.6	715.6	717.6	719.6	721.6	723.6	725.6	727.6	14.00
14.25	707.8	709.8	711.8	713.8	715.8	717.8	719.8	721.8	723.8	725.8	727.8	14.25
14.50	708.0	721.0	712.0	714.0	716.0	718.0	720.0	722.0	724.1	726.1	728.1	14.50
14.75	708.2	710.2	712.2	714.2	716.3	715.3	720.3	722.3	724.3	726.3	728.3	14.75
15.00	708.4	710.5	712.5	714.5	716.5	718.5	720.5	722.5	724.5	726.5	728.5	15.00
15.25	708.7	710.7	712.7	714.7	716.7	718.7	720.7	722.7	724.7	726.7	728.7	15.25
15.50	708.9	710.9	712.9	714.9	716.9	718.9	720.9	722.9	725.0	727.0	729.0	15.50
15.75	709.1	711.1	713.1	715.2	717.2	719.2	721.2	723.2	725.2	727.2	729.2	15.75
16.00	709.4	711.4	713.4	715.4	717.4	719.4	721.4	723.4	725.4	727.4	729.4	16.00
16.25	709.6	711.6	713.6	715.6	717.6	719.6	721.6	723.6	725.6	727.6	729.6	16.25
16.50	709.8	711.8	713.8	715.8	717.8	719.8	721.8	723.9	725.9	727.9	729.9	16.50
16.75	710.0	712.0	714.1	716.1	718.1	720.1	722.1	724.1	726.1	728.1	730.1	16.75
17.00	710.3	712.3	714.3	716.3	718.3	720.3	722.3	724.3	726.3	728.3	730.3	17.00
17.25	710.5	712.5	714.0	716.5	718.5	720.5	722.5	724.5	726.5	728.5	730.5	17.25

续附表 1-1

温度/℃	视密度/(kg·m⁻³)											温度/℃
	713.0	715.0	717.0	719.0	721.0	723.0	725.0	727.0	729.0	731.0	733.0	
	20 ℃密度/(kg·m⁻³)											
17.50	710.7	712.7	714.7	716.7	718.7	720.7	722.7	724.8	726.8	728.8	730.8	17.50
17.75	711.0	713.0	715.0	717.0	719.0	721.0	723.0	725.0	727.0	729.0	731.0	17.75
18.00	711.2	713.2	715.2	717.2	719.2	721.2	723.2	725.2	727.2	729.2	731.2	18.00
18.25	711.4	713.4	715.4	717.4	719.4	721.4	723.4	725.4	727.4	719.4	731.4	18.25
18.50	711.6	713.6	715.6	717.6	719.6	721.6	723.6	725.7	727.7	729.7	731.7	18.50
18.75	711.9	713.9	715.9	727.9	729.9	721.9	723.9	725.9	727.9	729.9	731.9	18.75
19.00	712.1	714.1	716.1	718.1	720.1	722.1	724.1	726.1	728.1	730.1	732.1	19.00
19.25	712.3	714.3	716.3	718.3	720.3	722.3	724.3	726.3	728.3	730.3	732.3	19.25
19.50	712.5	714.5	716.5	718.5	720.5	722.5	724.5	726.6	728.6	730.6	732.6	19.50
19.75	712.8	714.8	716.8	718.8	720.8	722.8	724.8	726.8	728.8	730.8	732.8	19.75
20.00	713.0	715.0	717.0	719.0	721.0	723.0	725.0	727.0	729.0	731.0	733.0	20.00
20.25	713.2	715.2	717.2	719.2	721.2	723.2	725.2	727.2	729.2	731.2	733.2	20.25
20.50	713.5	715.5	717.5	719.5	721.5	723.5	725.5	727.4	729.4	731.4	733.1	20.50
20.75	713.7	715.7	717.7	719.7	721.7	723.7	725.7	727.7	729.7	731.7	733.7	20.75
21.00	713.9	715.9	717.9	719.9	721.9	723.9	725.9	727.9	729.9	731.9	733.9	21.00
21.25	714.1	716.1	718.1	720.1	722.1	724.1	726.1	728.1	730.1	732.1	734.1	21.25
21.50	714.4	716.4	718.4	720.4	722.4	724.4	726.3	728.3	730.3	732.3	734.3	21.50
21.75	714.6	716.6	718.6	720.6	722.6	724.6	726.6	728.6	730.6	732.6	734.6	21.75
22.00	714.8	716.8	718.8	720.8	722.8	724.8	726.8	728.8	730.8	732.8	734.8	22.00
22.25	715.0	717.0	719.0	721.0	723.0	725.0	727.0	729.0	731.0	733.0	735.0	22.25
22.50	715.3	717.3	719.3	721.3	723.3	725.3	727.2	729.2	731.2	733.2	735.2	22.50
22.75	715.5	717.5	719.5	721.5	723.5	725.5	727.5	729.5	731.5	733.5	735.5	22.75
23.00	715.7	717.7	719.7	721.7	723.7	725.7	727.7	729.7	731.7	733.7	735.7	23.00
23.25	715.9	717.9	719.9	721.9	723.9	725.9	727.9	729.9	731.9	733.9	735.9	23.25
23.50	716.2	718.2	720.2	722.2	724.2	726.2	728.1	730.1	732.1	734.1	736.1	23.50
23.75	716.4	718.4	720.4	722.4	724.4	726.4	728.4	730.4	732.4	734.4	736.4	23.75
24.00	716.6	718.6	720.6	722.6	724.6	726.6	728.6	730.6	732.6	734.6	736.6	24.00
24.25	716.9	718.9	720.8	722.8	724.8	726.8	728.8	730.8	732.8	734.8	736.8	24.25

续附表 1-1

温度/℃	视密度/($kg\cdot m^{-3}$)											温度/℃
	713.0	715.0	717.0	719.0	721.0	723.0	725.0	727.0	729.0	731.0	733.0	
	20 ℃密度/($kg\cdot m^{-3}$)											
24.50	717.1	719.1	721.1	723.1	725.1	727.1	729.0	731.0	733.0	735.0	737.0	24.50
24.75	717.3	719.3	721.3	723.3	725.3	727.3	729.3	731.3	733.3	735.3	737.2	24.75
25.00	717.5	719.5	721.5	723.5	725.5	727.5	729.5	731.5	733.5	735.5	737.5	25.00
25.25	717.8	719.8	721.7	723.7	725.7	727.7	729.7	731.7	733.7	735.7	737.7	25.25
25.50	718.0	720.0	722.0	724.0	726.0	728.0	729.9	731.9	733.9	735.9	737.9	25.50
25.75	718.2	720.2	722.2	724.2	726.2	728.2	730.2	732.2	734.2	736.1	728.1	25.75
26.00	718.4	720.4	722.4	724.4	726.4	728.4	730.4	732.4	734.4	736.4	738.4	26.00
26.25	718.7	720.7	722.7	724.6	726.6	728.6	730.6	732.0	734.6	736.6	738.6	26.25
26.50	718.9	720.9	722.9	724.9	726.8	728.8	730.8	732.8	734.8	736.8	738.8	26.50
26.75	719.1	721.1	723.1	725.1	727.1	729.1	731.1	733.1	735.0	737.0	739.0	26.75
27.00	719.3	721.3	723.3	725.3	727.3	729.3	731.3	733.3	735.3	737.3	739.3	27.00
27.25	719.6	721.6	723.6	725.5	727.5	729.5	731.5	733.5	735.5	737.5	739.5	27.25
27.50	719.8	721.8	723.8	725.8	727.8	729.7	731.7	733.7	735.7	737.7	739.7	27.50
27.75	720.0	722.0	724.0	726.0	728.0	730.0	732.0	734.0	735.9	737.9	739.9	27.75
28.00	720.2	722.2	724.2	726.2	728.2	730.2	732.2	734.2	736.2	738.2	740.1	28.00
28.25	720.5	722.5	724.5	726.4	728.4	730.4	732.4	734.4	736.4	738.4	740.4	28.25
28.50	720.7	722.7	724.7	726.7	728.7	730.6	732.6	734.6	736.6	738.6	740.6	28.50
28.75	720.9	722.9	724.9	726.9	728.9	730.9	732.9	734.8	736.8	738.8	740.8	28.75
29.00	721.2	723.1	725.1	727.1	729.1	731.1	733.1	735.1	737.1	739.0	741.0	29.00
29.25	721.4	723.4	725.4	727.3	729.3	731.3	733.3	735.3	737.3	739.3	741.3	29.25
29.50	721.6	723.6	725.6	727.6	729.6	731.5	733.5	735.5	737.5	739.5	741.5	29.50
29.75	721.8	723.8	725.8	727.8	729.8	731.8	733.8	735.7	737.7	739.7	741.7	29.75
30.00	722.1	724.0	726.0	728.0	730.0	732.0	734.0	736.0	737.9	739.9	741.9	30.00
30.25	722.3	724.3	726.3	728.2	730.2	732.2	734.2	736.2	738.2	740.2	742.1	30.25
30.50	722.5	724.5	726.5	728.5	730.5	732.4	734.4	736.4	738.4	740.4	742.4	30.50
30.75	722.7	724.7	726.7	728.7	730.7	732.7	734.6	736.6	738.6	740.6	742.6	30.75
31.00	723.0	724.9	726.9	728.9	730.9	732.9	734.9	736.9	738.8	740.8	742.8	31.00
31.25	723.2	725.2	727.2	729.1	731.1	733.1	735.1	737.1	739.1	741.0	743.0	31.25

续附表 1-1

温度/℃	视密度 /（kg·m⁻³）											温度/℃
	713.0	715.0	717.0	719.0	721.0	723.0	725.0	727.0	729.0	731.0	733.0	
	20 ℃密度 /（kg·m⁻³）											
31.50	723.4	725.4	727.4	729.4	731.3	733.3	735.3	737.3	739.3	741.3	743.3	31.50
31.75	723.6	725.6	727.6	729.6	731.6	733.6	735.7	737.5	739.5	741.5	743.5	31.75
32.00	723.9	725.8	727.8	729.8	731.8	733.8	735.8	737.7	739.7	741.7	743.7	32.00
32.25	724.1	726.1	728.1	730.0	732.0	734.0	736.0	738.0	740.0	741.9	743.9	32.25
32.50	724.3	726.3	728.3	730.3	732.2	734.2	736.2	738.2	740.2	742.2	744.1	32.50
32.75	724.5	726.5	728.5	730.5	732.5	734.4	736.4	738.4	740.4	742.4	744.4	32.75
33.00	724.8	726.7	728.7	730.7	732.7	734.7	736.7	738.6	740.6	742.6	744.6	33.00
33.25	725.0	727.0	729.0	730.9	732.9	734.9	736.9	738.9	740.8	742.8	744.8	33.25
33.50	725.2	727.2	729.2	731.2	733.1	735.1	737.1	739.1	741.1	743.0	745.0	33.50
33.75	725.4	727.4	729.4	731.4	733.4	735.3	737.3	739.3	741.3	743.3	745.3	33.75
34.00	725.7	727.6	729.6	731.6	733.6	735.6	737.5	739.5	741.5	743.5	745.5	34.00
34.25	725.9	727.9	729.8	731.8	733.8	735.8	737.8	739.8	741.7	743.7	745.7	34.25
34.50	726.1	728.1	730.1	732.1	734.0	736.0	738.0	740.0	742.0	743.9	745.9	34.50
34.75	726.3	728.3	730.3	732.3	734.3	736.2	738.2	740.2	742.2	744.2	746.1	34.75
35.00	726.6	728.5	730.5	732.5	734.5	736.5	738.4	740.4	742.4	744.4	746.4	35.00
35.25	726.8	728.8	730.7	732.7	734.7	736.7	738.7	740.6	742.6	744.6	746.6	35.25
35.50	727.0	729.0	731.0	732.9	734.9	736.9	738.9	740.9	742.8	744.8	746.8	35.50
35.75	727.2	729.2	731.2	733.2	735.2	737.1	739.1	741.1	743.1	745.0	747.0	35.75
36.00	727.5	729.4	731.4	733.4	735.4	737.4	739.3	741.3	743.3	745.3	747.2	36.00
36.25	727.7	729.7	731.6	733.6	735.6	737.6	739.6	741.5	743.5	744.5	747.5	36.25
36.50	727.9	729.9	731.9	733.8	735.8	737.8	739.8	741.8	743.7	745.7	747.7	36.50
36.75	728.1	730.1	732.1	734.1	736.0	738.0	740.0	742.0	744.0	745.9	747.9	36.75
37.00	728.4	730.3	732.3	734.3	736.3	738.2	740.2	742.2	744.2	746.2	748.1	37.00
37.25	728.6	730.6	732.6	734.5	736.5	738.5	740.4	742.4	744.4	746.4	748.4	37.25
37.50	728.8	730.8	732.8	734.7	736.7	738.7	740.7	742.6	744.6	746.6	748.6	37.50
37.75	729.0	731.0	733.0	735.0	736.9	738.9	740.9	742.9	744.8	746.8	748.8	37.75
38.00	729.3	731.2	733.2	735.2	737.2	739.1	741.1	743.1	745.1	747.0	749.0	38.00

附表 1-2　产品标准密度表二

温度/℃	视密度/（kg·m^{-3}）											温度/℃
	733.0	735.0	737.0	739.0	741.0	743.0	745.0	747.0	749.0	751.0	753.0	
	20 ℃密度/（kg·m^{-3}）											
4.50	719.1	721.1	723.1	725.1	727.2	729.2	731.2	733.2	735.2	737.3	739.3	4.50
4.75	719.3	721.3	723.3	725.4	727.4	729.4	731.4	733.4	735.5	737.5	739.5	4.75
5.00	719.5	721.5	723.6	735.6	727.6	729.6	731.6	733.7	735.7	737.7	739.7	5.00
5.25	719.7	721.8	723.8	725.8	727.8	729.8	731.9	733.9	735.9	737.9	739.9	5.25
5.50	720.0	722.0	724.0	726.0	728.0	730.1	732.1	734.1	736.1	738.1	740.2	5.50
5.75	720.2	722.2	724.4	726.3	728.3	730.3	732.3	734.3	736.3	738.4	740.4	5.75
6.00	720.4	722.4	724.5	726.5	728.5	730.5	732.5	734.6	736.6	738.6	740.6	6.00
6.25	720.6	722.7	724.7	726.7	728.7	730.7	732.8	734.8	736.8	738.8	740.8	6.25
6.50	720.9	722.9	724.9	726.9	728.9	731.0	733.0	735.0	737.0	739.0	741.1	6.50
6.75	721.1	723.1	725.1	727.2	729.2	731.2	733.2	735.2	737.2	739.3	741.3	6.75
7.00	721.3	723.3	725.4	727.4	729.4	731.4	733.4	735.4	737.5	739.5	741.5	7.00
7.25	721.5	723.6	725.6	727.6	729.6	731.6	733.7	735.7	737.7	739.7	741.7	7.25
7.50	721.8	723.8	725.8	727.8	729.8	731.9	733.9	735.9	737.9	739.9	741.9	7.50
7.75	722.0	724.0	726.0	728.0	730.1	732.1	734.1	736.1	738.1	740.1	742.2	7.75
8.00	722.2	724.2	726.3	728.3	730.3	732.3	734.3	736.3	738.4	740.4	742.4	8.00
8.25	722.4	724.5	726.5	728.5	730.5	732.5	734.5	736.6	738.6	740.6	742.6	8.25
8.50	722.7	724.7	726.7	728.7	730.7	732.8	734.8	736.8	738.8	740.8	742.8	8.50
8.75	722.9	724.9	726.9	728.6	731.0	733.0	735.0	737.0	739.0	741.0	743.0	8.75
9.00	723.1	725.1	727.2	729.2	731.2	733.2	735.2	737.2	739.2	741.3	743.3	9.00
9.25	723.3	725.4	727.4	729.4	731.4	733.4	735.4	737.4	739.5	741.5	743.5	9.25
9.50	723.6	725.6	727.6	729.6	731.6	733.6	735.7	737.7	739.7	741.7	743.7	9.50
9.75	723.8	725.8	727.8	729.8	731.9	733.9	735.9	737.9	739.9	741.9	743.9	9.75
10.00	724.0	726.0	728.1	730.1	732.1	734.1	736.1	738.1	740.1	742.1	744.2	10.00
10.25	724.2	726.3	728.3	730.3	732.3	734.3	736.3	738.3	740.4	742.4	724.4	10.25
10.50	724.5	726.5	728.5	730.5	732.5	734.5	736.6	738.6	740.6	742.6	744.6	10.50
10.75	724.7	726.7	728.7	730.7	732.7	734.8	736.8	738.8	740.8	742.8	744.8	10.75
11.00	724.9	726.9	728.9	731.0	733.0	735.0	737.0	739.0	741.0	743.0	745.0	11.00
11.25	725.1	727.2	729.2	731.2	733.2	735.2	737.2	739.2	741.2	743.2	745.3	11.25
11.50	725.4	727.4	729.4	731.4	733.4	735.4	737.4	739.5	741.5	743.5	745.5	11.50

续附表 1-2

温度/℃	视密度/（kg·m⁻³）											温度/℃
	733.0	735.0	737.0	739.0	741.0	743.0	745.0	747.0	749.0	751.0	753.0	
	20 ℃密度/（kg·m⁻³）											
11.75	725.6	727.6	729.6	731.6	733.6	735.7	737.7	739.7	741.7	743.7	745.7	11.75
12.00	725.8	727.8	729.8	731.9	733.9	735.9	737.9	739.9	741.9	743.9	745.9	12.00
12.25	726.0	728.1	730.1	732.1	734.1	736.1	738.1	740.1	742.1	74.1	746.2	12.25
12.50	726.3	728.3	730.3	732.3	734.3	736.3	738.3	740.3	742.4	744.4	746.4	12.50
12.75	726.5	728.5	730.5	732.5	734.5	736.5	738.6	740.6	742.6	744.6	746.6	12.75
13.00	726.7	728.7	730.7	732.8	734.8	736.8	738.8	740.8	742.8	744.8	746.8	13.00
13.25	726.9	729.0	731.0	733.0	735.0	737.0	739.0	741.0	743.0	745.0	747.0	13.25
13.50	727.2	729.2	731.2	733.2	735.2	737.2	739.2	741.2	743.2	745.2	747.3	13.50
13.75	727.4	729.4	731.4	733.4	735.4	737.4	739.4	741.5	743.5	745.5	747.5	13.75
14.00	727.6	729.6	731.6	733.6	735.7	737.7	739.7	741.7	743.7	745.7	747.7	14.00
14.25	727.8	729.9	731.9	733.9	735.9	737.9	739.9	741.9	743.9	745.9	747.9	14.25
14.50	728.1	730.1	732.1	734.1	736.1	738.1	740.1	742.0	744.1	746.1	748.1	14.50
14.75	728.3	730.3	732.3	734.3	736.3	738.3	740.3	742.3	744.3	746.4	748.4	14.75
15.00	728.5	730.5	732.5	734.5	736.5	738.6	740.6	742.6	744.6	746.6	748.6	15.00
15.25	728.7	730.7	732.8	734.8	736.8	738.8	740.8	742.8	744.8	746.8	748.8	15.25
15.50	729.0	731.0	733.0	735.0	737.0	739.0	741.0	743.0	745.0	747.7	749.0	15.50
15.75	729.2	731.2	733.2	735.2	737.2	739.2	741.2	743.2	745.2	747.2	749.2	15.75
16.00	729.4	731.4	733.4	735.4	737.4	739.4	741.4	743.5	745.5	747.5	749.5	16.00
16.25	729.6	731.6	733.7	735.7	737.7	739.7	741.7	743.7	745.7	747.7	749.7	16.25
16.50	729.9	731.9	733.9	735.9	737.9	739.9	741.9	743.9	745.9	747.9	749.9	16.50
16.75	730.1	732.1	734.1	736.1	738.1	740.1	742.1	744.1	746.1	748.1	750.1	16.75
17.00	730.3	732.3	734.3	736.3	738.3	740.3	742.3	744.3	746.3	748.3	750.4	17.00
17.25	730.5	732.5	734.5	736.5	738.6	740.6	742.6	744.6	746.6	748.6	750.6	17.25
17.50	730.8	732.8	734.8	736.8	738.8	740.8	742.8	744.8	746.8	748.8	750.8	17.50
17.75	731.0	733.0	735.0	737.0	739.0	741.0	743.0	745.0	747.0	749.0	751.0	17.75
18.00	731.2	733.2	735.2	737.2	739.2	741.2	743.2	745.2	747.2	749.2	751.2	18.00
18.25	731.4	733.4	735.4	737.4	739.4	741.4	743.4	745.4	747.5	749.5	751.5	18.25
18.50	731.7	733.7	735.7	737.7	739.7	741.7	743.7	745.7	747.7	749.7	751.7	18.50
18.75	731.9	733.9	735.9	737.9	739.9	741.9	743.9	745.9	747.9	749.9	751.9	18.75

续附表 1-2

温度/℃	视密度/（kg·m^{-3}）											温度/℃
	733.0	735.0	737.0	739.0	741.0	743.0	745.0	747.0	749.0	751.0	753.0	
	20 ℃密度/（kg·m^{-3}）											
19.00	732.1	734.1	736.1	738.1	740.1	742.1	744.1	746.1	748.1	750.1	752.1	19.00
19.25	732.3	734.3	736.3	738.3	740.3	742.3	744.3	746.3	748.3	750.3	752.3	19.25
19.50	732.6	734.6	736.6	738.6	740.6	742.6	744.6	746.6	748.6	750.6	752.6	19.50
19.75	732.8	734.8	736.8	738.8	740.8	742.8	744.8	746.8	748.8	750.8	752.8	19.75
20.00	733.0	735.0	737.0	739.0	741.0	743.0	745.0	747.0	749.0	751.0	753.0	20.00
20.25	733.2	735.2	737.2	739.2	741.2	743.2	745.2	747.2	749.2	751.2	753.2	20.25
20.50	733.4	735.4	737.4	739.4	741.4	743.4	745.4	747.4	749.4	751.4	753.4	20.50
20.75	733.7	735.7	737.7	739.7	741.7	743.7	745.7	747.7	749.7	751.7	753.7	20.75
21.00	733.9	735.9	737.9	739.9	741.9	743.9	745.9	747.9	749.9	751.9	753.9	21.00
21.25	734.1	736.1	738.1	740.1	742.1	744.1	746.1	748.1	750.1	752.1	754.1	21.25
21.50	734.3	736.3	738.3	740.3	742.3	744.3	746.3	748.3	750.3	752.3	754.3	21.50
21.75	734.6	736.6	738.6	740.6	742.6	744.6	746.6	748.5	750.5	752.5	754.5	21.75
22.00	734.8	736.8	738.8	740.8	742.8	744.8	746.8	748.8	750.8	752.8	754.8	22.00
22.25	735.0	737.0	739.0	741.0	743.0	745.0	747.0	749.0	751.0	753.0	755.0	22.25
22.50	735.2	737.2	739.2	741.2	743.2	745.2	747.2	749.2	751.2	753.2	755.2	22.50
22.75	735.5	737.5	739.5	741.4	743.4	745.4	747.4	749.4	751.4	753.4	755.4	22.75
23.00	735.7	737.7	739.7	741.7	743.7	745.7	747.7	749.7	751.7	753.6	755.6	23.00
23.25	735.9	737.9	739.9	741.9	743.9	745.9	747.9	749.9	751.9	753.9	755.9	23.25
23.50	736.1	738.1	740.1	742.1	744.1	746.1	748.1	750.1	752.1	754.1	756.1	23.50
23.75	736.4	738.3	740.3	742.3	744.3	746.3	748.3	750.3	752.3	754.3	756.3	23.75
24.00	736.6	738.6	740.6	742.6	744.6	746.5	748.5	750.5	752.5	754.5	756.5	24.00
24.25	736.8	738.8	740.8	742.8	744.8	746.8	748.8	750.8	752.8	754.7	756.7	24.25
24.50	737.0	739.0	741.0	743.0	745.0	747.0	749.0	751.0	753.0	755.0	757.0	24.50
24.75	737.2	739.2	741.2	743.2	745.2	747.2	749.2	751.2	753.2	755.2	757.2	24.75
25.00	737.5	739.5	741.9	743.4	745.4	747.4	749.4	751.4	753.4	755.4	757.4	25.00
25.25	737.7	739.7	741.7	743.7	745.7	747.7	749.6	751.6	753.6	755.6	757.6	25.25
25.50	737.9	739.9	741.9	743.9	745.9	747.9	749.9	751.9	753.9	755.9	757.8	25.50
25.75	738.1	740.1	742.1	744.1	746.1	748.1	750.1	752.0	754.1	756.1	758.1	25.75
26.00	738.4	740.4	742.3	744.3	746.3	748.3	750.3	752.3	754.3	756.3	758.3	26.00

续附表 1-2

温度/℃	视密度/（kg·m^{-3}）											温度/℃
	733.0	735.0	737.0	739.0	741.0	743.0	745.0	747.0	749.0	751.0	753.0	
	20 ℃密度/（kg·m^{-3}）											
26.25	738.6	740.6	742.6	744.6	746.6	748.5	750.5	752.5	754.5	756.5	758.5	26.25
26.50	738.8	740.8	742.8	744.8	746.8	748.8	750.8	752.7	754.7	756.7	758.7	26.50
26.75	739.0	741.0	743.0	745.0	747.0	749.0	751.0	753.0	755.0	757.0	758.9	26.75
27.00	739.3	741.2	743.2	745.2	747.2	749.2	751.2	753.2	755.2	757.2	759.2	27.00
27.25	739.5	741.5	743.5	745.4	747.4	749.4	751.4	753.4	755.4	757.4	759.4	27.25
27.50	739.7	741.7	743.7	745.7	747.7	749.6	751.6	753.6	755.6	757.6	759.6	27.50
27.75	739.9	741.9	743.9	745.9	757.9	759.9	751.9	753.8	755.8	757.8	759.8	27.75
28.00	740.1	742.1	744.1	746.1	748.1	750.1	752.1	754.1	756.1	758.0	760.0	28.00
28.25	740.4	742.4	744.3	746.3	748.3	750.3	752.3	754.3	756.3	758.3	760.3	28.25
28.50	740.6	742.6	744.6	746.6	748.5	750.5	752.5	754.5	756.5	758.5	760.5	28.50
28.75	740.8	742.8	744.8	746.8	748.8	750.8	752.7	754.7	756.7	758.7	760.7	28.75
29.00	741.0	743.0	745.0	747.0	749.0	751.0	753.0	755.0	756.9	758.9	760.9	29.00
29.25	741.3	743.2	745.2	747.2	749.2	751.2	753.2	755.2	757.2	759.1	761.1	29.25
29.50	741.5	743.5	745.5	747.4	749.4	751.4	753.4	755.4	757.4	759.4	761.4	29.50
29.75	741.7	743.7	745.7	747.7	749.6	751.6	753.6	755.6	757.6	759.6	761.6	29.75
30.00	741.9	743.9	745.9	757.9	749.9	751.9	753.8	755.8	757.8	759.8	761.8	30.00
30.25	742.1	744.1	746.1	748.1	750.1	752.1	754.1	756.1	758.0	760.0	762.0	30.25
30.50	742.4	744.4	746.3	748.3	750.3	752.3	754.3	756.3	758.3	760.2	762.2	30.50
30.75	742.6	744.6	746.6	748.5	750.5	752.5	754.5	756.5	758.5	760.5	762.5	30.75
31.00	742.8	744.8	746.8	748.8	750.8	752.7	754.7	756.7	758.7	760.7	762.7	31.00
31.25	743.0	745.0	747.0	749.0	751.0	753.0	754.9	756.9.	758.9	760.9	762.9	31.25
31.50	743.3	745.2	747.2	749.2	751.2	753.2	755.2	757.2	759.1	761.1	763.1	31.50
31.75	743.5	745.5	747.4	749.4	751.4	753.4	755.4	757.4	759.4	761.3	763.3	31.75
32.00	743.7	745.7	747.7	749.7	751.6	753.6	755.6	757.6	759.6	761.6	763.5	32.00
32.25	743.9	745.9	747.9	749.9	751.9	753.8	755.8	757.8	759.8	761.8	763.8	32.25
32.50	744.1	746.1	748.1	750.1	752.1	754.1	756.0	758.0	760.0	762.0	764.0	32.50
32.75	744.4	746.3	748.3	750.3	752.3	754.3	756.3	758.3	760.2	762.2	764.2	32.75
33.00	744.6	746.6	748.6	750.5	752.5	754.5	756.5	758.5	760.5	762.4	764.4	33.00
33.25	744.8	746.8	748.8	750.8	752.7	754.7	756.7	758.7	760.7	762.7	764.6	33.25

续附表 1-2

温度/℃	视密度/(kg·m⁻³)											温度/℃
	733.0	735.0	737.0	739.0	741.0	743.0	745.0	747.0	749.0	751.0	753.0	
	20 ℃密度/(kg·m⁻³)											
33.50	745.0	747.0	749.0	751.0	753.0	754.9	756.9	758.9	760.9	762.9	764.9	33.50
33.75	745.3	747.2	749.2	751.2	753.2	755.2	757.1	759.1	761.1	763.1	765.1	33.75
34.00	745.5	747.5	749.4	751.4	753.4	755.4	757.4	759.3	761.3	763.3	765.3	34.00
34.25	745.7	747.7	749.7	751.6	753.6	755.6	757.6	759.6	761.6	763.5	765.5	34.25
34.50	745.9	747.9	749.9	751.9	753.8	755.8	757.8	759.8	761.8	763.8	765.8	34.50
34.75	746.1	748.1	750.1	752.1	754.1	756.0	758.0	760.0	762.0	764.0	765.9	34.75
35.00	746.4	748.3	750.3	752.3	754.3	756.3	758.2	760.2	762.2	764.2	766.1	35.00
35.25	746.6	748.6	750.5	752.5	754.5	756.5	758.5	760.4	762.4	764.4	766.3	35.25
35.50	746.8	748.8	750.8	752.7	754.7	756.7	758.7	760.7	762.6	764.6	766.5	35.50
35.75	747.0	749.0	751.0	753.0	754.9	756.9	758.9	760.9	762.9	764.8	766.7	35.75
36.00	747.2	749.2	751.2	753.2	755.2	757.1	759.1	761.1	763.1	765.1	766.9	36.00
36.25	747.5	749.4	751.4	753.4	755.4	757.4	759.3	761.3	763.3	765.3	767.1	36.25
36.50	747.7	749.7	751.6	753.6	755.6	757.6	759.6	761.5	763.5	765.5	767.3	36.50
36.75	747.9	749.9	751.9	753.8	755.8	757.8	759.8	761.8	763.7	765.7	767.5	36.75
37.00	748.1	750.1	752.1	754.1	756.0	758.0	760.0	762.0	764.0	765.9	767.7	37.00
37.25	748.4	750.3	752.3	754.3	756.3	758.2	760.2	762.2	764.2	766.1	767.9	37.25
37.50	748.6	750.6	752.5	754.5	756.5	758.5	760.4	762.4	764.4	766.3	768.1	37.50
37.75	748.8	750.8	752.8	754.7	756.7	758.7	760.7	762.6	764.6	766.5	768.3	37.75
38.00	749.0	751.0	753.0	754.9	756.9	758.9	760.9	762.9	764.8	766.7	768.5	38.00

附表 1-3 产品标准密度表三

温度/℃	视密度/(kg·m⁻³)											温度/℃
	753.0	755.0	757.0	759.0	761.0	763.0	765.0	767.0	769.0	771.0	773.0	
	20 ℃密度/(kg·m⁻³)											
4.50	739.3	741.3	743.3	745.3	747.4	749.4	751.4	753.4	755.4	757.5	759.5	4.50
4.75	739.5	741.5	743.5	745.6	747.6	749.6	751.6	753.6	755.7	757.7	759.7	4.75
5.00	739.7	741.7	743.8	745.8	747.8	749.8	751.8	753.9	755.9	757.9	759.9	5.00
5.25	739.9	742.0	744.0	746.0	748.0	745.0	752.1	754.1	756.1	758.1	760.1	5.25
5.50	740.2	742.2	744.2	746.2	748.2	750.3	752.3	754.3	756.3	758.6	760.3	5.50
5.75	740.4	742.4	744.4	746.4	748.5	750.5	752.5	754.5	756.5	758.5	760.6	5.75

续附表 1-3

温度/℃	视密度/(kg·m^{-3})											温度/℃
	753.0	755.0	757.0	759.0	761.0	763.0	765.0	767.0	769.0	771.0	773.0	
	20 ℃密度/(kg·m^{-3})											
6.00	740.6	7426.	744.6	746.7	748.7	750.7	752.7	754.7	756.7	758.8	760.8	6.00
6.25	740.8	742.8	744.9	746.9	748.9	750.8	752.8	755.0	757.0	759.0	761.0	6.25
6.50	741.1	743.1	745.1	747.1	749.1	751.1	753.2	755.2	757.2	759.2	761.2	6.50
6.75	741.3	743.3	745.3	747.3	749.3	751.4	753.4	755.4	757.4	759.4	761.4	6.75
7.00	741.5	743.5	745.5	747.5	749.6	751.6	753.6	755.6	757.6	759.6	761.7	7.00
7.25	741.7	743.7	745.7	747.8	749.8	751.8	753.8	755.8	757.8	759.9	761.9	7.25
7.50	741.9	744.0	746.0	748.0	750.0	752.0	754.0	756.0	758.1	760.1	762.1	7.50
7.75	742.2	744.2	746.2	748.2	750.2	752.2	754.3	756.3	758.3	760.3	762.3	7.75
8.00	742.4	744.4	746.4	748.4	750.4	752.5	754.5	756.5	758.5	760.5	762.5	8.00
8.25	742.6	744.6	746.6	748.6	750.7	752.7	754.7	756.7	758.7	760.7	762.8	8.25
8.50	742.8	744.8	746.9	748.9	750.9	752.9	754.9	756.9	758.9	761.0	763.0	8.50
8.75	743.0	745.1	747.1	749.1	751.1	753.1	755.1	757.1	759.2	761.2	763.2	8.75
9.00	743.3	745.3	747.3	749.3	751.3	753.3	755.4	757.4	759.4	761.4	763.4	9.00
9.25	743.5	745.5	747.5	749.5	751.5	753.6	755.6	757.6	759.6	761.6	763.6	9.25
9.50	743.7	745.7	747.7	749.8	751.8	753.8	755.8	757.8	759.8	761.8	763.8	9.50
9.75	743.9	745.9	748.0	750.0	752.0	754.0	756.0	758.0	760.0	762.1	764.1	9.75
10.00	744.2	746.2	748.2	750.2	752.2	754.2	756.2	758.2	760.3	762.3	764.3	10.00
10.25	744.4	746.4	748.4	750.4	752.4	754.4	756.5	758.5	760.5	762.5	764.5	10.25
10.50	744.6	746.6	748.6	750.6	752.6	754.7	756.7	758.7	760.7	762.7	764.7	10.50
10.75	744.8	746.8	748.8	750.9	752.9	754.9	756.9	758.9	760.9	762.9	764.9	10.75
11.00	745.0	747.1	749.1	751.1	753.1	755.1	757.1	759.1	761.1	763.1	765.2	11.00
11.25	745.3	747.3	749.3	751.3	753.3	755.3	757.3	759.3	761.4	763.4	765.4	11.25
11.50	745.5	747.5	749.5	751.5	753.5	755.5	757.6	759.6	761.6	763.6	765.6	11.50
11.75	745.7	747.7	749.7	751.7	753.7	755.8	757.8	759.8	761.8	763.8	765.8	11.75
12.00	745.9	747.9	749.9	752.0	754.0	756.0	758.0	760.0	762.0	764.0	766.0	12.00
12.25	746.2	748.2	750.2	752.2	754.2	756.2	758.2	760.2	762.2	764.2	766.3	12.25
12.50	746.4	748.4	750.4	752.4	754.4	756.4	758.4	760.4	762.4	764.5	766.5	12.50
12.75	746.6	748.6	750.6	752.6	754.6	756.6	758.6	760.7	762.7	764.7	766.7	12.75
13.00	746.8	748.8	750.8	752.8	754.9	756.9	758.9	760.9	762.9	764.9	766.9	13.00

续附表 1-3

温度/℃	视密度/(kg·m^{-3})											温度/℃
	753.0	755.0	757.0	759.0	761.0	763.0	765.0	767.0	769.0	771.0	773.0	
	20℃密度/(kg·m^{-3})											
13.25	747.0	749.0	751.1	753.1	755.1	757.1	759.1	761.1	763.1	765.1	767.2	13.25
13.50	747.3	749.3	751.3	753.3	755.3	757.3	759.3	761.3	763.3	765.3	767.4	13.50
13.75	747.5	749.5	751.5	753.5	755.5	757.5	759.5	761.5	763.5	765.5	767.6	13.75
14.00	747.7	749.7	751.7	753.7	755.7	757.7	759.7	761.8	763.8	765.8	767.9	14.00
14.25	747.9	749.9	751.9	753.9	755.9	758.0	760.0	762.0	764.0	766.0	768.1	14.25
14.50	748.1	750.1	752.2	754.2	756.2	758.2	760.2	762.2	764.2	766.2	768.3	14.50
14.75	748.4	750.4	752.4	754.4	756.4	758.4	760.4	762.4	764.4	766.4	768.5	14.75
15.00	748.6	750.6	752.6	754.6	756.6	758.6	760.6	762.6	764.6	766.7	768.7	15.00
15.25	748.8	750.8	752.8	7548	756.8	7588	7608	762.8	764.9	766.9	7690	15.25
15.50	749.0	751.0	753..0	755.0	757.0	759.1	761.1	763.1	765.1	767.1	769.2	15.50
15.75	749.2	751.3	753.3	755.3	757.3	759.3	761.3	763.3	765.3	767.3	769.4	15.75
16.00	749.5	751.5	753.5	755.5	757.5	759.5	761.5	763.5	765.5	767.6	769.6	16.00
16.25	749.7	751.7	753.7	755.7	757.7	759.7	761.7	763.7	765.7	767.8	769.8	16.25
16.50	749.9	751.9	753.9	755.9	757.9	759.9	761.9	763.9	765.9	768.0	770.1	16.50
16.75	750.1	752.1	754.1	756.1	758.1	760.2	762.2	764.2	766.2	768.2	770.3	16.75
17.00	750.4	752.4	754.4	756.4	758.4	760.4	762.4	764.4	766.4	768.4	770.5	17.00
17.25	750.6	752.6	754.6	756.6	758.6	760.6	762.6	764.6	766.6	768.7	770.7	17.25
17.50	750.8	752.8	754.8	756.8	758.8	760.8	762.8	764.8	766.8	768.9	770.9	17.50
17.75	751.0	753.0	755.0	757.0	759.0	761.0	763.0	765.0	767.1	769.1	771.1	17.75
18.00	751.2	753.2	755.2	757.2	759.2	761.2	763.3	765.3	767.3	769.3	771.3	18.00
18.25	751.5	753.5	755.5	757.5	759.5	761.5	763.5	765.5	767.5	769.5	771.5	18.25
18.50	751.7	753.7	755.7	757.7	759.7	761.7	763.7	765.7	767.7	769.7	771.8	18.50
18.75	751.9	753.9	755.9	757.9	759.9	761.9	763.9	765.9	767.9	769.9	772.0	18.75
19.00	752.1	754.1	756.1	758.1	760.1	762.1	764.1	766.1	768.1	770.2	772.0	19.00
19.25	752.3	754.3	756.3	758.3	760.3	762.3	764.3	766.3	768.4	770.4	772.4	19.25
19.50	752.6	754.6	756.6	758.6	760.6	762.6	764.6	766.6	768.6	770.6	772.6	19.50
19.75	752.8	754.8	756.8	758.8	760.8	762.8	764.8	766.8	768.8	770.8	772.8	19.75
20.00	753.0	755.0	757.0	759.0	761.0	763.0	765.0	767.0	769.0	771.0	773.0	20.00
20.25	753.2	755.2	757.2	759.2	761.2	763.2	765.2	767.2	769.2	771.2	773.2	20.25

续附表 1-3

温度/℃	视密度/（kg·m^{-3}）											温度/℃
	753.0	755.0	757.0	759.0	761.0	763.0	765.0	767.0	769.0	771.0	773.0	
	20 ℃密度/（kg·m^{-3}）											
20.50	753.4	755.4	757.4	759.4	761.4	763.4	765.4	767.4	769.4	771.4	773.4	20.50
20.75	753.7	755.7	757.7	759.7	761.7	763.7	765.7	767.6	769.6	771.6	773.6	20.75
21.00	753.9	755.9	757.9	759.9	761.9	763.9	765.9	767.9	769.8	771.8	773.8	21.00
21.25	754.1	756.1	758.1	760.1	762.1	764.2	766.1	768.1	770.1	772.0	774.0	21.25
21.50	754.3	756.3	758.3	760.3	762.3	764.3	766.3	768.3	770.3	772.2	774.2	21.50
21.75	754.5	756.5	758.5	760.5	762.5	764.5	766.5	768.5	770.5	772.4	774.4	21.75
22.00	754.8	756.8	758.8	760.8	762.8	764.8	766.7	768.7	770.7	772.6	774.6	22.00
22.25	755.0	757.0	759.0	761.0	763.0	765.0	766.9	768.9	770.9	772.8	774.8	22.25
22.50	755.2	757.2	759.2	761.2	763.2	765.2	767.2	769.1	771.1	773.1	775.0	22.50
22.75	755.4	757.4	759.4	761.4	763.4	765.4	767.4	769.3	771.3	773.3	775.2	22.75
23.00	755.6	757.6	759.6	761.6	763.6	765.6	767.6	769.5	771.5	773.5	775.4	23.00
23.25	755.9	757.9	759.9	761.9	763.8	765.8	767.8	769.7	771.7	773.7	775.6	23.25
23.50	756.1	758.1	760.1	762.1	764.1	766.1	768.0	770.0	771.9	773.9	775.8	23.50
23.75	756.3	758.3	760.3	762.3	764.3	766.3	768.2	770.2	772.1	774.0	776.0	23.75
24.00	756.5	758.5	760.5	762.5	764.5	766.5	768.4	770.4	772.3	774.2	776.2	24.00
24.25	756.7	758.7	760.7	762.7	764.7	766.7	768.6	770.6	772.5	774.4	776.4	24.25
24.50	757.0	759.0	761.0	762.9	764.9	766.9	768.8	770.8	772.7	774.6	776.6	24.50
24.75	757.2	759.2	761.2	763.2	765.2	767.1	769.0	771.0	772.9	774.8	776.8	24.75
25.00	757.4	759.4	761.4	763.4	765.4	767.3	769.2	771.2	773.1	775.0	777.0	25.00
25.25	757.6	759.6	761.6	763.6	765.6	767.5	769.5	771.4	773.3	775.2	777.1	25.25
25.50	757.8	759.8	761.8	763.8	765.8	767.7	769.7	771.6	773.5	775.4	777.3	25.50
25.75	758.1	760.1	762.0	764.0	766.0	767.9	769.9	771.8	773.7	775.6	777.5	25.75
26.00	758.3	760.3	762.3	764.3	766.2	768.2	770.1	772.0	773.9	775.8	777.7	26.00
26.25	758.5	760.5	762.5	764.5	766.4	768.4	770.3	772.2	774.1	776.0	777.9	26.25
26.50	758.7	760.7	762.7	764.7	766.7	768.6	770.5	772.4	774.3	776.2	778.1	26.50
26.75	758.9	760.9	762.9	764.9	766.9	768.8	770.7	772.6	774.5	776.4	778.3	26.75
27.00	759.2	761.2	763.1	765.1	767.1	769.0	770.9	772.8	774.7	776.6	778.5	27.00
27.25	759.4	761.4	763.4	765.4	767.3	769.2	771.1	773.0	774.9	776.8	778.6	27.25
27.50	759.6	761.6	763.6	765.6	767.5	769.4	771.3	773.2	775.0	776.9	778.8	27.50

续附表 1-3

温度/°C	视密度/（kg·m⁻³）											温度/°C
	753.0	755.0	757.0	759.0	761.0	763.0	765.0	767.0	769.0	771.0	773.0	
	20 °C密度/（kg·m⁻³）											
27.75	759.8	761.8	763.8	765.8	767.7	769.6	771.5	773.3	775.2	777.1	779.0	27.75
28.00	760.0	762.0	764.0	766.0	767.9	769.8	771.7	773.5	775.4	777.3	779.2	28.00
28.25	760.3	762.2	764.2	766.2	768.1	770.0	771.9	773.7	775.6	777.5	779.4	28.25
28.50	760.5	762.5	764.5	766.4	768.4	770.2	772.0	773.9	775.8	777.7	779.6	28.50
28.75	760.7	762.7	764.7	766.6	768.5	770.4	772.2	774.1	776.0	777.9	779.7	28.75
29.00	760.9	762.9	764.9	766.8	768.7	770.6	772.4	774.3	776.2	778.1	779.9	29.00
29.25	761.1	763.1	765.1	767.0	768.9	770.8	772.6	774.5	776.4	778.2	780.1	29.25
29.50	761.4	763.5	765.3	767.2	769.1	771.0	772.8	774.7	776.6	778.4	780.3	29.50
29.75	761.6	763.6	765.6	767.4	769.3	771.2	773.0	774.9	776.7	778.6	780.5	29.75
30.00	761.8	763.8	765.8	767.6	769.5	771.4	773.2	775.1	776.9	778.8	780.6	30.00
30.25	762.0	764.0	766.0	767.8	769.7	771.5	773.4	775.3	777.1	779.0	780.0	30.25
30.50	762.2	764.2	766.2	768.0	769.9	771.7	773.6	775.4	777.3	779.1	781.0	30.50
30.75	762.5	764.4	766.4	768.2	770.1	771.9	773.8	775.6	777.5	779.3	781.2	30.75
31.00	762.7	764.7	766.4	768.4	770.3	772.1	774.0	775.8	777.7	779.5	781.4	31.00
31.25	762.9	764.9	766.8	768.6	770.5	772.3	774.2	776.0	777.8	779.7	781.5	31.25
31.50	763.1	765.1	767.0	768.8	770.7	772.5	774.3	776.2	778.0	779.9	781.7	31.50
31.75	763.3	765.3	767.2	769.0	770.9	772.7	774.5	776.4	778.2	780.0	781.9	31.75
32.00	763.5	765.5	767.4	769.2	771.1	772.9	774.7	776.6	778.4	780.2	782.1	32.00
32.25	763.8	765.8	767.6	769.4	771.2	773.1	774.9	776.7	778.6	780.4	782.2	32.25
32.50	764.0	766.0	767.8	769.6	771.4	773.3	775.1	776.9	778.7	780.6	782.4	32.50
32.75	764.2	766.2	768.0	769.8	771.6	773.5	775.3	777.1	778.9	780.7	782.6	32.75
33.00	764.4	766.4	768.2	770.0	771.8	773.6	775.5	777.3	779.1	780.9	782.7	33.00
33.25	764.6	766.6	768.4	770.2	772.0	773.8	775.6	777.5	779.3	781.1	792.9	33.25
33.50	764.9	766.8	768.6	770.4	772.2	774.0	775.8	777.6	779.5	781.3	783.1	33.50
33.75	765.1	767.0	768.8	770.6	772.4	774.2	776.0	777.8	779.6	781.4	783.3	33.75
34.00	765.3	767.2	769.0	770.8	772.6	774.4	776.2	778.0	779.8	781.6	783.4	34.00
34.25	765.5	767.4	769.2	771.0	772.8	774.6	776.4	778.2	780.0	781.8	783.6	34.25
34.50	765.8	767.5	769.3	771.1	772.9	774.7	776.5	778.4	780.2	782.0	783.8	34.50
34.75	765.9	767.7	769.5	771.3	773.1	774.9	776.7	778.5	780.3	782.1	783.9	34.75
35.00	766.1	767.9	769.7	771.5	773.3	775.1	776.9	778.7	780.5	782.3	784.1	35.00

续附表 1-3

温度/℃	视密度 / (kg·m^{-3})											温度/℃
	753.0	755.0	757.0	759.0	761.0	763.0	765.0	767.0	769.0	771.0	773.0	
	20 ℃密度 / (kg·m^{-3})											
35.25	766.3	768.1	769.9	771.7	773.5	775.3	777.1	778.9	780.7	782.5	784.3	35.25
35.50	766.5	768.3	770.1	771.9	773.7	775.5	777.3	779.1	780.8	782.6	784.5	35.50
35.75	766.7	768.5	770.3	772.1	773.9	775.7	777.4	779.2	781.0	782.8	784.7	35.75
36.00	766.9	768.7	770.5	772.3	774.1	775.8	777.6	779.4	781.2	783.0	784.9	36.00
36.25	767.1	768.9	770.7	772.5	774.2	776.0	777.8	779.6	781.4	783.1	785.0	36.25
36.50	767.3	769.1	770.9	772.6	774.4	776.2	778.0	779.7	781.5	783.3	785.2	36.50
36.75	767.5	769.3	771.1	772.8	774.6	776.4	778.1	779.9	781.7	783.5	785.4	36.75
37.00	767.7	769.5	771.2	773.0	774.8	776.6	778.3	780.1	781.9	783.6	785.6	37.00
37.25	767.9	769.7	771.4	773.2	775.0	776.7	778.5	780.3	782.0	783.8	785.8	37.25
37.50	768.1	769.8	771.6	773.4	775.1	776.9	778.7	780.4	782.2	784.0	786.0	37.50
37.75	768.3	770.0	771.8	773.6	775.3	777.1	778.8	780.6	782.4	784.1	786.1	37.75
38.00	768.5	770.2	772.0	773.7	775.5	777.3	779.0	780.8	782.5	784.4	786.3	38.00

附表 1-4　产品标准密度表四

温度/℃	视密度 / (kg·m^{-3})											温度/℃
	773.0	775.0	777.0	779.0	781.0	783.0	785.0	787.0	789.0	791.0	793.0	
	20 ℃密度 / (kg·m^{-3})											
4.50	759.5	761.5	763.5	765.5	767.7	770.0	772.3	774.5	776.8	779.1	781.1	4.50
4.75	759.7	761.7	763.7	765.7	768.0	770.2	772.5	774.8	777.0	779.3	781.5	4.75
5.00	759.9	761.9	763.9	766.0	768.2	770.5	772.7	775.0	777.2	779.5	781.7	5.00
5.25	760.1	762.1	764.2	766.2	768.5	770.7	773.0	775.2	777.5	779.7	782.0	5.25
5.50	760.3	762.4	764.4	766.5	768.7	770.9	773.2	775.4	777.7	779.9	782.2	5.50
5.75	760.6	762.6	764.6	766.7	768.9	771.2	773.4	775.7	777.9	780.1	782.4	5.75
6.00	760.8	762.8	764.8	766.9	769.2	771.4	773.6	775.9	778.1	780.3	782.6	6.00
6.25	761.0	763.0	765.0	767.2	769.4	771.6	773.9	776.1	778.3	780.6	782.8	6.25
6.50	761.2	763.2	765.3	767.4	769.6	771.9	774.1	776.3	778.5	780.8	783.0	6.50
6.75	761.4	763.5	765.5	767.7	769.9	772.1	774.3	776.5	778.8	781.0	783.2	6.75
7.00	761.7	763.7	765.7	767.9	770.1	772.3	774.5	776.8	779.0	781.2	783.4	7.00
7.25	761.9	763.9	765.9	768.1	770.3	772.5	774.8	777.0	779.2	781.4	783.6	7.25
7.50	762.1	764.1	766.1	768.4	770.6	772.8	775.1	777.2	779.4	781.6	783.8	7.50

续附表 1-4

温度/°C	视密度/（kg·m⁻³）											温度/°C
	773.0	775.0	777.0	779.0	781.0	783.0	785.0	787.0	789.0	791.0	793.0	
	20 ℃密度/（kg·m⁻³）											
7.75	762.3	764.3	766.4	768.6	770.8	773.0	775.2	777.4	779.6	781.8	784.0	7.75
8.00	762.5	764.5	766.6	768.8	771.0	773.2	775.4	777.6	779.8	782.0	784.2	8.00
8.25	762.8	764.8	766.9	769.1	771.2	773.4	775.6	777.8	780.0	782.2	784.4	8.25
8.50	763.0	765.0	767.1	769.3	771.5	773.7	775.9	778.0	780.2	782.4	784.5	8.50
8.75	763.2	765.2	767.3	769.5	771.7	773.9	776.1	778.3	780.4	782.6	784.7	8.75
9.00	763.4	765.4	767.6	769.7	771.9	774.1	776.3	778.5	780.6	782.8	784.9	9.00
9.25	763.6	765.6	767.8	770.7	772.1	774.3	776.5	778.7	780.8	783.0	785.1	9.25
9.50	763.8	765.9	768.0	770.2	772.4	774.5	776.7	778.9	781.1	783.2	785.3	9.50
9.75	764.1	766.1	768.3	770.4	772.6	774.8	776.9	779.1	781.3	783.4	785.5	9.75
10.00	764.3	766.3	768.5	770.7	772.8	775.0	777.1	779.3	781.5	783.6	785.6	10.00
10.25	764.5	766.6	768.7	770.9	773.0	775.2	777.4	779.5	781.7	783.8	785.8	10.25
10.50	764.7	766.8	768.9	771.1	773.3	775.4	777.6	779.7	781.9	784.0	786.0	10.50
10.75	764.9	767.0	769.2	771.3	773.5	775.6	777.8	779.9	782.1	784.2	786.2	10.75
11.00	765.2	767.3	769.4	771.5	773.7	775.8	778.0	780.1	782.3	784.4	786.4	11.00
11.25	765.4	767.5	769.6	771.8	773.9	776.0	778.2	780.3	782.5	784.6	786.6	11.25
11.50	765.6	767.7	769.8	772.0	774.1	776.3	778.4	780.5	782.7	784.7	786.8	11.50
11.75	765.8	767.9	770.1	772.2	774.3	776.5	778.6	780.7	782.9	784.9	786.9	11.75
12.00	766.0	768.2	770.3	772.4	774.8	776.7	778.8	780.9	783.1	785.1	787.1	12.00
12.25	766.3	768.4	770.5	772.6	774.8	776.9	779.0	781.1	783.3	785.3	787.3	12.25
12.50	766.5	768.6	770.7	772.9	775.0	777.1	779.2	781.3	783.5	785.5	787.5	12.50
12.75	766.7	768.8	771.0	773.1	775.2	777.3	779.4	781.5	783.6	785.7	787.7	12.75
13.00	767.0	769.1	771.2	773.3	775.4	777.5	779.6	781.7	783.8	785.9	787.9	13.00
13.25	767.2	769.3	771.4	773.5	775.6	777.7	779.8	781.9	784.0	786.0	788.0	13.25
13.50	767.4	769.5	771.6	773.7	775.8	777.9	780.0	782.1	784.2	786.2	788.2	13.50
13.75	767.6	769.7	771.8	773.9	776.0	778.1	780.2	782.3	784.4	786.4	788.4	13.75
14.00	767.9	770.0	772.0	774.1	776.2	778.3	780.4	782.5	784.6	786.6	788.6	14.00
14.25	768.1	770.2	772.3	774.1	774.4	778.5	780.6	782.7	784.8	786.8	788.8	14.25
14.50	768.3	770.4	772.5	774.6	776.6	778.7	780.8	782.9	784.9	787.0	789.0	14.50
14.75	768.5	770.6	772.7	774.8	776.9	778.9	781.0	783.1	785.1	787.1	789.2	14.75

续附表 1-4

温度/℃	视密度 / (kg · m^{-3})											温度/℃
	773.0	775.0	777.0	779.0	781.0	783.0	785.0	787.0	789.0	791.0	793.0	
	20 ℃密度 / (kg · m^{-3})											
15.00	768.7	770.8	772.9	775.0	777.1	779.1	781.2	783.3	785.3	787.3	789.3	15.00
15.25	769.0	771.0	773.1	775.2	777.3	779.3	781.4	783.5	785.5	787.5	789.5	15.25
15.50	769.2	771.3	773.3	775.4	777.5	779.5	781.6	783.7	785.7	787.7	789.7	15.50
16.00	769.6	771.7	773.7	775.8	777.9	779.9	782.0	784.1	786.1	788.1	790.1	16.00
16.25	769.8	771.9	774.0	776.0	778.1	780.1	782.2	784.2	786.2	788.2	790.3	16.25
16.50	770.1	772.1	774.2	776.2	778.3	780.3	782.4	784.4	786.4	788.4	790.4	16.50
16.75	770.3	772.3	774.4	776.4	778.5	780.5	782.6	784.6	786.6	788.6	790.6	16.75
17.00	770.5	772.5	774.6	776.6	778.7	780.7	782.8	784.8	786.8	788.8	790.8	17.00
17.25	770.7	772.7	774.8	776.8	778.9	780.9	783.0	785.0	787.0	789.0	791.0	17.25
17.50	770.9	773.0	775.0	777.0	779.1	781.1	783.1	785.2	787.2	789.2	791.2	17.50
17.75	771.1	773.2	775.2	777.2	779.3	781.3	783.3	785.3	787.3	789.4	791.4	17.75
18.00	771.3	773.4	775.4	777.4	779.5	781.5	783.5	785.5	787.5	789.5	791.5	18.00
18.25	771.5	773.6	775.6	777.6	779.7	781.7	783.7	785.7	787.7	789.7	791.7	18.25
18.50	771.8	773.8	775.8	777.8	779.8	781.9	783.9	785.9	787.9	789.9	791.9	18.50
18.75	772.0	774.0	776.0	778.0	780.0	782.1	784.1	786.1	788.1	790.1	792.1	18.75
19.00	772.2	774.2	776.2	778.2	780.2	784.3	784.3	786.3	788.3	790.3	792.3	19.00
19.25	772.4	774.4	776.4	778.4	80.4	782.4	784.4	786.4	788.4	790.5	792.5	19.25
19.50	772.6	774.6	776.6	778.6	780.6	782.6	784.6	786.6	788.6	790.6	792.6	19.50
19.75	772.8	774.8	776.8	778.8	780.8	782.8	784.8	786.8	788.8	790.8	792.8	19.75
20.00	773.0	775.0	777.0	779.0	781.0	783.0	785.0	787.0	789.0	791.0	793.0	20.00
20.25	773.2	775.2	777.2	779.2	781.2	783.2	785.2	787.2	789.2	791.2	793.2	20.25
20.50	773.4	775.4	777.4	779.4	781.4	783.4	785.4	787.4	789.4	791.4	793.4	20.50
20.75	773.6	775.6	777.6	779.6	781.6	783.6	785.6	787.6	789.6	791.5	793.5	20.75
21.00	773.8	775.8	777.8	779.8	781.8	783.7	785.7	787.7	789.7	791.7	793.7	21.00
21.25	774.0	776.0	778.0	780.0	781.9	783.9	785.9	787.9	789.9	791.9	793.9	21.25
21.50	774.2	776.2	778.2	780.1	782.1	784.1	786.1	788.1	790.1	792.1	794.1	21.50
21.75	774.4	776.4	778.4	780.3	782.3	784.3	786.3	788.3	790.3	792.3	794.3	21.75
22.00	774.6	776.6	778.6	780.5	782.5	784.5	786.5	788.5	790.5	792.5	794.5	22.00
22.25	774.8	776.8	778.7	780.7	782.7	784.7	786.7	788.7	790.6	792.6	794.6	22.25

续附表 1-4

温度/℃	视密度/(kg·m^{-3})											温度/℃
	773.0	775.0	777.0	779.0	781.0	783.0	785.0	787.0	789.0	791.0	793.0	
	20 ℃密度/(kg·m^{-3})											
22.50	770.5	777.0	778.9	780.9	782.9	784.8	786.8	788.8	790.9	782.9	794.8	22.50
22.75	775.2	777.2	779.1	781.1	783.0	785.0	787.0	789.0	791.0	793.0	795.0	22.75
23.00	775.4	777.4	779.3	781.3	783.2	785.2	787.2	789.2	791.2	793.2	795.2	23.00
23.25	775.6	777.6	779.5	781.5	783.4	785.4	787.4	789.4	791.4	793.4	795.4	23.25
23.50	775.8	777.7	779.7	781.6	783.6	785.6	787.6	789.6	791.6	793.6	795.5	23.50
23.75	776.0	777.9	779.9	781.8	783.8	785.8	787.8	789.8	791.7	793.7	795.7	23.75
24.00	776.2	778.1	780.1	782.0	784.0	786.0	787.9	789.9	791.9	793.9	795.9	24.00
24.25	776.4	778.3	780.3	782.2	784.1	786.1	788.1	790.1	792.1	794.1	796.1	24.25
24.50	776.6	778.5	780.4	782.4	784.3	786.3	788.3	790.3	792.3	794.3	796.3	24.50
24.75	776.8	778.7	780.6	782.6	784.5	786.5	788.5	790.5	792.5	794.5	796.5	24.75
25.00	777.0	778.9	780.8	782.7	784.7	786.7	788.7	790.7	792.7	794.6	796.6	25.00
25.25	777.1	779.1	781.0	782.9	784.9	786.9	788.9	790.8	792.8	794.8	796.8	25.25
25.50	777.3	779.3	781.2	783.1	785.1	787.1	789.0	791.0	793.0	795.0	797.0	25.50
25.75	777.5	779.4	781.4	783.3	785.2	787.2	789.2	791.2	793.2	795.2	797.2	25.75
26.00	777.7	779.6	781.5	783.5	785.4	787.4	789.4	791.4	793.4	795.4	797.4	26.00
26.25	777.9	779.8	781.7	783.6	765.6	757.6	789.6	791.6	793.6	795.6	797.5	26.25
26.50	778.1	780.0	781.9	783.8	785.8	787.8	789.8	791.8	793.7	795.7	797.7	26.50
26.75	778.3	780.2	782.0	784.0	786.0	788.0	789.0	791.9	793.9	795.9	797.9	26.75
27.00	778.5	780.4	782.3	784.2	786.2	788.2	790.1	792.1	794.1	796.1	798.1	27.00
27.25	778.6	780.5	782.4	784.4	786.4	788.3	790.3	792.3	794.3	796.3	798.3	27.25
27.50	778.8	780.7	782.6	784.5	786.5	788.5	790.5	792.5	794.5	796.5	798.4	27.50
27.75	779.0	780.9	782.8	784.7	786.7	788.7	790.7	792.7	794.7	796.6	798.6	27.75
28.00	779.2	781.1	783.0	784.9	786.9	788.9	790.9	792.9	794.8	786.8	798.8	28.00
28.25	779.4	781.3	783.1	785.1	787.1	789.1	791.1	793.0	795.0	797.0	799.0	28.25
28.50	779.6	781.4	783.3	785.3	787.3	789.3	791.2	793.2	795.2	797.2	799.2	28.50
28.75	779.7	781.6	783.5	785.5	787.5	789.4	791.4	793.4	795.4	797.4	799.3	28.75
29.00	779.9	781.8	783.7	785.7	787.6	789.6	791.6	793.6	795.6	797.5	799.5	29.00
29.25	780.1	782.0	783.8	785.8	787.8	789.8	790.8	793.5	795.7	797.7	799.7	29.25
29.50	780.3	782.2	784.0	786.0	788.0	789.0	792.0	793.9	795.9	797.9	799.9	29.50
29.75	780.5	782.3	784.2	786.2	788.2	780.2	792.1	794.1	796.1	798.1	800.1	29.75

续附表 1-4

温度/℃	视密度/($kg \cdot m^{-3}$)											温度/℃
	773.0	775.0	777.0	779.0	781.0	783.0	785.0	787.0	789.0	791.0	793.0	
	20 ℃密度/($kg \cdot m^{-3}$)											
30.00	780.6	782.5	784.4	786.4	788.4	790.3	792.3	794.3	796.3	798.3	800.3	30.00
30.25	780.5	782.7	784.6	786.6	788.5	790.5	792.5	794.5	796.5	798.5	800.4	30.25
30.50	781.0	782.9	784.8	786.8	788.7	790.7	792.7	794.7	796.7	798.6	800.6	30.50
30.75	781.2	783.0	785.0	786.9	788.9	790.9	792.9	794.9	796.8	798.8	800.8	30.75
31.00	781.4	783.2	785.1	787.1	789.1	791.1	793.1	795.0	797.0	799.0	801.0	31.00
31.25	781.5	783.4	785.3	787.3	789.3	791.3	793.2	795.2	797.2	799.2	801.2	31.25
31.50	781.7	783.5	785.5	787.5	789.5	791.4	793.4	795.4	797.4	799.4	801.3	31.50
31.75	781.9	783.7	785.7	787.7	789.6	791.6	793.6	795.6	797.6	799.5	801.5	31.75
32.00	782.1	783.9	785.9	787.8	789.8	791.8	793.8	795.8	797.9	799.7	801.7	32.00
32.25	782.2	784.1	786.1	788.0	790.0	792.0	794.0	795.9	797.9	799.9	801.9	32.25
32.50	782.4	784.3	786.2	788.2	790.2	792.2	794.1	796.1	798.1	800.1	802.0	32.50
32.75	782.6	784.4	786.4	788.4	790.4	792.3	794.3	796.3	798.3	800.3	802.2	32.75
33.00	782.7	784.6	786.6	788.6	790.6	792.5	794.5	796.5	798.5	800.4	802.4	33.00
33.25	782.9	784.8	786.8	788.8	790.7	792.7	794.7	796.7	798.6	800.6	802.6	33.25
33.50	783.1	785.0	787.0	788.9	790.9	792.9	794.9	796.8	798.8	800.8	802.8	33.50
33.75	783.3	785.2	787.2	789.1	791.1	793.1	795.0	797.0	799.0	801.0	802.9	33.75
34.00	783.4	785.4	787.3	789.3	791.3	793.3	795.2	797.2	799.2	801.1	803.0	34.00
34.25	783.6	785.5	787.5	79.5	791.5	793.4	795.4	797.4	799.4	801.3	803.3	34.25
34.50	783.8	785.7	787.7	789.7	791.6	793.6	795.6	797.6	799.5	801.5	803.5	34.50
34.75	783.9	785.9	787.9	789.9	791.8	793.8	795.8	797.7	799.7	801.7	803.7	34.75
35.00	784.1	786.1	788.1	790.0	792.0	794.0	796.0	797.9	799.9	801.9	803.8	35.00
35.25	784.3	786.3	788.3	790.2	792.2	794.2	796.1	798.1	800.1	802.0	804.0	35.25
35.50	784.5	786.5	788.4	790.4	792.4	794.3	796.3	798.3	800.3	802.2	804.2	35.50
35.75	784.7	786.6	788.6	790.6	792.6	794.5	796.5	798.5	800.4	802.4	804.4	35.75
36.00	784.9	786.8	788.8	790.8	792.7	794.7	796.7	798.6	800.6	802.6	804.6	36.00
36.25	785.0	787.0	789.0	790.9	792.9	794.9	796.9	798.8	800.8	802.8	804.7	36.25
36.50	785.2	787.2	789.2	791.2	793.1	795.1	797.0	799.0	801.0	802.9	804.9	36.50
36.75	785.4	787.4	789.3	791.3	793.3	795.2	797.2	799.2	801.2	803.1	805.1	36.75
37.00	785.6	787.6	789.5	791.5	793.5	795.4	797.4	799.4	801.3	803.3	805.3	37.00
37.25	785.8	787.7	789.7	791.7	793.6	795.6	797.6	799.5	801.5	803.5	805.4	37.25

续附表 1-4

温度/℃	视密度/（$kg \cdot m^{-3}$）											温度/℃
	773.0	775.0	777.0	779.0	781.0	783.0	785.0	787.0	789.0	791.0	793.0	
	20 ℃密度/（$kg \cdot m^{-3}$）											
37.50	786.0	787.9	789.9	791.9	793.8	795.8	797.8	799.7	801.7	803.7	805.6	37.50
37.75	786.1	788.1	790.1	792.0	794.0	796.0	797.9	799.9	801.9	803.8	805.8	37.75
38.00	786.3	788.3	790.3	792.2	794.2	796.1	798.1	800.1	802.0	804.0	806.0	38.00

附表 1–5　产品标准密度表五

温度/℃	视密度/（$kg \cdot m^{-3}$）											温度/℃
	793.0	795.0	797.0	799.0	801.0	803.0	805.0	807.0	809.0	811.0	813.0	
	20 ℃密度/（$kg \cdot m^{-3}$）											
4.50	781.3	783.6	785.6	787.7	789.7	791.7	793.7	795.8	797.8	799.8	801.9	4.50
4.75	781.5	783.8	785.8	787.8	789.9	791.9	793.9	796.0	798.0	800.0	802.0	4.75
5.00	781.7	784.0	786.0	788.0	790.1	792.1	794.1	796.1	798.2	800.2	802.2	5.00
5.25	782.0	784.0	786.2	788.2	790.2	792.3	794.3	796.3	798.4	800.4	802.4	5.25
5.50	782.2	784.3	786.4	788.4	790.4	792.5	794.5	796.5	798.5	800.6	802.6	5.50
5.75	782.4	784.5	786.6	788.6	790.6	792.6	794.7	796.7	798.7	800.7	802.8	5.75
6.00	782.6	784.7	786.7	788.8	790.8	792.8	794.8	796.9	798.9	800.9	803.0	6.00
6.25	782.8	784.9	786.9	788.9	791.0	793.0	795.0	797.1	799.1	801.1	803.1	6.25
6.50	783.0	785.1	787.1	789.1	791.2	793.2	795.2	797.2	799.3	801.3	803.3	6.50
6.75	783.2	785.3	787.3	789.3	791.3	793.4	795.4	797.4	799.4	801.5	803.5	6.75
7.00	783.4	785.5	787.5	789.5	791.5	793.6	795.6	797.6	799.6	801.7	803.7	7.00
7.25	783.6	785.6	787.7	789.7	791.7	793.7	795.8	797.8	799.8	801.8	803.9	7.25
7.50	783.8	785.8	787.8	789.9	791.9	793.9	795.9	798.0	800.0	802.0	804.0	7.50
7.75	784.0	786.0	788.0	790.1	792.1	794.1	796.1	798.1	800.2	802.2	804.2	7.75
8.00	784.2	786.2	788.2	790.2	792.3	794.3	796.3	798.3	800.4	802.4	804.4	8.00
8.25	784.4	786.4	788.4	790.4	792.4	794.5	796.5	798.5	800.5	802.6	804.6	8.25
8.50	784.5	786.6	788.6	790.6	792.6	794.7	796.7	798.7	800.7	802.7	804.8	8.50
8.75	784.7	786.7	788.8	790.8	792.8	794.8	796.9	798.9	800.9	802.9	804.9	8.75
9.00	784.9	786.9	789.0	791.0	793.0	795.0	797.0	799.1	801.1	803.1	805.1	9.00
9.25	785.1	787.1	789.1	791.2	793.2	795.2	797.2	799.2	801.3	803.3	805.3	9.25
9.50	785.3	787.3	789.3	791.3	793.4	795.4	797.4	799.4	801.4	803.5	805.5	9.50
9.75	785.5	787.5	789.5	791.5	793.5	795.6	797.6	799.6	801.6	803.6	805.7	9.75

续附表 1-5

温度/℃	视密度/(kg·m^{-3})											温度/℃
	793.0	795.0	797.0	799.0	801.0	803.0	805.0	807.0	809.0	811.0	813.0	
	20 ℃密度/(kg·m^{-3})											
10.00	785.6	787.7	789.7	791.7	793.7	795.7	797.8	799.8	801.8	803.8	805.8	10.00
10.25	785.8	787.9	789.9	791.9	793.9	795.9	797.9	800.0	802.0	804.0	806.0	10.25
10.50	786.0	788.0	790.1	792.1	794.1	796.1	798.1	800.1	802.2	804.2	806.2	10.50
10.75	786.2	788.2	790.2	792.3	794.3	796.3	798.3	800.3	802.3	804.4	806.4	10.75
11.00	786.4	788.4	790.4	792.4	794.5	796.5	798.5	800.5	802.5	804.5	806.6	11.00
11.25	786.6	788.6	790.6	792.6	794.6	796.7	798.7	800.7	802.7	804.7	806.7	11.25
11.50	786.8	788.8	790.8	792.8	794.8	796.8	798.9	800.9	802.9	804.9	806.9	11.50
11.75	786.9	789.0	791.0	793.0	795.0	797.0	799.0	801.1	803.1	805.1	807.1	11.75
12.00	787.1	789.1	791.2	793.2	795.2	797.2	799.2	801.2	803.3	805.3	807.3	12.00
12.25	787.3	789.3	791.3	793.4	795.4	797.4	799.4	801.4	803.4	805.4	807.5	12.25
12.50	787.5	789.5	791.5	793.5	795.6	797.6	799.6	801.6	803.6	805.6	807.6	12.50
12.75	787.7	789.7	791.7	793.7	795.7	797.8	799.8	801.8	803.8	805.8	807.8	12.75
13.00	787.9	789.9	791.9	793.9	795.9	797.9	799.9	802.0	804.0	806.0	808.0	13.00
13.25	788.0	790.1	792.1	794.1	796.1	798.1	800.1	802.1	804.2	806.2	808.2	13.25
13.50	788.2	790.2	792.3	794.3	796.3	798.3	800.3	802.3	804.3	806.3	808.4	13.50
13.75	788.4	790.4	792.4	794.5	796.5	798.5	800.5	802.5	804.5	806.5	808.5	13.75
14.00	788.6	790.6	792.6	794.6	796.6	798.7	800.7	802.7	804.7	806.7	808.7	14.00
14.25	788.8	790.8	792.8	794.8	796.8	798.8	800.9	802.9	804.9	806.9	808.9	14.25
14.50	789.0	791.0	793.0	795.0	797.0	799.0	801.0	803.0	805.1	8071	809.1	14.50
14.75	789.2	791.2	793.2	795.2	797.2	799.2	801.2	803.2	805.2	807.2	809.3	14.75
15.00	789.3	791.3	793.4	795.4	797.4	799.4	801.4	803.4	805.4	807.4	809.4	15.00
15.25	789.5	791.5	793.5	795.5	797.6	799.6	801.6	803.6	805.6	807.6	809.6	15.25
15.50	789.7	791.7	793.7	795.7	797.7	799.7	801.8	803.8	805.8	807.8	809.8	15.50
15.75	789.9	791.9	793.9	795.9	797.9	799.9	801.9	803.9	806.0	808.0	810.0	15.75
16.00	790.1	792.1	794.1	796.1	798.1	800.1	802.1	804.1	806.1	808.1	810.1	16.00
16.25	790.3	792.3	794.3	796.3	798.3	800.3	802.3	804.3	806.3	808.3	810.3	16.25
16.50	790.4	792.4	794.5	796.5	798.5	800.5	802.5	804.5	806.5	808.5	810.5	16.50
16.75	790.6	792.6	794.6	796.6	798.6	800.7	802.7	804.7	806.7	808.7	810.7	16.75
17.00	790.8	792.8	794.8	796.8	798.8	800.8	802.8	804.8	806.9	808.9	810.9	17.00
17.25	791.0	793.0	795.0	797.0	799.0	801.0	803.0	805.0	807.0	809.0	811.0	17.25

续附表 1-5

温度/℃	视密度/(kg·m⁻³)											温度/℃
	793.0	795.0	797.0	799.0	801.0	803.0	805.0	807.0	809.0	811.0	813.0	
	20 ℃密度/(kg·m⁻³)											
17.50	791.2	793.2	795.2	797.2	799.2	801.2	803.2	805.2	807.2	809.2	811.2	17.50
17.75	791.4	793.4	795.4	797.4	799.4	801.4	803.4	805.4	807.4	809.4	811.4	17.75
18.00	791.5	793.5	795.5	797.5	799.6	801.6	803.6	805.6	807.6	809.6	811.6	18.00
18.25	791.7	793.7	795.7	797.7	799.7	801.7	803.7	805.8	807.7	809.8	811.8	18.25
18.50	791.9	793.9	795.9	797.9	799.9	801.9	803.9	805.9	807.9	809.9	811.9	18.50
18.75	792.1	794.1	796.1	798.1	800.1	802.1	804.1	806.1	808.1	810.1	812.1	18.75
19.00	792.3	794.3	796.3	798.3	800.3	802.3	804.3	806.3	808.3	810.3	812.3	19.00
19.25	792.5	794.5	796.5	798.5	800.5	802.5	804.5	806.5	808.5	810.5	812.5	19.25
19.50	792.6	794.6	796.6	798.6	800.6	802.6	804.6	806.6	808.6	810.6	812.6	19.50
19.75	792.8	794.8	796.8	798.8	800.8	802.8	804.8	806.8	808.8	810.8	812.8	19.75
20.00	793.0	795.0	797.0	799.0	801.0	803.0	805.0	807.0	809.0	811.0	813.0	20.00
20.25	793.2	795.2	797.2	799.2	801.2	803.2	805.2	807.2	809.2	811.2	813.2	20.25
20.50	793.4	795.4	797.4	799.4	801.4	803.4	805.4	807.4	809.4	811.4	813.4	20.50
20.75	793.5	795.5	797.5	799.5	801.5	803.5	805.5	807.5	809.5	811.5	813.5	20.75
21.00	793.7	795.7	797.7	799.7	801.7	803.7	805.7	807.7	809.7	811.7	813.7	21.00
21.25	793.9	795.9	797.9	799.9	801.9	803.9	805.9	807.9	809.9	811.9	813.9	21.25
21.50	794.1	796.1	798.1	800.1	802.1	804.1	806.1	808.1	810.1	812.1	814.1	21.50
21.75	794.3	796.3	798.3	800.3	802.3	804.3	806.3	808.3	810.2	812.2	814.2	21.75
22.00	794.5	796.5	798.5	800.4	802.4	804.4	806.4	808.4	810.4	812.4	814.4	22.00
22.25	794.6	796.6	798.6	800.6	802.6	804.6	806.6	808.6	810.6	812.6	814.6	22.25
22.50	794.8	796.8	798.8	800.8	802.8	804.8	806.8	808.8	810.8	812.8	814.8	22.50
22.75	795.0	797.0	799.0	801.0	803.0	805.0	807.0	809.0	811.0	813.0	815.0	22.75
23.00	795.2	797.2	799.2	801.2	803.2	805.2	807.2	809.1	811.1	813.1	815.1	23.00
23.25	795.4	797.4	799.4	801.3	803.3	805.3	807.3	809.3	811.3	813.3	815.3	23.25
23.50	795.5	797.5	799.5	801.5	803.5	805.5	807.5	809.5	811.5	813.5	815.5	23.50
23.75	795.7	797.7	799.7	801.7	803.7	805.7	807.7	809.7	811.7	813.7	815.7	23.75
24.00	795.9	797.9	799.9	801.9	803.9	805.9	807.9	809.9	811.9	813.8	815.8	24.00
24.25	796.1	798.1	800.1	802.1	804.1	806.1	808.0	810.0	812.0	814.0	816.0	24.25
24.50	796.3	798.3	800.3	802.2	804.2	806.2	808.2	810.2	812.2	814.2	816.2	24.50

续附表 1-5

温度/℃	视密度/(kg·m^{-3})											温度/℃
	793.0	795.0	797.0	799.0	801.0	803.0	805.0	807.0	809.0	811.0	813.0	
	20 ℃密度/(kg·m^{-3})											
24.75	796.5	798.4	800.4	802.4	804.4	806.4	808.4	810.4	812.4	814.4	816.4	24.75
25.00	796.6	798.6	800.6	802.6	804.6	806.6	808.6	810.6	812.6	814.6	816.5	25.00
25.25	796.8	798.8	800.8	802.8	804.8	806.8	808.8	810.8	812.7	814.7	816.7	25.25
25.50	797.0	799.0	801.0	803.0	805.0	806.9	808.9	810.9	812.9	814.9	816.9	25.50
25.75	797.2	799.2	801.2	803.1	805.1	807.1	809.1	811.1	813.1	815.1	817.1	25.75
26.00	797.4	799.4	801.3	803.3	805.3	807.3	809.3	811.3	813.3	815.3	817.3	26.00
26.25	797.5	799.5	801.5	803.5	805.5	807.5	809.5	811.5	813.5	815.4	817.4	26.25
26.50	797.7	799.7	801.7	803.7	805.7	807.7	809.7	811.6	813.6	815.6	817.6	26.50
26.75	797.9	799.9	801.9	803.9	805.9	807.8	809.8	811.8	813.8	815.8	817.8	26.75
27.00	798.1	800.1	802.1	804.0	806.0	808.0	810.0	812.0	814.0	816.0	818.0	27.00
27.25	798.3	800.3	802.2	804.2	806.2	808.2	810.2	812.2	814.2	816.1	818.1	27.25
27.50	798.4	800.4	802.4	804.4	806.4	808.4	810.4	812.3	814.3	816.3	818.3	27.50
27.75	798.6	800.6	802.6	804.6	806.6	808.6	810.5	812.5	814.5	816.5	818.5	27.75
28.00	798.8	800.8	802.8	804.8	806.7	808.7	810.7	812.7	814.7	816.7	818.7	28.00
28.25	799.0	801.0	803.0	804.9	806.9	808.9	810.9	812.9	814.9	816.9	818.8	28.25
28.50	799.2	801.2	803.1	805.1	807.1	809.1	811.1	813.1	815.0	817.0	819.0	28.50
28.75	799.3	801.3	803.3	805.3	807.3	809.3	811.3	813.2	815.2	817.2	819.2	28.75
29.00	799.5	801.5	803.5	805.5	807.5	809.4	811.4	813.4	815.4	817.4	819.4	29.00
29.25	799.7	801.7	803.7	805.7	807.6	809.6	811.6	813.6	815.6	817.6	819.5	29.25
29.50	799.9	801.9	803.9	805.8	807.8	809.8	811.8	813.8	815.7	817.7	819.7	29.50
29.75	800.1	802.1	804.0	806.0	808.0	810.0	812.0	813.9	815.9	817.9	819.9	29.75
30.00	800.3	802.2	804.2	806.2	808.2	810.2	812.1	814.1	816.1	818.1	820.1	30.00
30.25	800.4	802.4	804.4	806.4	808.4	810.3	812.3	814.3	816.3	818.3	820.2	30.25
30.50	800.6	802.6	804.6	806.6	808.5	810.5	812.5	814.5	816.5	818.4	820.4	30.50
30.75	800.8	802.8	804.8	806.7	808.7	810.7	812.7	814.7	816.6	818.6	820.6	30.75
31.00	801.0	802.9	804.9	806.9	808.9	810.9	812.8	814.8	816.8	818.8	820.8	31.00
31.25	801.2	803.1	805.1	807.1	809.1	811.0	813.0	815.0	817.0	819.0	820.9	31.25
31.50	801.3	803.3	805.3	807.3	809.2	811.2	813.2	815.2	817.2	819.1	821.1	31.50
31.75	801.5	803.5	805.5	807.4	809.4	811.4	813.4	815.4	817.3	819.3	821.3	31.75

续附表 1-5

温度/℃	视密度/（kg·m^{-3}）											温度/℃
	793.0	795.0	797.0	799.0	801.0	803.0	805.0	807.0	809.0	811.0	813.0	
	20 ℃密度/（kg·m^{-3}）											
32.00	801.7	803.7	805.6	807.6	809.6	811.6	813.6	815.5	817.5	819.5	821.5	32.00
32.25	801.9	803.8	805.8	807.8	809.8	811.8	813.7	815.7	817.7	819.7	821.6	32.25
32.50	802.0	804.0	806.0	808.0	810.0	811.9	813.9	815.9	817.9	819.8	821.8	32.50
32.75	802.2	804.2	806.2	808.2	810.1	812.1	814.1	816.1	818.0	820.0	822.0	32.75
33.00	802.4	804.4	806.4	808.3	810.3	812.3	814.3	816.2	818.2	820.2	822.2	33.00
33.25	802.6	804.6	806.6	808.6	810.5	812.5	814.4	816.4	818.4	820.4	822.3	33.25
33.50	802.8	804.7	806.7	808.7	810.7	812.6	814.6	816.6	818.6	820.5	822.5	33.50
33.75	802.9	804.9	806.9	808.9	810.8	812.8	814.8	816.8	818.7	820.7	822.7	33.75
34.00	803.1	805.1	807.1	809.0	8011.0	813.0	815.0	816.9	818.9	820.9	822.9	34.00
34.25	803.3	805.3	807.2	809.2	811.2	813.2	815.1	817.1	819.1	821.1	823.0	34.25
34.50	803.5	805.5	807.4	809.4	811.4	813.3	815.3	817.3	819.3	821.2	823.2	34.50
34.75	803.7	805.6	807.6	809.6	811.6	813.5	815.5	817.5	819.4	821.4	823.4	34.75
35.00	803.8	805.8	807.8	809.8	811.7	813.7	815.7	817.6	819.6	821.6	823.6	35.00
35.25	804.0	806.0	808.0	809.9	811.9	813.9	815.8	817.8	819.8	821.8	823.7	35.25
35.50	804.2	806.2	808.1	810.1	812.1	814.1	816.0	818.0	820.0	821.9	823.9	35.50
35.75	804.4	806.3	808.3	810.3	812.3	814.2	816.2	818.2	820.1	822.1	824.1	35.75
36.00	804.6	806.5	808.5	810.5	812.4	814.4	816.4	818.3	820.3	822.3	824.3	36.00
36.25	804.7	806.7	808.7	810.6	812.6	814.6	816.6	818.5	820.5	822.5	824.4	36.25
36.50	804.9	806.9	808.8	810.8	812.8	814.8	816.7	818.7	820.7	822.6	824.6	36.50
36.75	805.1	807.1	809.0	811.0	813.0	814.9	816.9	818.9	820.8	822.8	824.8	36.75
37.00	805.3	807.2	809.2	811.2	813.1	815.1	817.1	819.0	821.0	823.0	825.0	37.00
37.25	805.4	807.4	809.4	811.4	813.3	815.3	817.3	819.2	821.2	823.2	825.1	37.25
37.50	805.6	807.6	809.6	811.5	813.5	815.5	817.4	819.4	821.4	823.3	825.3	37.50
37.75	805.8	807.8	809.7	811.7	813.7	815.6	817.6	819.6	821.5	823.5	825.5	37.75
38.00	806.0	807.9	809.9	811.9	813.8	815.8	817.8	819.7	821.7	823.7	825.7	38.00

附表 1-6　产品标准密度表六

温度/℃	视密度/(kg·m^{-3})											温度/℃
	813.0	815.0	817.0	819.0	821.0	823.0	825.0	827.0	829.0	831.0	833.0	
	20℃密度/(kg·m^{-3})											
4.50	801.9	803.9	805.9	808.0	810.0	812.0	814.0	816.1	818.1	820.1	822.1	4.50
4.75	802.0	804.1	806.1	808.1	810.2	812.2	814.2	816.2	818.3	820.3	822.3	4.75
5.00	802.2	804.3	806.3	808.3	810.3	812.4	814.4	816.4	818.4	820.5	822.5	5.00
5.25	802.4	804.4	806.5	808.5	810.5	812.5	814.6	816.6	818.6	820.7	822.7	5.25
5.50	802.6	804.6	806.6	808.7	810.7	812.7	814.8	816.8	818.8	820.8	822.9	5.50
5.75	802.8	804.8	806.8	808.9	810.9	812.9	814.9	817.0	819.0	821.0	823.0	5.75
6.00	803.0	805.0	804.0	809.0	811.1	813.1	815.1	817.1	819.2	821.2	823.2	6.00
6.25	803.1	805.2	807.2	809.2	811.2	813.3	815.3	817.3	819.3	821.4	823.4	6.25
6.50	803.3	805.3	807.4	809.4	811.4	813.4	815.5	817.5	819.5	821.5	823.6	6.50
6.75	803.5	805.5	807.5	809.6	811.6	813.6	815.6	817.7	819.7	821.7	823.7	6.75
7.00	803.7	805.7	807.7	809.7	811.8	813.8	815.8	817.8	819.9	821.9	823.9	7.00
7.25	803.9	805.9	807.9	809.9	812.0	814.0	816.0	818.0	820.0	822.1	824.1	7.25
7.50	804.0	806.1	808.1	810.1	812.1	814.2	816.2	818.2	820.2	822.2	824.3	7.50
7.75	804.2	806.2	808.3	810.3	812.3	814.3	816.4	818.4	820.4	822.4	824.4	7.75
8.00	804.4	806.4	808.4	810.5	812.5	814.5	816.5	818.6	820.6	822.6	824.6	8.00
8.25	804.6	806.6	808.6	810.6	812.7	814.7	816.7	817.7	820.8	822.8	824.8	8.25
8.50	804.8	806.8	808.8	810.8	812.8	814.9	816.9	818.9	820.9	822.9	825.0	8.50
8.75	804.9	807.0	809.0	811.0	813.0	815.0	817.1	819.1	821.1	823.1	825.1	8.75
9.00	805.1	807.1	809.2	811.2	813.2	815.2	817.2	819.3	821.3	823.3	825.3	9.00
9.25	805.3	807.3	809.3	811.4	813.4	815.4	817.4	819.4	821.5	823.5	825.5	9.25
9.50	805.5	807.5	809.5	811.5	813.6	815.6	817.6	819.6	821.6	823.7	825.7	9.50
9.75	805.7	807.7	809.7	811.7	813.7	815.8	817.8	819.8	821.8	823.8	825.8	9.75
10.00	805.8	807.9	809.9	811.9	813.9	815.9	818.0	820.0	822.0	824.0	826.0	10.00
10.25	806.0	808.0	810.1	812.1	814.1	816.1	818.1	820.1	822.2	824.2	826.2	10.25
10.50	806.2	808.2	810.2	812.3	814.3	816.3	818.3	820.3	822.3	824.4	826.4	10.50
10.75	806.4	808.4	810.4	812.4	814.4	816.5	818.5	820.5	822.5	824.5	826.5	10.75
11.00	806.6	808.6	810.6	812.6	814.6	816.6	818.7	820.7	822.7	824.7	826.7	11.00
11.25	806.7	808.8	810.8	812.8	814.8	816.8	818.8	820.9	822.9	824.9	826.9	11.25
11.50	806.9	808.9	811.0	813.0	815.0	817.0	819.0	821.0	823.0	825.1	827.1	11.50

续附表 1-6

温度/℃	视密度/（kg·m⁻³）											温度/℃
	813.0	815.0	817.0	819.0	821.0	823.0	825.0	827.0	829.0	831.0	833.0	
	20 ℃密度/（kg·m⁻³）											
11.75	807.1	809.1	811.1	813.1	815.2	817.2	819.2	821.2	823.2	825.2	827.3	11.75
12.00	807.3	809.3	811.3	813.5	815.3	817.4	819.4	821.4	823.4	825.4	827.4	12.00
12.25	807.5	809.5	811.5	813.5	815.5	817.5	819.5	821.6	82..6	825.6	827.6	12.25
12.50	807.6	809.7	811.8	813.7	815.7	817.7	819.7	821.7	823.7	825.8	827.8	12.50
12.75	807.8	809.8	811.8	813.9	815.9	817.9	819.9	821.9	823.9	825.9	828.0	12.75
13.00	808.0	810.0	812.0	814.0	816.1	818.1	820.1	822.1	824.1	826.1	828.1	13.00
13.25	808.2	810.2	812.2	814.2	816.2	818.2	820.3	822.3	824.3	826.3	828.3	13.25
13.50	808.4	710.4	812.4	814.4	816.4	818.4	820.4	822.4	824.5	826.5	828.5	13.50
13.75	808.5	810.5	812.6	714.6	816.6	818.6	820.6	822.6	824.6	826.6	828.6	13.75
14.00	808.7	810.7	812.7	714.7	816.8	818.8	820.8	822.8	824.8	826.8	828.8	14.00
14.25	808.9	810.9	812.9	714.9	816.9	818.9	821.0	823.0	825.0	827.0	829.0	14.25
14.50	809.1	811.1	813.1	815.1	817.1	819.1	821.1	823.1	825.2	827.2	829.2	14.50
14.75	809.3	811.3	813.3	815.3	817.3	819.3	821.3	823.3	825.3	827.3	829.3	14.75
15.00	809.4	811.4	813.5	815.5	817.5	819.5	821.5	823.5	825.5	827.5	829.5	15.00
15.25	809.6	811.6	813.6	815.6	817.6	819.7	820.7	823.7	825.7	827.7	829.7	15.25
15.50	809.8	811.8	813.8	815.8	817.8	819.8	820.8	823.8	825.9	827.9	829.9	15.50
15.75	810.0	812.0	814.0	816.0	818.0	820.0	822.0	824.0	826.0	828.0	830.0	15.75
16.00	810.1	812.2	814.2	816.2	818.2	820.2	822.2	824.2	826.2	828.2	830.2	16.00
16.25	810.3	812.3	814.3	816.3	818.4	820.4	822.4	824.4	826.4	828.4	830.4	16.25
16.50	810.5	812.5	814.5	816.5	818.5	820.5	822.5	824.5	826.6	828.6	830.6	16.50
16.75	810.7	812.7	814.7	816.7	818.7	820.7	822.7	824.7	826.7	828.7	830.7	16.75
17.00	810.9	812.9	814.9	816.9	818.9	820.9	822.9	824.9	826.9	828.9	830.9	17.00
17.25	811.0	813.0	815.1	817.1	819.1	821.1	823.1	825.1	827.1	829.1	831.1	17.25
17.50	811.2	813.2	815.2	817.2	819.2	821.2	823.2	825.3	827.3	829.3	831.3	17.50
17.75	811.4	813.4	815.4	817.4	819.4	821.4	823.4	825.4	827.4	829.4	831.4	17.75
18.00	811.6	813.6	815.6	817.6	819.6	821.6	823.6	825.6	827.6	829.6	831.6	18.00
18.25	811.8	813.8	815.8	817.8	819.8	821.8	823.8	825.8	827.8	829.8	831.8	18.25
18.50	811.9	813.9	815.9	817.9	819.9	821.9	823.9	826.0	828.0	830.0	832.0	18.50
18.75	812.1	814.1	816.1	818.1	820.1	822.1	824.1	826.1	828.1	830.1	832.1	18.75

续附表 1-6

温度/℃	视密度/（$kg \cdot m^{-3}$）											温度/℃
	813.0	815.0	817.0	819.0	821.0	823.0	825.0	827.0	829.0	831.0	833.0	
	20 ℃密度/（$kg \cdot m^{-3}$）											
19.00	812.3	814.3	816.3	818.3	820.3	822.3	824.3	826.3	828.3	830.3	832.3	19.00
19.25	812.5	814.5	816.5	818.5	820.5	822.5	824.5	826.5	828.5	830.5	832.5	19.25
19.50	812.6	814.6	816.6	818.6	820.6	822.6	824.6	826.7	828.7	830.7	832.7	19.50
19.75	812.8	814.8	816.8	818.8	820.8	822.8	824.8	826.8	828.8	830.8	832.8	19.75
20.00	813.0	815.0	817.0	819.0	821.0	823.0	825.0	827.0	829.0	831.0	833.0	20.00
20.25	813.2	815.2	817.2	819.2	821.2	823.2	825.2	827.2	829.2	831.2	833.2	20.25
20.50	813.4	815.4	817.4	819.4	821.4	823.4	825.4	827.3	829.3	831.3	833.7	20.50
20.75	813.5	815.5	817.5	819.5	821.5	823.5	825.5	827.5	829.5	831.5	833.5	20.75
21.00	813.7	815.7	817.7	819.7	821.7	823.7	825.7	827.7	829.7	831.7	833.7	21.00
21.25	813.9	815.9	817.9	819.9	821.9	823.9	825.9	827.9	829.9	831.9	833.9	21.25
21.50	814.1	816.1	818.1	820.1	822.1	824.1	826.0	828.0	830.0	832.0	834.0	21.50
21.75	814.2	816.2	818.2	820.2	822.2	824.2	826.2	828.2	830.2	832.2	834.2	21.75
22.00	814.4	816.4	818.4	820.4	822.4	824.4	826.4	828.4	830.4	832.4	834.4	22.00
22.25	814.6	816.6	818.6	820.6	822.6	824.6	826.6	828.6	830.6	832.6	834.6	22.25
22.50	814.8	816.8	818.8	820.8	822.8	824.8	826.7	828.7	830.7	832.7	834.7	22.50
22.75	815.0	816.9	818.9	820.9	822.9	824.9	826.9	828.9	830.9	832.9	834.9	22.75
23.00	815.1	817.1	819.1	821.1	823.1	825.1	827.1	829.1	831.1	833.1	835.1	23.00
23.25	815.3	817.3	819.3	821.3	823.3	825.3	827.3	829.3	831.3	833.3	835.2	23.25
23.50	815.5	817.5	819.5	821.5	823.5	825.5	827.4	829.4	831.4	833.4	835.4	23.50
23.75	815.7	817.7	819.6	821.6	823.6	825.6	827.6	829.6	831.6	833.6	835.6	23.75
24.00	815.8	817.8	819.8	821.8	823.8	825.8	827.8	829.8	831.8	833.8	835.8	24.00
24.25	816.0	818.0	820.0	822.0	824.0	826.0	828.0	830.0	832.0	833.9	835.9	24.25
24.50	816.2	818.2	820.2	822.2	824.2	826.2	828.1	830.1	832.1	834.1	836.1	24.50
24.75	816.4	818.4	820.4	822.3	824.3	826.3	828.3	830.3	832.3	834.3	836.3	24.75
25.00	816.5	818.5	820.5	822.5	824.5	826.5	828.5	830.5	832.5	834.5	836.5	25.00
25.25	816.7	818.7	820.7	822.7	824.7	826.7	828.7	830.7	832.6	734.6	836.6	25.25
25.50	816.9	818.9	820.9	822.9	824.9	826.8	828.8	830.8	832.8	734.8	836.8	25.50
25.75	817.1	819.1	821.1	823.0	825.0	827.0	829.0	831.0	833.0	835.0	837.0	25.75
26.00	817.3	819.2	821.2	823.2	825.2	827.2	829.2	831.2	833.2	835.2	837.2	26.00

续附表 1-6

温度/℃	视密度/(kg·m^{-3})											温度/℃
	813.0	815.0	817.0	819.0	821.0	823.0	825.0	827.0	829.0	831.0	833.0	
	20 ℃密度/(kg·m^{-3})											
26.25	817.4	819.4	821.4	823.4	825.4	827.4	829.4	831.3	833.3	835.3	837.3	26.25
26.50	817.6	819.6	821.6	823.6	825.6	827.5	829.5	831.5	833.5	835.5	837.5	26.50
26.75	817.8	819.8	821.8	823.7	825.7	827.7	829.7	831.7	833.7	835.7	837.7	26.75
27.00	818.0	819.9	821.9	823.9	825.9	827.9	829.9	831.9	833.9	835.8	837.8	27.00
27.25	818.1	820.1	822.1	824.1	826.1	828.1	830.1	832.0	834.0	836.0	838.0	27.25
27.50	818.3	820.3	822.3	824.3	826.3	828.2	830.2	832.2	834.2	836.2	838.2	27.50
27.75	818.5	820.5	822.5	824.4	826.4	828.4	830.4	832.4	834.4	836.4	838.4	27.75
28.00	818.7	820.6	822.6	824.6	826.6	828.6	830.6	832.6	834.5	836.5	838.5	28.00
28.25	818.8	820.8	822.8	824.8	826.8	828.8	830.7	832.7	834.7	836.7	838.7	28.25
28.50	819.0	821.0	823.0	825.0	827.0	828.9	830.9	832.9	834.9	838.9	838.9	28.50
28.75	819.2	821.2	823.2	825.1	827.1	829.1	831.1	833.1	835.1	837.1	839.1	28.75
29.00	819.4	821.3	823.3	825.3	827.3	829.3	831.3	833.3	835.2	837.2	839.2	29.00
29.25	819.5	821.5	823.5	825.5	827.5	829.5	831.4	833.4	835.4	837.4	839.4	29.25
29.50	819.7	821.7	823.7	825.7	827.6	829.6	831.6	833.6	835.6	837.6	839.6	29.50
29.75	819.9	821.9	823.9	825.8	827.8	829.8	831.8	833.8	835.8	837.8	839.7	29.75
30.00	820.1	822.0	824.0	826.0	828.0	830.0	832.0	833.9	835.9	837.9	839.9	30.00
30.25	820.2	822.2	824.2	826.2	828.2	830.2	832.1	834.1	836.1	838.1	840.0	30.25
30.50	820.4	822.4	824.4	826.4	828.3	830.3	832.3	834.3	836.3	838.3	840.3	30.50
30.75	820.6	822.6	824.6	826.5	828.5	830.5	832.5	834.5	836.5	838.4	840.4	30.75
31.00	820.8	822.7	824.7	826.7	828.7	830.7	832.7	834.6	836.6	838.6	840.6	31.00
31.25	820.9	822.9	824.9	826.9	828.9	830.8	832.8	834.8	836.8	838.8	840.8	31.25
31.50	821.1	823.1	825.1	827.1	829.0	831.0	833.0	835.0	837.0	839.0	841.0	31.50
31.75	821.3	823.3	825.3	827.2	829.2	831.2	833.2	835.1	837.1	839.1	841.1	31.75
32.00	821.5	823.4	825.4	827.4	829.4	831.4	833.3	835.3	837.3	839.3	841.3	32.00
32.25	821.6	823.6	825.6	827.6	829.6	831.5	833.5	835.5	837.5	839.5	841.5	32.25
32.50	821.8	823.8	825.8	827.8	829.7	831.7	833.7	835.7	837.7	839.7	841.5	32.50
32.75	822.0	824.0	825.9	827.9	829.9	831.9	833.9	835.8	837.8	839.8	841.8	32.75
33.00	822.2	824.1	826.1	828.1	830.1	832.1	834.0	836.0	838.0	840.0	842.0	33.00
33.25	822.3	824.3	826.3	828.3	830.2	832.2	834.2	836.2	838.2	840.2	842.2	33.25

续附表 1-6

温度/℃	视密度/(kg·m^{-3})											温度/℃
	813.0	815.0	817.0	819.0	821.0	823.0	825.0	827.0	829.0	831.0	833.0	
	20 ℃密度/(kg·m^{-3})											
33.50	822.5	824.5	826.5	828.4	830.4	832.4	834.4	836.4	838.4	840.3	842.3	33.50
33.75	822.7	824.7	826.6	828.4	830.6	832.6	834.5	836.5	838.5	840.5	842.5	33.75
34.00	822.9	824.8	826.8	828.8	830.8	832.7	834.7	836.7	8.8.7	840.7	842.7	34.00
34.25	823.0	825.0	827.0	829.0	830.9	832.9	834.9	836.9	8.8.9	840.9	842.9	34.25
34.50	823.2	825.2	827.2	829.1	831.1	833.1	835.1	837.1	839.0	841.0	843.0	34.50
34.75	823.4	825.4	827.3	829.3	831.3	833.3	835.2	837.2	839.2	841.2	843.2	34.75
35.00	823.6	825.5	827.5	829.5	831.5	833.4	835.4	837.4	839.4	841.4	843.4	35.00
35.25	823.7	825.7	827.7	829.7	831.6	833.6	835.6	837.6	839.6	841.6	843.6	35.25
35.50	823.9	825.9	827.9	829.8	831.8	833.8	835.8	837.8	839.7	841.7	843.7	35.50
35.75	824.1	826.1	828.0	830.0	832.0	833.9	835.9	837.9	839.9	841.9	843.9	35.75
36.00	824.3	826.2	828.2	830.2	832.1	834.1	836.1	837.1	840.1	842.1	844.1	36.00
36.25	824.4	826.4	828.4	830.3	832.3	834.3	836.3	838.3	840.3	842.3	844.2	36.25
36.50	824.6	826.6	828.6	830.5	832.5	834.5	836.5	838.4	840.4	842.4	844.4	36.50
36.75	824.8	826.8	828.7	830.7	832.7	834.6	836.6	838.6	840.6	842.6	844.6	36.75
37.00	825.0	826.9	828.9	830.9	832.8	834.8	836.8	838.8	840.8	842.8	844.8	37.00
37.25	825.1	827.1	829.1	831.0	833.0	835.0	837.0	839.0	841.0	842.9	844.9	37.25
37.50	825.3	827.3	829.2	831.2	833.2	835.2	837.1	839.1	841.1	843.1	845.1	37.50
37.75	825.5	827.4	829.4	831.4	833.4	835.3	837.3	839.3	841.3	843.3	845.3	37.75
38.00	825.7	827.6	829.6	831.6	833.5	835.5	837.5	839.5	841.5	843.5	845.5	38.00

附表 1-7　产品标准密度表七

温度/℃	视密度/(kg·m^{-3})											温度/℃
	833.0	835.0	837.0	839.0	841.0	843.0	845.0	847.0	849.0	851.0	853.0	
	20 ℃密度/(kg·m^{-3})											
4.50	822.1	824.2	826.2	828.2	830.3	832.3	834.3	836.3	838.3	840.3	842.4	4.50
4.75	822.3	824.4	826.4	828.4	830.4	832.5	834.5	836.5	838.5	840.5	842.5	4.75
5.00	822.5	824.5	826.6	828.6	830.6	832.6	834.7	836.7	838.7	840.7	842.7	5.00
5.25	822.7	824.7	826.7	828.8	830.8	832.8	834.8	836.8	838.9	840.9	842.9	5.25
5.50	822.9	824.9	826.9	828.9	831.0	833.0	835.0	837.0	839.0	841.0	843.0	5.50
5.75	823.0	825.1	827.1	829.1	831.1	833.2	835.2	837.2	839.2	841.2	843.2	5.75

续附表 1-7

温度/℃	视密度/(kg·m^{-3})											温度/℃
	833.0	835.0	837.0	839.0	841.0	843.0	845.0	847.0	849.0	851.0	853.0	
	20 ℃密度/(kg·m^{-3})											
6.00	823.2	825.2	827.3	829.3	831.3	833.3	835.4	837.4	839.4	841.4	843.4	6.00
6.25	823.4	825.4	827.4	829.5	831.5	833.5	835.5	837.5	839.5	841.5	843.6	6.25
6.50	823.6	825.6	827.6	829.6	831.7	833.7	835.7	837.7	839.7	841.7	843.7	6.50
6.75	823.7	825.8	827.8	829.8	831.8	833.9	835.9	837.9	839.9	841.9	843.9	6.75
7.00	823.9	825.9	828.0	830.0	832.0	834.0	836.0	838.0	840.1	842.1	844.1	7.00
7.25	824.1	826.1	828.1	830.2	832.2	834.2	836.2	838.2	840.2	842.2	844.2	7.25
7.50	824.3	826.3	828.3	830.3	832.4	834.4	836.4	838.4	840.4	842.4	844.4	7.50
7.75	824.4	826.5	828.5	830.5	832.5	834.6	836.6	838.6	840.6	842.6	844.6	7.75
8.00	824.6	826.6	828.7	830.7	832.7	834.7	836.7	838.7	840.7	842.8	844.8	8.00
8.25	824.8	826.8	828.8	830.9	832.9	834.9	836.9	838.9	840.9	842.9	844.9	8.25
8.50	825.0	827.0	829.0	831.0	833.1	835.1	837.1	839.1	841.1	843.1	845.1	8.50
8.75	825.1	827.2	829.2	831.2	833.2	835.2	837.2	839.3	841.3	843.3	845.3	8.75
9.00	825.3	827.3	829.4	831.4	833.4	835.4	837.4	839.4	841.4	843.4	845.4	9.00
9.25	825.5	827.5	829.5	831.6	833.6	835.6	837.6	839.6	841.6	843.6	845.6	9.25
9.50	825.7	827.7	829.7	831.7	833.7	835.8	837.8	839.8	841.8	843.8	845.8	9.50
9.75	825.8	827.9	829.9	831.9	833.9	835.9	837.9	839.9	841.9	844.0	846.0	9.75
10.00	826.0	828.0	830.1	832.1	834.1	836.1	838.1	840.1	842.1	844.1	846.1	10.00
10.25	826.2	828.2	830.2	832.3	834.3	836.3	838.3	8403	842.3	844.3	846.3	10.25
10.50	826.4	828.4	830.4	832.4	834.4	836.5	838.5	840.5	842.5	844.5	846.5	10.50
10.75	826.5	828.6	830.6	832.6	834.6	836.7	838.6	840.6	842.6	844.6	846.6	10.75
11.00	826.7	828.7	830.8	832.8	834.8	836.8	838.8	840.8	842.8	844.8	846.8	11.00
11.25	826.9	828.9	830.9	832.9	835.0	837.0	839.0	841.0	843.0	845.0	847.0	11.25
11.50	827.1	829.1	831.1	833.1	835.1	837.1	839.1	841.1	843.2	845.2	847.2	11.50
11.75	827.3	829.3	831.3	833.3	835.3	837.3	839.3	841.3	843.3	845.3	847.3	11.75
12.00	827.4	829.4	831.5	833.5	835.5	837.5	839.5	841.5	843.5	845.5	847.5	12.00
12.25	827.6	829.6	831.6	833.6	835.7	837.7	839.7	841.7	843.7	845.7	847.7	12.25
12.50	827.8	829.8	831.8	833.8	835.8	837.8	839.8	841.8	843.8	845.8	847.8	12.50
12.75	828.0	830.0	832.0	834.0	836.0	838.0	840.0	842.0	844.0	846.0	848.0	12.75
13.00	828.1	830.1	832.2	834.2	836.2	838.2	840.2	842.2	844.2	846.2	848.2	13.00

续附表 1-7

温度/℃	视密度 / (kg · m^{-3})											温度/℃
	833.0	835.0	837.0	839.0	841.0	843.0	845.0	847.0	849.0	851.0	853.0	
	20 ℃密度 / (kg · m^{-3})											
13.25	828.3	830.3	832.3	834.3	836.3	838.3	840.3	842.4	844.4	846.4	848.4	13.25
13.50	828.5	830.5	832.5	834.5	836.5	838.5	840.5	842.5	844.5	846.5	848.5	13.50
13.75	828.6	830.7	832.7	834.7	836.7	838.7	840.7	842.7	844.7	846.7	848.7	13.75
14.00	828.8	830.8	832.8	834.9	836.9	838.9	840.9	842.9	844.9	846.9	848.9	14.00
14.25	829.0	831.0	833.0	835.0	837.0	839.0	841.0	843.0	845.0	847.0	849.1	14.25
14.50	829.2	831.2	833.2	835.2	837.2	839.2	841.2	843.2	845.2	847.2	849.2	14.50
14.75	829.3	831.4	833.4	835.4	837.4	839.4	841.4	843.4	845.4	847.4	849.4	14.75
15.00	829.5	831.5	833.5	835.5	837.5	839.6	841.6	843.6	845.6	847.6	849.6	15.00
15.25	829.7	831.7	833.7	835.7	837.7	839.7	841.7	843.7	845.7	847.7	849.7	15.25
15.50	829.9	831.9	833.9	835.9	837.9	839.9	841.9	843.9	845.9	847.9	849.9	15.50
15.75	830.0	832.1	834.1	836.1	838.1	840.1	842.0	844.1	846.1	848.1	840.1	15.75
16.00	830.2	832.2	834.2	836.2	838.2	840.2	842.2	844.2	846.2	848.3	850.3	16.00
16.25	830.4	832.4	834.4	836.4	838.4	840.4	842.4	844.4	846.4	848.4	850.4	16.25
16.50	830.6	832.6	834.6	836.6	838.6	840.6	842.6	844.6	846.6	848.6	850.6	16.50
16.75	830.7	832.7	834.8	836.8	838.8	840.8	842.8	844.8	846.8	848.8	850.8	16.75
17.00	830.9	832.9	834.9	836.9	838.9	840.9	842.9	844.9	846.9	848.9	850.9	17.00
17.25	831.1	833.1	835.1	837.1	839.1	841.1	843.1	845.1	847.1	849.1	851.1	17.25
17.50	831.3	833.3	835.3	837.3	839.3	841.3	843.3	845.3	847.3	849.3	851.3	17.50
17.75	831.4	833.4	835.4	837.4	839.4	841.4	843.5	845.5	847.5	849.5	851.5	17.75
18.00	831.6	833.6	835.6	837.6	839.6	841.6	843.6	845.6	847.6	849.6	851.6	18.00
18.25	831.8	833.8	835.8	837.8	839.8	841.8	843.8	845.8	847.8	849.8	851.8	18.25
18.50	832.0	834.0	836.0	838.0	840.0	842.0	844.0	846.0	848.0	850.0	852.0	18.50
18.75	832.1	834.1	836.1	838.1	840.1	842.1	844.1	846.1	848.1	850.1	852.1	18.75
19.00	832.3	834.3	836.3	838.3	840.3	842.3	844.3	846.3	848.3	850.3	852.3	19.00
19.25	832.5	834.5	836.5	838.5	840.5	842.5	844.5	846.5	848.5	850.5	852.5	19.25
19.50	832.7	834.7	836.7	838.7	840.7	842.7	844.7	846.7	848.7	850.7	852.7	19.50
19.75	832.8	834.8	836.8	838.8	840.8	842.8	844.8	846.8	848.8	850.8	852.8	19.75
20.00	833.0	835.0	837.0	839.0	841.0	843.0	845.0	847.0	849.0	851.0	853.0	20.00
20.25	833.2	835.2	837.2	839.2	841.2	843.2	845.2	847.2	849.2	851.2	853.2	20.25

续附表 1-7

温度/℃	视密度/(kg·m^{-3})											温度/℃
	833.0	835.0	837.0	839.0	841.0	843.0	845.0	847.0	849.0	851.0	853.0	
	20 ℃密度/(kg·m^{-3})											
20.50	833.7	835.3	837.3	839.3	841.3	843.3	845.3	847.3	849.3	851.3	853.3	20.50
20.75	833.5	835.5	837.5	839.5	841.5	843.5	845.5	847.5	849.5	851.5	853.5	20.75
21.00	833.7	835.7	837.7	839.7	841.7	843.7	845.7	847.7	849.7	851.7	853.7	21.00
21.25	833.9	835.9	837.9	839.9	841.9	843.9	845.9	847.9	849.9	851.9	853.9	21.25
21.50	834.0	836.0	838.0	840.0	842.0	844.0	846.0	848.0	850.0	852.0	854.0	21.50
21.75	834.2	836.2	838.2	840.2	842.2	844.2	846.2	848.2	850.2	852.2	854.2	21.75
22.00	834.4	836.4	838.4	840.4	842.4	844.4	846.4	848.4	850.4	852.4	854.4	22.00
22.25	834.6	836.6	838.6	840.6	842.6	844.6	846.5	848.5	850.5	852.5	854.5	22.25
22.50	834.7	836.7	838.7	840.7	842.7	844.7	846.7	848.7	850.7	852.7	854.7	22.50
22.75	834.9	836.9	839.9	840.9	842.9	844.9	846.9	848.9	850.9	852.9	854.9	22.75
23.00	835.1	837.1	839.1	841.1	843.1	845.1	847.1	849.1	851.1	853.1	855.1	23.00
23.25	835.2	837.2	839.2	841.2	843.2	84.2	847.2	849.2	851.2	853.2	855.2	23.25
23.50	835.4	837.4	839.4	841.4	843.4	845.4	847.4	849.4	851.4	853.4	855.4	23.50
23.75	835.6	837.6	839.6	841.6	843.6	845.6	847.6	849.6	851.6	853.6	855.6	23.75
24.00	835.8	837.8	839.8	841.8	843.8	845.8	847.8	849.8	851.8	853.7	855.7	24.00
24.25	835.9	837.9	839.9	841.9	843.9	845.9	847.9	849.9	851.9	853.9	855.9	24.25
24.50	836.1	838.1	840.1	842.1	844.1	846.1	848.1	850.1	852.1	854.1	856.1	24.50
24.75	836.3	838.3	840.3	842.3	844.3	846.3	848.3	850.3	852.3	854.3	856.3	24.75
25.00	836.5	838.5	840.5	842.5	844.4	846.4	848.4	850.4	852.4	854.4	856.4	25.00
25.25	836.6	838.6	840.6	842.6	844.6	846.6	848.6	850.6	852.6	854.6	856.6	25.25
25.50	836.8	838.8	840.8	842.8	844.8	846.8	848.8	850.8	852.8	854.8	856.8	25.50
25.75	837.0	839.0	841.0	843.0	845.0	847.0	849.0	851.0	853.0	855.0	856.9	25.75
26.00	837.2	839.1	841.1	843.1	845.1	847.1	849.1	851.1	853.1	855.1	857.1	26.00
26.25	837.3	839.3	841.3	843.3	845.3	847.3	849.3	851.3	853.3	855.3	857.3	26.25
26.50	837.5	839.5	841.5	843.5	845.5	847.5	849.5	851.5	853.5	855.5	857.5	26.50
26.75	837.7	839.7	841.7	843.7	845.7	847.7	849.6	851.6	853.6	855.6	857.6	26.75
27.00	837.8	839.8	841.8	843.8	845.8	847.8	849.8	851.8	853.8	855.8	857.8	27.00
27.25	838.0	840.0	842.0	844.0	846.0	848.0	850.0	852.0	854.0	856.0	858.0	27.25
27.50	838.2	840.2	842.2	844.2	846.2	848.2	850.2	852.2	854.2	856.2	858.1	27.50

续附表 1-7

温度/℃	视密度/（kg·m^{-3}）											温度/℃
	833.0	835.0	837.0	839.0	841.0	843.0	845.0	847.0	849.0	851.0	853.0	
	20 ℃密度/（kg·m^{-3}）											
27.75	838.4	840.4	842.4	844.4	846.3	848.3	850.3	852.3	854.3	856.3	858.3	27.75
28.00	838.5	840.5	842.5	844.5	846.5	848.5	850.5	852.5	854.5	856.5	858.5	28.00
28.25	838.7	840.7	842.7	844.7	846.7	848.7	850.7	852.7	854.7	856.7	858.7	28.25
28.50	838.9	840.9	842.9	844.9	846.9	848.9	850.9	852.8	854.7	856.8	858.8	28.50
28.75	839.1	841.1	843.0	845.0	847.0	849.0	851.0	853.0	855.0	857.0	859.0	28.75
29.00	839.2	841.2	843.2	845.2	847.2	849.2	851.2	853.2	855.2	857.2	859.2	29.00
29.25	839.4	841.4	843.4	845.4	847.4	849.4	851.4	853.4	855.4	857.4	859.3	29.25
29.50	839.6	841.6	843.6	845.6	847.6	849.5	851.5	853.5	855.5	857.5	859.5	29.50
29.75	839.7	841.7	843.7	845.7	847.7	849.7	851.7	853.7	855.7	857.7	859.7	29.75
30.00	839.9	841.9	843.9	845.9	847.9	849.9	851.9	853.9	855.9	857.9	859.9	30.00
30.25	840.0	842.1	844.1	846.1	848.1	850.1	852.1	854.1	856.0	858.0	860.0	30.25
30.50	840.3	842.3	844.3	846.2	848.2	850.2	852.2	854.3	856.2	858.2	860.2	30.50
30.75	840.4	842.4	844.4	846.4	848.4	850.4	852.4	854.4	856.4	858.4	860.4	30.75
31.00	840.6	842.6	844.6	846.6	848.6	850.6	852.6	854.6	856.6	858.6	860.5	31.00
31.25	840.8	842.8	844.8	846.8	848.8	850.8	852.7	854.7	856.7	858.7	860.7	31.25
31.50	841.0	843.0	844.9	8469	848.9	850.9	852.9	854.9	856.9	858.9	860.9	31.50
31.75	841.1	843.1	845.1	847.1	849.1	851.1	853.1	855.1	857.1	859.1	861.1	31.75
32.00	841.3	843.3	845.3	847.3	849.3	851.3	853.3	855.3	857.2	859.2	861.2	32.00
32.25	841.5	843.5	845.5	847.5	849.4	851.4	853.4	855.4	857.4	859.4	861.4	32.25
32.50	841.5	843.6	845.6	847.6	849.6	851.6	853.6	855.6	857.6	859.6	861.6	32.50
32.75	841.8	843.8	845.8	847.8	849.8	851.8	853.8	855.8	857.8	859.8	861.7	32.75
33.00	842.0	844.0	846.0	848.0	850.0	852.0	853.9	855.9	857.9	859.9	861.9	33.00
33.25	842.2	844.2	846.2	848.1	850.1	852.1	854.1	856.1	857.1	860.1	862.1	33.25
33.50	842.3	844.3	846.3	848.3	850.3	852.3	854.3	856.3	858.3	860.3	862.3	33.50
33.75	842.5	844.5	846.5	848.5	850.5	852.5	854.5	856.5	858.5	860.4	862.4	33.75
34.00	842.7	844.7	846.7	848.7	850.7	852.6	854.6	856.6	858.6	860.6	862.6	34.00
34.25	842.9	844.9	846.8	848.8	850.8	852.8	854.8	856.8	858.8	860.8	862.8	34.25
34.50	843.0	845.0	847.0	849.0	851.0	853.0	855.0	857.0	859.0	861.0	862.9	34.50
34.75	843.2	845.2	847.2	849.2	851.2	853.2	855.2	857.1	859.1	861.1	863.1	34.75

续附表 1-7

温度/℃	视密度/（kg·m⁻³）											温度/℃
	833.0	835.0	837.0	839.0	841.0	843.0	845.0	847.0	849.0	851.0	853.0	
	20 ℃密度/（kg·m⁻³）											
35.00	843.4	845.4	847.4	849.4	851.3	853.3	855.3	857.3	859.3	861.3	863.3	35.00
35.25	843.6	845.5	847.5	849.5	851.5	853.5	855.5	857.5	859.5	861.5	863.5	35.25
35.50	843.7	845.7	847.7	849.7	851.7	853.7	855.7	857.7	859.7	861.6	863.6	35.50
35.75	843.9	845.9	847.9	849.9	851.9	853.9	855.8	857.8	859.8	861.8	863.8	35.75
36.00	844.1	846.1	848.0	850.0	852.0	854.0	856.0	858.0	860.0	862.0	864.0	36.00
36.25	844.2	846.2	848.2	850.2	852.2	854.2	856.2	858.2	850.2	862.2	864.1	36.25
36.50	844.4	846.4	848.4	850.4	852.4	854.4	856.4	858.3	860.3	862.3	864.3	36.50
36.75	844.6	846.6	848.6	850.6	852.5	854.5	856.5	858.5	860.5	862.5	864.5	36.75
37.00	844.8	846.7	848.7	850.7	852.7	854.7	856.7	858.7	860.7	862.7	864.7	37.00
37.25	844.9	846.9	848.9	850.9	852.9	854.9	856.9	858.9	860.9	862.8	864.8	37.25
37.50	845.1	847.1	849.1	851.1	883.1	855.1	857.0	859.0	861.0	863.0	865.0	37.50
37.75	845.3	847.3	849.3	851.2	853.2	855.2	857.2	859.2	861.2	863.2	865.2	37.75
38.00	845.5	847.4	849.4	851.4	853.4	855.4	857.4	859.4	861.4	863.4	865.3	38.00

附表 1-8　产品标准密度表八

温度/℃	视密度/（kg·m⁻³）											温度/℃
	853.0	855.0	857.0	859.0	861.0	863.0	865.0	867.0	869.0	871.0	873.0	
	20 ℃密度/（kg·m⁻³）											
4.50	842.4	844.4	846.4	848.4	850.4	852.4	854.4	856.4	858.4	860.4	862.4	4.50
4.75	842.5	844.5	846.5	848.6	850.6	852.6	854.6	856.6	858.6	860.6	862.6	4.75
5.00	842.7	844.7	846.7	848.7	850.7	852.7	854.7	856.8	858.8	860.8	862.8	5.00
5.25	842.9	844.9	845.9	848.9	850.9	852.9	854.9	856.9	858.9	860.9	863.0	5.25
5.50	843.0	845.0	847.1	849.1	851.1	853.1	855.1	857.1	859.1	861.1	863.1	5.50
5.75	843.2	845.2	847.2	849.2	851.2	853.3	855.3	857.3	859.3	861.3	863.3	5.75
6.00	843.4	845.4	847.4	849.4	851.4	853.4	855.4	857.4	859.4	861.5	863.5	6.00
6.25	843.6	845.6	847.6	849.6	851.6	853.6	855.6	857.6	859.6	861.6	863.6	6.25
6.50	843.7	845.7	847.7	849.8	851.8	853.8	855.8	857.8	859.8	861.8	863.8	6.50
6.75	843.9	845.9	847.9	849.9	851.9	853.9	855.9	857.8	860.0	862.0	864.0	6.75
7.00	844.1	846.1	848.1	850.1	852.1	854.1	85631	858.0	860.1	862.1	864.1	7.00

续附表 1-8

温度/℃	视密度/(kg·m^{-3})											温度/℃
	853.0	855.0	857.0	859.0	861.0	863.0	865.0	867.0	869.0	871.0	873.0	
	20 ℃密度/(kg·m^{-3})											
7.25	844.2	846.3	848.3	850.3	852.3	854.3	856.3	858.1	860.3	862.3	864.3	7.25
7.50	844.4	846.4	848.4	850.4	852.4	854.4	856.5	858.3	860.5	862.5	864.5	7.50
7.75	844.6	846.6	848.6	850.6	852.6	854.6	856.6	858.5	860.6	862.6	864.7	7.75
8.00	844.8	846.8	848.8	850.8	852.8	854.8	856.8	858.6	860.8	862.8	864.8	8.00
8.25	844.9	846.9	848.9	850.9	853.0	855.0	857.0	858.6	861.0	863.0	865.0	8.25
8.50	845.1	847.1	849.1	851.1	853.1	855.1	857.1	859.0	861.2	863.2	865.2	8.50
8.75	845.3	847.3	849.3	851.3	853.3	855.3	857.3	859.1	861.3	863.3	865.3	8.75
9.00	845.4	847.5	849.5	851.5	853.5	855.5	857.5	859.3	861.5	863.5	865.5	9.00
9.25	845.6	847.6	849.6	851.6	853.6	855.6	857.7	859.5	861.7	863.7	865.7	9.25
9.50	845.8	847.8	849.8	851.8	853.8	855.8	857.8	859.7	861.8	863.8	865.8	9.50
9.75	846.0	848.0	850.0	852.0	854.0	856.0	858.0	859.8	862.0	864.0	866.0	9.75
10.00	846.1	848.1	850.1	852.1	854.2	856.2	858.2	860.0	862.2	864.2	866.2	10.00
10.25	846.3	848.3	850.3	852.3	854.3	856.3	858.3	860.2	862.3	864.4	866.4	10.25
10.50	846.5	848.5	850.5	852.5	854.5	856.5	858.5	860.3	862.5	864.5	866.5	10.50
10.75	846.6	848.7	850.7	852.7	854.7	856.7	858.7	860.5	862.7	864.7	866.7	10.75
11.00	846.8	848.8	850.8	852.8	854.8	85.8	858.8	860.7	862.9	864.9	866.9	11.00
11.25	847.0	849.0	851.0	853.0	855.0	857.0	859.0	860.9	863.0	865.0	867.0	11.25
11.50	847.2	849.2	851.2	853.2	855.2	857.2	859.2	861.1	863.2	865.2	867.2	11.50
11.75	847.3	849.3	851.3	853.3	855.4	857.4	859.4	861.2	863.4	865.4	867.4	11.75
12.00	847.5	849.5	851.5	853.5	855.5	857.5	859.5	861.4	863.5	865.5	867.6	12.00
12.25	847.7	849.7	851.7	853.7	855.7	857.7	859.7	861.5	863.7	865.7	867.7	12.25
12.50	847.8	849.9	851.9	853.9	855.9	857.9	859.9	861.7	863.9	865.9	867.9	12.50
12.75	848.0	850.0	852.0	854.0	856.0	858.0	860.0	861.9	864.1	866.1	868.1	12.75
13.00	848.2	850.2	852.2	854.2	856.2	858.2	860.2	862.2	864.2	866.2	868.2	13.00
13.25	848.4	850.4	852.4	854.4	856.4	858.4	860.4	862.4	864.4	866.4	868.4	13.25
13.50	848.5	850.5	852.5	854.5	856.6	858.6	860.6	862.6	864.6	866.6	868.6	13.50
13.75	848.7	850.7	852.7	854.7	856.7	858.7	860.7	862.7	864.7	866.7	868.7	13.75
14.00	848.9	850.9	852.9	854.9	856.9	858.9	860.9	862.9	864.9	866.9	868.9	14.00
14.25	849.1	851.1	853.1	855.1	857.1	859.1	861.1	863.1	865.1	867.1	869.1	14.25

续附表 1-8

温度/℃	视密度/（kg·m^{-3}）											温度/℃
	853.0	855.0	857.0	859.0	861.0	863.0	865.0	867.0	869.0	871.0	873.0	
	20 ℃密度/（kg·m^{-3}）											
14.50	849.2	851.2	853.2	855.2	857.2	859.2	861.2	863.2	865.2	867.3	869.3	14.50
14.75	849.4	851.4	853.4	855.6	857.2	859.4	861.4	863.4	865.4	867.4	869.4	14.75
15.00	849.6	851.6	853.6	855.6	857.6	859.6	861.6	863.6	865.5	867.6	869.6	15.00
15.25	849.7	851.7	853.7	855.7	857.7	859.8	861.8	863.8	865.8	867.8	869.8	15.25
15.50	849.9	851.9	853.9	855.9	857.9	859.9	861.9	863.9	865.9	867.9	869.9	15.50
15.75	850.1	852.1	854.1	856.1	858.1	860.1	862.1	864.1	866.1	868.1	870.1	15.75
16.00	850.3	852.3	854.3	856.3	858.3	860.3	862.3	864.3	866.3	868.3	870.3	16.00
16.25	850.4	852.4	854.4	856.4	858.4	860.4	862.4	864.4	866.4	868.4	870.4	16.25
16.50	850.6	852.6	854.6	856.6	858.6	860.6	862.6	864.6	866.6	868.6	870.6	16.50
16.75	850.8	852.8	854.8	856.8	858.8	860.8	862.5	864.8	866.8	868.8	870.8	16.75
17.00	850.9	852.9	854.9	856.9	858.9	860.9	863.0	865.0	867.0	869.0	871.0	17.00
17.25	851.1	853.1	855.1	857.1	859.1	861.1	863.1	865.1	867.1	869.1	871.1	17.25
17.50	851.3	853.3	855.3	857.3	859.3	861.3	863.3	865.3	867.3	869.3	871.3	17.50
17.75	851.5	853.5	855.5	857.5	859.5	861.5	863.5	865.5	867.5	869.5	871.5	17.75
18.00	851.6	853.6	855.6	857.6	859.6	861.6	863.6	865.6	867.6	869.6	871.6	18.00
18.25	851.8	853.8	855.8	857.8	859.8	861.8	863.8	865.8	867.8	869.8	871.8	18.25
18.50	852.0	854.0	856.0	858.0	860.0	862.0	864.0	866.0	868.0	870.0	872.0	18.50
18.75	852.1	854.1	856.1	858.1	860.1	862.1	864.1	866.1	868.1	870.1	872.1	18.75
19.00	852.3	854.3	856.3	858.3	860.3	862.3	864.3	866.3	868.3	870.3	872.3	19.00
19.25	852.5	854.5	856.5	858.5	860.5	862.5	864.5	866.5	868.5	870.5	872.5	19.25
19.50	852.7	854.7	856.7	858.7	860.7	862.7	864.7	866.7	868.7	870.7	872.7	19.50
19.75	852.8	854.7	856.8	858.8	860.8	862.8	864.8	866.8	868.8	870.8	872.8	19.75
20.00	853.0	855.0	857.0	859.0	861.0	863.0	865.0	867.0	869.0	871.0	873.0	20.00
20.25	853.2	855.2	857.2	859.2	861.2	863.2	865.2	867.2	869.2	871.2	873.2	20.25
20.50	853.3	855.3	857.3	859.3	861.3	863.3	865.3	867.3	869.3	871.3	873.3	20.50
20.75	853.5	855.5	857.5	859.5	861.5	863.5	865.5	867.5	869.5	871.5	873.5	20.75
21.00	853.7	855.7	857.7	859.7	861.7	863.7	865.7	867.7	869.7	871.7	873.7	21.00
21.25	853.9	855.9	857.9	859.9	861.9	863.9	865.9	867.9	869.9	871.9	873.9	21.25
21.50	854.0	856.0	858.0	860.0	862.0	864.0	866.0	868.0	870.0	872.0	874.0	21.50

续附表 1-8

温度/℃	视密度/(kg·m⁻³)											温度/℃
	853.0	855.0	857.0	859.0	861.0	863.0	865.0	867.0	869.0	871.0	873.0	
	20 ℃密度/(kg·m⁻³)											
21.75	854.2	856.2	858.2	860.2	862.2	864.2	866.2	868.2	870.2	872.2	874.2	21.75
22.00	854.4	856.4	858.4	860.4	862.4	864.4	866.4	868.4	870.4	872.4	874.4	22.00
22.25	854.5	856.5	858.5	860.5	862.5	864.5	866.5	868.5	870.5	872.5	874.5	22.25
22.50	854.7	856.7	858.7	860.7	862.7	864.7	866.7	868.7	870.7	872.7	874.7	22.50
22.75	854.9	856.9	858.9	860.9	862.9	864.9	866.9	868.9	870.9	872.9	874.9	22.75
23.00	855.1	857.1	859.1	861.1	863.1	865.1	867.0	869.0	871.0	873.0	875.0	23.00
23.25	855.2	857.2	859.2	861.2	863.2	865.2	867.2	869.2	871.2	873.2	875.2	23.25
23.50	855.4	857.4	859.4	861.4	863.4	865.4	867.4	869.4	871.4	873.4	875.4	23.50
23.75	855.6	857.6	859.6	861.6	863.6	865.6	867.6	869.6	871.6	873.6	875.6	23.75
24.00	855.7	857.7	859.7	861.7	863.7	865.7	867.7	869.7	871.7	873.7	875.7	24.00
24.25	855.9	857.9	859.9	861.9	863.9	865.9	867.9	869.9	871.9	873.9	875.9	24.25
24.50	856.1	858.1	860.1	862.1	864.1	866.1	868.1	870.1	872.1	874.1	876.1	24.50
24.75	856.3	858.3	860.3	862.3	864.3	866.2	868.2	870.2	872.2	874.2	876.2	24.75
25.00	856.4	858.4	860.4	862.4	864.4	866.4	868.4	870.4	872.4	874.4	876.4	25.00
25.25	856.6	858.6	860.6	862.6	864.6	866.6	868.6	870.6	872.6	874.6	876.6	25.25
25.50	856.8	858.8	860.8	862.8	864.8	866.8	868.8	870.8	872.8	874.7	876.7	25.50
25.75	856.9	858.9	860.9	862.9	864.9	866.9	868.9	870.9	872.9	874.9	876.9	25.75
26.00	857.1	859.1	861.1	863.1	865.1	867.1	869.1	871.1	873.1	875.1	877.1	26.00
26.25	857.3	859.3	861.3	863.3	865.3	867.3	869.3	871.3	873.3	875.3	877.3	26.25
26.50	857.5	859.5	861.5	863.5	865.4	867.4	869.4	871.4	873.4	875.4	877.4	26.50
26.75	857.6	859.6	861.6	863.6	865.6	867.6	869.6	871.6	873.6	875.6	877.6	26.75
27.00	857.8	859.8	861.8	863.8	865.8	867.8	869.8	871.8	873.8	875.8	877.8	27.00
27.25	858.0	860.0	862.0	864.0	866.0	868.0	870.0	871.9	873.9	875.9	877.9	27.25
27.50	858.1	860.1	862.1	864.1	866.1	868.1	870.1	872.1	874.1	876.1	878.1	27.50
27.75	858.3	860.3	862.3	864.3	866.3	868.3	870.3	872.3	874.3	876.3	878.3	27.75
28.00	858.5	860.5	862.5	864.5	866.5	868.5	870.5	872.5	874.5	876.5	878.4	28.00
28.25	858.7	860.7	862.7	864.6	866.6	868.6	870.6	872.6	874.6	876.6	878.6	28.25
28.50	858.8	860.8	862.8	864.8	866.8	868.8	870.8	872.8	874.8	876.8	878.8	28.50
28.75	859.0	861.0	863.0	865.0	867.0	869.0	871.0	873.0	875.0	877.0	879.0	28.75

续附表 1-8

温度/℃	视密度/（$kg \cdot m^{-3}$）											温度/℃
	853.0	855.0	857.0	859.0	861.0	863.0	865.0	867.0	869.0	871.0	873.0	
	20 ℃密度/（$kg \cdot m^{-3}$）											
29.00	859.2	861.2	863.2	865.2	867.2	869.2	871.1	873.1	875.1	877.1	879.1	29.00
29.25	859.3	861.3	863.3	865.3	867.3	869.3	871.3	873.3	875.3	877.3	879.3	29.25
29.50	859.5	861.5	863.5	865.5	867.5	869.5	871.5	873.5	875.5	877.5	879.5	29.50
29.75	859.7	861.7	863.7	865.7	867.7	869.7	871.7	873.7	875.6	877.6	879.6	29.75
30.00	859.9	861.9	863.9	865.8	7867.8	869.8	871.8	873.8	875.8	877.8	879.8	30.00
30.25	860.0	862.0	864.0	866.0	868.0	870.0	872.0	874.0	876.0	878.0	880.0	30.25
30.50	860.2	862.2	864.2	866.2	868.2	870.2	872.2	874.2	876.2	878.2	880.1	30.50
30.75	860.4	862.4	864.4	866.4	868.4	870.3	872.3	874.3	876.3	878.3	880.3	30.75
31.00	860.5	862.5	864.5	866.5	868.5	870.5	872.5	874.5	875.5	878.5	880.5	31.00
31.25	860.7	862.7	864.7	866.7	868.7	870.7	872.7	874.7	876.7	878.7	880.7	31.25
31.50	860.9	862.9	864.9	866.9	868.9	870.9	872.9	874.8	875.8	878.8	880.8	31.50
31.75	861.1	863.1	865.1	867.0	869.0	871.0	873.0	875.0	877.0	879.0	881.0	31.75
32.00	861.2	863.2	865.2	867.2	869.2	871.2	873.2	875.2	877.2	879.2	881.2	32.00
32.25	861.4	863.4	865.4	867.4	869.4	871.4	873.4	875.4	877.4	879.3	881.3	32.25
32.50	861.6	863.6	865.6	867.6	869.6	871.5	873.5	875.5	877.5	879.5	881.5	32.50
32.75	861.7	863.7	865.7	867.7	869.7	871.7	873.7	875.7	877.7	879.7	881.7	32.75
33.00	861.9	863.6	865.9	867.9	869.9	871.9	873.9	875.9	877.9	879.9	881.8	33.00
33.25	862.1	864.1	866.1	868.1	870.1	872.1	874.0	876.0	878.0	880.0	882.0	33.25
33.50	862.3	864.3	866.2	868.2	870.2	872.2	874.2	876.2	878.2	880.2	882.2	33.50
33.75	862.4	864.4	866.4	868.4	870.4	872.4	874.4	876.4	878.4	880.4	882.4	33.75
34.00	862.6	864.6	866.6	868.6	870.6	872.6	874.6	876.6	878.5	880.5	882.5	34.00
34.25	862.8	864.8	866.8	868.8	870.7	872.7	874.7	876.7	878.7	880.7	882.7	34.25
34.50	862.9	864.9	866.9	868.9	870.9	872.9	874.9	876.9	878.9	880.9	882.9	34.50
34.75	863.1	865.1	867.1	869.1	871.1	873.1	875.1	877.1	879.1	881.0	883.0	34.75
35.00	863.3	865.3	867.3	869.3	871.3	873.3	875.2	877.2	879.2	881.2	883.2	35.00
35.25	863.5	865.5	867.4	869.4	871.4	873.4	875.4	877.4	879.4	881.4	883.4	35.25
35.50	863.6	865.6	867.6	869.6	871.6	873.6	875.6	877.6	879.6	881.6	883.6	35.50
35.75	863.8	865.8	867.8	869.8	871.8	873.8	875.8	877.7	879.7	881.7	883.7	35.75
36.00	864.0	866.0	868.0	870.0	871.9	873.9	875.9	877.9	879.9	881.9	883.9	36.00
36.25	864.1	866.1	868.1	870.1	872.1	874.1	876.1	878.1	880.1	882.1	884.1	36.25

续附表 1-8

温度/℃	视密度/(kg·m⁻³)											温度/℃
	853.0	855.0	857.0	859.0	861.0	863.0	865.0	867.0	869.0	871.0	873.0	
	20 ℃密度/(kg·m⁻³)											
36.50	864.3	866.3	868.3	870.3	872.3	874.3	876.3	878.3	880.2	882.2	884.2	36.50
36.75	864.5	866.5	868.5	870.5	872.5	874.5	876.4	878.4	880.4	882.4	884.4	36.75
37.00	864.7	866.7	868.6	870.6	872.6	874.6	876.6	878.6	880.6	882.6	884.6	37.00
37.25	864.8	866.8	868.8	870.8	872.8	874.8	876.8	878.8	880.8	882.7	884.7	37.25
37.50	865.0	867.0	869.0	871.0	873.0	875.0	876.9	878.9	880.9	882.9	884.9	37.50
37.75	865.2	867.2	869.2	871.1	873.1	875.1	877.1	879.1	881.1	883.1	885.1	37.75
38.00	865.3	867.3	869.3	871.3	873.3	875.4	877.3	879.3	881.3	883.3	885.3	38.00

附表 1-9 产品标准密度表九

温度/℃	视密度/(kg·m⁻³)											温度/℃
	873.0	875.0	877.0	879.0	881.0	883.0	885.0	887.0	889.0	891.0	893.0	
	20 ℃密度/(kg·m⁻³)											
4.50	862.4	864.4	866.5	868.5	870.5	872.5	874.5	876.5	878.5	880.5	882.5	4.50
4.75	862.6	864.6	866.6	868.6	870.6	872.7	874.7	876.7	878.7	880.7	882.7	4.75
5.00	862.8	864.8	866.8	868.8	870.8	872.8	874.8	876.8	878.8	880.9	882.9	5.00
5.25	863.0	865.0	867.0	869.0	871.0	873.0	875.0	877.0	879.0	881.0	883.0	5.25
5.50	863.1	865.1	867.1	869.1	871.2	873.2	875.2	877.2	879.2	881.2	883.2	5.50
5.75	863.3	865.3	867.3	869.3	871.3	873.3	875.3	877.3	879.4	881.4	883.4	5.75
6.00	863.5	865.5	867.5	869.5	871.5	873.5	875.5	877.5	879.5	881.5	883.5	6.00
6.25	863.6	865.6	867.6	869.7	871.7	873.7	875.7	877.7	879.7	881.7	883.7	6.25
6.50	863.8	865.8	867.8	869.8	871.8	873.8	875.8	877.9	879.9	881.9	883.9	6.50
6.75	864.0	866.0	868.0	870.0	872.0	874.0	876.0	878.0	880.0	882.0	884.0	6.75
7.00	864.1	866.2	868.2	870.2	872.2	874.2	876.2	878.2	880.2	882.2	884.2	7.00
7.25	864.3	866.3	868.3	870.3	872.3	874.3	876.4	878.4	880.4	882.4	884.4	7.25
7.50	864.5	866.5	868.5	870.5	872.5	874.5	876.5	878.5	880.5	882.5	884.6	7.50
7.75	864.7	866.7	868.7	870.7	872.7	874.7	876.7	878.7	880.7	882.7	884.7	7.75
8.00	864.8	866.8	868.8	870.8	872.9	874.9	876.9	878.9	880.9	882.9	884.9	8.00
8.25	865.0	867.0	869.0	871.0	873.0	875.0	877.0	879.0	881.0	883.1	885.1	8.25
8.50	865.2	867.2	869.2	871.2	873.2	875.2	877.2	879.2	881.2	883.2	885.2	8.50
8.75	865.3	867.3	869.3	871.4	873.4	875.4	877.4	879.4	881.4	883.4	885.4	8.75

续附表 1-9

温度/℃	视密度/(kg·m^{-3})											温度/℃
	873.0	875.0	877.0	879.0	881.0	883.0	885.0	887.0	889.0	891.0	893.0	
	20 ℃密度/(kg·m^{-3})											
9.00	865.5	867.5	869.5	871.5	873.5	875.5	877.5	879.5	881.6	883.6	885.6	9.00
9.25	865.7	867.7	869.7	871.7	873.7	875.7	877.7	879.7	881.7	883.7	885.7	9.25
9.50	865.8	867.9	869.8	871.9	873.9	875.9	877.9	879.9	881.9	883.9	885.9	9.50
9.75	866.0	867.0	870.0	872.0	874.0	876.0	878.0	880.1	882.1	884.1	886.1	9.75
10.00	866.2	868.2	870.2	872.2	874.2	876.2	878.2	880.2	882.2	884.2	886.2	10.00
10.25	866.4	868.4	870.4	872.4	874.4	876.4	878.4	880.4	882.4	884.4	886.4	10.25
10.50	866.5	868.5	870.5	872.5	874.5	876.6	878.6	880.6	882.6	884.6	885.6	10.50
10.75	866.7	868.7	870.7	872.7	874.7	876.7	878.7	880.7	882.7	884.7	886.7	10.75
11.00	866.9	868.9	870.9	872.9	874.9	876.9	878.9	880.9	882.9	884.9	886.9	11.00
11.25	867.0	869.0	871.0	873.1	875.1	877.1	879.1	881.1	883.1	885.1	887.1	11.25
11.50	867.2	869.2	871.2	873.2	875.2	877.2	879.2	881.2	883.2	885.2	887.3	11.50
11.75	867.4	869.4	871.4	873.4	875.4	877.4	879.4	881.4	883.4	885.4	887.4	11.75
12.00	867.6	869.6	871.6	873.6	875.6	877.6	879.6	881.6	883.6	885.6	887.6	12.00
12.25	867.7	869.7	871.7	873.7	875.7	877.7	879.7	881.7	883.8	885.8	887.8	12.25
12.50	867.9	869.9	871.9	873.8	875.9	877.9	879.9	881.9	883.9	885.9	887.9	12.50
12.75	868.1	870.1	872.1	874.1	876.1	878.1	880.1	882.1	884.1	886.1	888.1	12.75
13.00	868.2	870.2	872.2	874.2	876.2	878.3	880.3	882.3	884.3	886.3	888.3	13.00
13.25	868.4	870.4	872.4	874.4	876.4	878.4	880.4	882.4	884.4	886.4	888.4	13.25
13.50	868.6	870.6	872.6	874.6	876.6	878.6	880.6	882.6	884.6	886.6	888.6	13.50
13.75	868.7	870.7	872.7	874.8	876.8	878.8	880.8	882.8	884.8	886.8	888.8	13.75
14.00	868.9	870.9	872.9	874.9	876.9	878.9	880.9	882.9	884.9	886.9	888.9	14.00
14.25	869.1	871.1	873.1	875.1	877.1	879.1	881.1	883.1	885.1	887.1	889.1	14.25
14.50	869.3	871.3	873.3	875.3	877.3	879.3	881.3	883.3	885.3	887.3	889.3	14.50
14.75	869.4	871.4	873.4	875.4	877.4	879.4	881.6	883.4	885.4	887.4	889.5	14.75
15.00	869.6	871.6	873.6	875.6	877.6	879.6	881.6	883.6	885.6	887.6	889.6	15.00
15.25	869.8	871.8	873.8	875.8	877.8	879.8	881.8	883.8	885.8	887.8	889.8	15.25
15.50	869.9	871.9	873.9	875.9	877.9	879.9	881.9	884.0	886.0	888.0	890.0	15.50
15.75	870.1	872.1	874.1	876.1	878.1	880.1	882.1	884.1	886.1	888.1	890.1	15.75
16.00	870.3	872.3	874.3	876.3	878.3	880.3	882.3	884.3	886.3	888.3	890.3	16.00
16.25	870.4	872.4	874.4	876.5	878.5	880.5	882.5	884.5	886.5	888.5	890.5	16.25

续附表 1-9

温度/℃	视密度/（kg·m⁻³）											温度/℃
	873.0	875.0	877.0	879.0	881.0	883.0	885.0	887.0	889.0	891.0	893.0	
	20 ℃密度/（kg·m⁻³）											
16.50	870.6	872.6	874.6	876.6	878.6	880.6	882.6	884.6	886.6	888.6	890.6	16.50
16.75	870.8	872.8	874.8	876.8	878.8	880.8	882.8	884.8	886.8	888.8	890.8	16.75
17.00	871.0	873.0	875.0	877.0	879.0	881.0	883.0	885.0	887.0	889.0	891.0	17.00
17.25	871.1	873.1	875.1	877.1	879.1	881.1	883.1	885.1	887.1	889.1	891.1	17.25
17.50	871.3	873.3	875.3	877.3	879.3	881.3	883.3	885.3	887.3	889.3	891.3	17.50
17.75	871.5	873.5	875.5	877.5	879.5	881.5	883.5	885.5	887.5	889.5	891.5	17.75
18.00	871.6	873.6	875.6	877.6	879.6	881.6	883.6	885.6	887.6	889.6	891.6	18.00
18.25	871.8	873.8	875.8	877.8	879.8	881.8	883.8	885.8	887.8	889.8	891.8	18.25
18.50	872.0	874.0	876.0	878.0	880.0	882.0	884.0	886.0	888.0	890.0	892.0	18.50
18.75	872.1	874.1	876.2	878.2	880.2	882.2	884.2	886.2	888.2	890.2	892.2	18.75
19.00	872.3	874.3	876.3	878.3	880.3	882.3	884.3	886.3	888.3	890.3	892.3	19.00
19.25	872.5	874.5	876.5	878.5	880.5	882.5	884.5	886.5	888.5	890.5	892.5	19.25
19.50	872.7	874.7	876.7	878.7	880.7	882.7	884.7	886.7	888.7	890.7	892.7	19.50
19.75	872.8	874.8	876.8	878.8	880.8	882.8	884.8	886.8	888.8	890.8	892.8	19.75
20.00	873.0	875.0	877.0	879.0	881.0	883.0	885.0	887.0	889.0	891.0	893.0	20.00
20.25	873.2	875.2	877.2	879.2	881.2	883.2	885.2	887.2	889.2	891.2	893.2	20.25
20.50	873.3	875.3	877.3	879.3	881.3	883.3	885.3	887.3	889.3	891.3	893.3	20.50
20.75	873.5	875.5	877.5	879.5	881.5	883.5	885.5	887.5	889.5	891.5	893.5	20.75
21.00	873.7	875.7	877.7	879.7	881.7	883.7	885.7	887.7	889.7	891.7	893.7	21.00
21.25	873.9	875.9	877.9	879.8	881.8	883.8	885.8	887.8	889.8	891.8	893.8	21.25
21.50	874.0	876.0	878.0	880.0	882.0	884.0	886.0	888.0	890.0	892.0	894.0	21.50
21.75	874.2	876.2	878.2	880.2	882.2	884.2	886.2	888.2	890.2	892.2	894.2	21.75
22.00	874.4	876.4	878.4	880.4	882.4	884.4	886.4	888.4	890.4	892.4	894.4	22.00
22.25	874.5	876.5	878.5	880.5	882.5	884.5	886.5	888.5	890.5	892.5	894.5	22.25
22.50	874.7	875.7	878.7	880.7	882.7	884.7	886.7	888.7	890.7	892.7	894.7	22.50
22.75	874.9	876.9	878.9	880.9	882.9	884.9	886.9	888.9	890.9	892.9	894.9	22.75
23.00	875.0	877.0	879.0	881.0	883.0	885.0	887.0	889.0	891.0	893.0	895.0	23.00
23.25	875.2	877.2	879.2	881.2	883.2	885.2	887.2	889.2	891.2	893.2	895.2	23.25
23.50	875.4	877.4	879.4	881.4	883.4	885.4	887.4	889.4	891.4	893.4	895.4	23.50
23.75	875.6	877.6	879.5	881.5	883.5	885.5	887.5	889.5	891.5	893.5	895.5	23.75

续附表 1-9

温度/℃	视密度/(kg·m⁻³)											温度/℃
	873.0	875.0	877.0	879.0	881.0	883.0	885.0	887.0	889.0	891.0	893.0	
	20 ℃密度/(kg·m⁻³)											
24.00	875.7	877.7	879.7	881.7	883.7	885.7	887.7	889.7	891.7	893.7	895.7	24.00
24.25	875.9	877.9	879.9	881.9	883.9	885.9	887.9	889.9	891.9	893.9	895.9	24.25
24.50	876.1	878.1	880.1	882.1	884.1	886.1	888.1	890.0	892.0	894.0	896.0	24.50
24.75	876.2	878.2	880.2	882.2	884.2	886.2	888.2	890.2	892.2	894.2	896.2	24.75
25.00	876.4	878.4	880.4	882.4	884.4	886.4	888.4	890.4	892.4	894.4	896.4	25.00
25.25	876.6	878.6	880.6	882.6	884.6	886.6	888.6	890.6	892.6	894.6	896.5	25.25
25.50	876.7	878.7	880.7	882.7	884.7	886.7	888.7	890.7	892.7	894.7	896.7	25.50
25.75	876.9	878.9	880.9	882.9	884.9	886.9	888.9	890.9	892.9	894.9	896.9	25.75
26.00	877.1	879.1	881.1	883.1	885.1	887.1	889.1	891.1	893.1	895.1	897.1	26.00
26.25	877.3	879.3	881.2	883.2	885.2	887.2	889.2	891.2	893.2	895.2	897.2	26.25
26.50	877.4	879.4	881.4	883.4	885.4	887.4	889.4	891.4	893.4	895.4	897.4	26.50
26.75	877.6	879.6	881.6	883.6	885.6	887.6	889.6	891.6	893.6	895.6	897.6	26.75
27.00	877.8	879.8	881.8	883.8	885.8	887.7	889.7	891.7	893.7	895.7	897.7	27.00
27.25	877.9	879.9	881.9	883.9	885.9	887.9	889.9	891.9	893.9	895.9	897.9	27.25
27.50	878.1	880.1	882.1	884.1	886.1	888.1	890.1	892.1	894.1	896.1	898.1	27.50
27.75	878.3	880.3	882.3	884.3	886.3	888.3	890.3	892.2	894.2	896.2	898.2	27.75
28.00	878.4	880.4	882.4	884.4	886.4	888.4	890.4	892.4	894.4	896.4	898.4	28.00
28.25	878.6	880.6	882.6	884.6	886.6	888.6	890.6	892.6	894.6	896.6	898.6	28.25
28.50	878.8	880.8	882.8	884.8	886.8	888.8	890.8	892.8	894.8	896.7	898.7	28.50
28.75	879.0	881.0	882.9	884.9	886.9	888.9	890.9	892.9	894.9	896.9	898.9	28.75
29.00	879.1	881.1	883.1	885.1	887.1	889.1	891.1	893.1	895.1	897.1	899.1	29.00
29.25	879.3	881.3	883.3	885.3	887.3	889.3	891.3	893.3	895.3	897.3	899.2	29.25
29.50	879.5	881.5	883.5	885.5	887.4	889.4	891.4	893.4	895.4	897.4	899.4	29.50
29.75	879.6	881.6	883.6	885.6	887.6	889.6	891.6	893.6	895.6	897.6	899.6	29.75
30.00	879.8	881.8	883.8	885.8	887.8	889.8	891.8	893.8	895.8	897.8	899.8	30.00
30.25	880.0	882.0	884.0	886.0	888.0	890.0	891.9	893.9	895.9	897.9	899.9	30.25
30.50	880.1	882.0	884.1	886.0	888.1	890.1	892.1	894.1	896.1	898.1	900.1	30.50
30.75	880.3	882.3	884.3	886.3	888.3	890.3	892.3	894.3	896.3	898.3	900.3	30.75
31.00	880.5	882.5	884.5	886.5	888.5	890.5	892.5	894.4	896.4	898.4	900.4	31.00

续附表 1-9

温度/℃	视密度/(kg·m^{-3})											温度/℃
	873.0	875.0	877.0	879.0	881.0	883.0	885.0	887.0	889.0	891.0	893.0	
	20 ℃密度/(kg·m^{-3})											
31.25	880.7	882.7	884.6	886.6	888.6	890.6	892.6	894.6	896.6	898.6	900.6	31.25
31.50	880.8	882.8	884.8	886.8	888.8	890.8	892.8	894.8	896.8	898.8	900.8	31.50
31.75	881.0	883.0	885.0	887.0	889.0	891.0	893.0	895.0	896.9	898.9	900.9	31.75
32.00	881.2	883.2	885.2	887.2	889.1	891.1	893.1	895.1	897.1	899.1	901.1	32.00
32.25	881.3	883.3	885.3	887.3	889.3	891.3	893.3	895.3	897.3	899.3	901.3	32.25
32.50	881.5	883.5	885.5	887.5	889.5	891.5	893.5	895.5	897.5	899.5	901.4	32.50
32.75	881.7	883.7	885.7	887.7	889.7	891.6	893.6	895.6	897.6	899.6	901.6	32.75
33.00	881.8	883.8	885.8	887.8	889.8	891.8	893.8	895.8	897.8	899.8	901.8	33.00
33.25	882.0	884.0	886.0	888.0	890.0	892.0	894.0	896.0	898.0	900.0	902.0	33.25
33.50	882.2	884.2	886.2	888.2	890.2	892.2	894.1	896.1	898.1	900.1	902.1	33.50
33.75	882.4	884.4	886.3	888.3	890.3	892.3	894.3	896.3	898.3	900.3	902.3	33.75
34.00	882.5	884.5	886.5	888.5	890.5	892.5	894.5	896.5	898.5	900.5	902.5	34.00
34.25	882.7	884.7	886.7	888.7	890.7	892.7	894.7	896.6	89837	900.6	902.6	34.25
34.50	882.9	884.9	886.9	888.8	890.8	892.8	894.8	896.8	898.8	900.8	902.8	34.50
34.75	883.0	885.0	887.0	889.0	891.0	893.0	895.0	897.0	899.0	901.0	903.0	34.75
35.00	883.2	885.2	887.2	889.2	891.2	893.2	895.2	897.2	899.1	901.1	903.1	35.00
35.25	883.4	885.4	887.4	889.4	891.3	893.3	895.3	897.3	899.3	901.3	903.3	35.25
35.50	883.6	885.5	887.5	889.5	891.5	893.5	895.5	897.5	899.5	901.5	903.5	35.50
35.75	883.7	885.7	887.7	889.7	891.7	893.7	895.7	897.7	899.7	901.6	903.6	35.75
36.00	883.9	885.9	887.9	889.9	891.9	893.8	895.8	897.8	899.8	901.8	903.8	36.00
36.25	884.1	886.1	888.0	890.0	892.0	894.0	896.0	898.0	900.0	902.0	904.0	36.25
36.50	884.2	886.2	888.2	890.2	892.2	894.2	896.2	898.2	900.2	902.2	904.1	36.50
36.75	884.4	886.4	888.4	890.4	892.4	894.4	896.3	898.3	900.3	902.3	904.3	36.75
37.00	884.6	886.6	888.6	890.5	892.5	894.5	896.5	898.5	900.5	902.5	904.5	37.00
37.25	884.7	886.7	888.7	890.7	892.7	894.7	896.7	898.7	900.7	902.7	904.7	37.25
37.50	884.9	886.9	888.9	890.9	892.9	894.9	896.9	898.8	900.8	902.9	904.8	37.50
37.75	885.1	887.1	889.1	891.1	893.0	895.0	897.0	899.0	901.0	903.0	905.0	37.75
38.00	885.3	887.2	889.2	891.2	893.2	895.2	897.2	899.2	901.2	903.2	905.2	38.00

附录二

附表 2-1　计量单位系数换算表

<table>
<tr><th>长　度</th><th>体　积</th></tr>
<tr><td>1 米 =1.093 6 码
=3.280 8 英尺
=39.370 英寸
1 码 =0.914 40 米
1 英尺 =0.904 80 米
1 英寸 =2.540 0 厘米</td><td rowspan="3">1（美）加仑= 231 立方英寸
= 0.133 681 立方英尺
= 0.832 68（英）加仑
= 0.023 809 5（美）桶
= 3.785 33 升
1（美）桶= 42（美）加仑
= 9 702 立方英寸
= 5.614 6 立方英尺
= 34.972 6（英）加仑
= 158.984 升
1（英）加仑= 277.42 立方英寸
= 0.160 544 立方英尺
= 1.200 94（美）加仑
= 0.028 594（美）桶
= 4.545 96 升
1 立方英尺= 6.228 8（英）加仑
= 7.480 5（美）加仑
= 0.178 11（美）桶
= 28.316 升
= 0.028 317 立方米
1 立方英寸= 0.003 604 63（英）加仑
= 0.004 329 0（美）加仑
= 0.016 387 升
1 升= 61.026 立方英寸
= 0.035 316 立方英尺
= 0.219 975（英）加仑
= 0.264 178（美）加仑
= 0.006 290 0（美）桶
1 立方米= 219.97（英）加仑
= 264.17（美）加仑
= 6.289 8（美）桶
= 35.315 立方英尺</td></tr>
<tr><th>重　量</th></tr>
<tr><td>1 长吨= 2 240 磅
= 1.12 短吨
= 1.016 05 吨
1 短吨= 2 000 磅
= 0.892 857 长吨
= 0.907 185 吨
1 吨= 0.984 21 长吨
= 1.102 31 短吨
1 磅= 0.453 592 公斤
1 公斤= 2.204 62 磅</td></tr>
</table>

附录三

附表 3-1　不同温度下标准滴定溶液体积的补正值

单位：mL/L

温度/℃	水及0.05 mol/L以下的各种水溶液	0.1 mol/L及0.2 mol/L各种水溶液	盐酸溶液[c(HCl)=0.5 mol/L]	盐酸溶液[c(HCl)=1 mol/L]	硫酸溶液[c($1/2H_2SO_4$)=0.5 mol/L]；氢氧化钠溶液[c(NaOH)=0.5 mol/L]	硫酸溶液[c($1/2H_2SO_4$)=1 mol/L]；氢氧化钠溶液[c(NaOH)=1 mol/L]	碳酸钠溶液[c($1/2Na_2CO_3$)=1 mol/L]	氢氧化钾－乙醇[c(KOH)=0.1 mol/L]
5	+1.38	+1.7	+1.9	+2.3	+2.4	+3.6	+3.3	
6	+1.38	+1.7	+1.9	+2.2	+2.3	+3.4	+3.2	
7	+1.36	+1.6	+1.8	+2.2	+2.2	+3.2	+3.0	
8	+1.33	+1.6	+1.8	+2.1	+2.2	+3.0	+2.8	
9	+1.29	+1.5	+1.7	+2.0	+2.1	+2.7	+2.6	
10	+1.23	+1.5	+1.6	+1.9	+2.0	+2.5	+2.4	+10.8
11	1.17	+1.4	+1.5	+1.8	+1.8	+2.3	+2.2	+9.6
12	+1.10	+1.3	+1.4	+1.6	+1.7	+2.0	+2.0	+8.5
13	+0.99	+1.1	+1.2	+1.4	+1.5	+1.8	+1.8	+7.4
14	+0.88	+1.0	+1.1	+1.2	+1.3	+1.6	+1.5	+6.5
15	+0.77	+0.9	+0.9	+1.0	+1.1	+1.3	+1.3	+5.2
16	+0.64	+0.7	+0.8	+0.8	+0.9	+1.1	+1.1	+4.2
17	+0.50	+0.6	+0.6	+0.6	+0.7	+0.8	+0.8	+3.1
18	+0.34	+0.4	+0.4	+0.4	+0.5	+0.6	+0.6	+2.1
19	+0.18	+0.2	+0.2	+0.2	+0.2	+0.3	+0.3	+1.0
20	0.00	0.00	0.00	0.00	0.00	0.00	0.0	0.0
21	−0.18	−0.2	−0.2	−0.2	−0.2	−0.3	−0.3	−1.1
22	−0.38	−0.4	−0.4	−0.5	−0.5	−0.6	−0.6	−2.2
23	−0.58	−0.6	−0.7	−0.7	−0.8	−0.9	−0.9	−3.3
24	−0.80	−0.9	−0.9	−1.0	−1.0	−1.2	−1.2	−4.2
25	−1.03	−1.1	−1.1	−1.2	−1.3	−1.5	−1.5	−5.3
26	−1.26	−1.4	−1.4	−1.4	−1.5	−1.8	−1.8	−6.4

续附表 3-1

温度/℃	水及0.05 mol/L以下的各种水溶液	0.1 mol/L及0.2 mol/L各种水溶液	盐酸溶液[c(HCl)=0.5 mol/L]	盐酸溶液[c(HCl)=1 mol/L]	硫酸溶液[c($1/2H_2SO_4$)=0.5 mol/L];氢氧化钠溶液[c(NaOH)=0.5 mol/L]	硫酸溶液[c($1/2H_2SO_4$)=1 mol/L];氢氧化钠溶液[c(NaOH)=1 mol/L]	碳酸钠溶液[c($1/2Na_2CO_3$)=1 mol/L]	氢氧化钾-乙醇[c(KOH)=0.1 mol/L]
27	−1.51	−1.7	−1.7	−1.7	−1.8	−2.1	−2.1	−7.5
28	−1.76	−2.0	−2.0	−2.0	−2.1	−2.4	−2.4	−8.5
29	−2.01	−2.3	−2.3	−2.3	−2.4	−2.8	−2.8	−9.6
30	−2.30	−2.5	−2.5	−2.6	−2.8	−3.2	−3.1	−10.6
31	−2.58	−2.7	−2.7	−2.9	−3.1	−3.5	−3.1	−11.6
32	−2.86	−3.0	−3.0	−3.2	−3.4	−3.9	−3.1	−12.6
33	−3.04	−3.2	−3.3	−3.5	−3.7	−4.2	−3.1	−13.7
34	−3.47	−3.7	−3.6	−3.8	−4.1	−4.6	−3.1	−14.8
35	−3.78	−4.0	−4.0	−4.1	−4.4	−5.0	−5.0	−16.0
36	−4.10	−4.3	−4.3	−4.4	−4.7	−5.3	−5.3	−17.0